TRAITÉ

DES

INJECTIONS HYPODERMIQUES

DANS LA

THÉRAPEUTIQUE VÉTÉRINAIRE

« Guérissez et surtout guérissez vite. »
(D' LUTON).

PAR

G. GSELL,

Médecin vétérinaire à Mondoubleau (Loir-et-Cher).

Lauréat de la Société centrale de médecine vétérinaire,
—   —   nationale d'agriculture,
—   —   des agriculteurs de France,
—   —   vétérinaire de la Marne,
—   —   — de l'Aube,
—   —   d'histoire naturelle de Blois,
Lauréat de l'Institut de médecine dosimétrique, etc..

PARIS

TYPOGRAPHIE & LITHOGRAPHIE Vᵉ RENOU & MAULDE
144, RUE DE RIVOLI, 144

1886

TRAITÉ

DES

INJECTIONS HYPODERMIQUES

DANS LA

THÉRAPEUTIQUE VÉTÉRINAIRE

« Guérissez et surtout guérissez vite. »
(D' Luton)

PAR

G. GSELL,

Médecin vétérinaire à Mondoubleau (Loir-et-Cher).

Lauréat de la Société centrale de médecine vétérinaire,
— — nationale d'agriculture,
— — des agriculteurs de France,
— — vetérinaire de la Marne,
— — — de l'Aube,
— — d'histoire naturelle de Blois,
Lauréat de l'Institut de médecine dosimétrique, etc..

De l'absorption sous-cutanée.

Le tissu cellulaire forme une couche assez épaisse renfermant de la graisse en quantité variable et communiquant par des prolongements avec les organes internes. Sa face externe s'attache fortement au derme. Les artérioles y envoient de nombreux capillaires se dispersant autour des cellules

1

graisseuses. Il renferme aussi les troncs des lymphatiques dont les origines.
sont à l'extérieur. A ce sujet, nous ferons observer avec M. Kauffmann, que
beaucoup d'histologistes et de physiologistes croient que les mailles du tissu
conjonctif sont de petites cavités séreuses où les lymphatiques prennent leur
origine ; ils pensent que les mailles du tissu conjonctif ne sont que des dilatations placées à l'origine des capillaires lymphatiques.

La production des effets thérapeutiques, toujours si prompte par la méthode hypodermique, n'a lieu qu'en vertu de l'absorption, c'est-à-dire par
suite de la pénétration graduelle des molécules médicamenteuses à travers
les tissus vivants.

La voie que suivent les substances injectées a provoqué de nombreuses
discussions, les uns admettant exclusivement l'absorption veineuse et les
autres celle par les lymphatiques. Il est vrai que la vitesse du courant sanguin comparé à celle du courant lymphatique porte à attribuer au système
veineux une grande influence sur la rapidité de l'absorption. Quoi qu'il en
soit, la pénétration des agents médicinaux se fait par des phénomènes de ca-
pillarité et d'endosmose, par une imbibition progressive des mailles du tissu
conjonctif, à la suite de laquelle le médicament détermine une action locale
ou générale. Dans le premier cas, ses effets immédiats sont bornés à la région avec laquelle il a été mis en contact, tandis que dans le second, l'alcaloïde pénètre dans les vaisseaux capillaires des tissus, passe ensuite dans la
circulation pulmonaire (cœur droit), puis dans la circulation générale (cœur
gauche), dont le sang artériel le chasse dans toutes les parties du corps. Le
principe médicamenteux arrive ainsi aux grands centres nerveux sur lesquels il exerce une action spécifique, physiologique, dynamique et vitale ; et
celle-ci, suivant le médicament employé, entraîne une certaine modification,
soit de l'axe cérébro-spinal, soit du système vaso-moteur, soit seulement de
l'appareil nerveux de tel ou tel organe. De cette façon, l'équilibre fonctionnel
détruit par l'élément morbide, se trouve en quelque sorte rétabli par l'action
thérapeutique.

Nous croyons avec Tabourin et M. Colin que la rapidité de l'absorption du
tissu cellulaire est due principalement à sa grande perméabilité en tous sens,
à la sécrétion d'une matière séreuse destinée à humecter ses éléments, au
réseau vasculaire et lymphatique qui s'étale dans toutes ses mailles et qui
est si bien disposé pour absorber les produits qu'on lui présente.

Quel que soit le mode de médicamentation, l'action d'un médicament est
sous la dépendance des conditions suivantes :

1° L'absorption doit être aussi complète que possible.

2° Le principe médicamenteux ne doit subir pendant son absorption aucune
modification capable de le rendre inerte ou toxique.

3° L'absorption doit se faire rapidement et dans un temps déterminé, afin de permettre la connaissance de la dose.

Et toutes ces conditions sont remplies par la méthode hypodermique.

Disons, dès à présent, que les effets d'un médicament sont proportionnels à la quantité qui se trouve dans le sang dans un temps donné, car la même dose peut, suivant la rapidité de son absorption, produire des effets divers, soit médicamenteux, soit toxiques, ainsi que l'a prouvé l'expérience de Claude Bernard, que tout le monde peut refaire : Un premier lapin reçoit par l'estomac 0^{gr}.001 de strychnine ; l'absorption par cette voie étant lente et l'élimination se faisant à mesure, l'accumulation n'est pas assez forte pour produire des effets graves. Un second lapin reçoit dans le tissu cellulaire 0^{gr}.001 de strychnine ; par suite de la rapidité de l'absorption, toute la dose de cet alcaloïde se trouvera accumulée presque du même coup dans le sang et produira des effets peu à peu très graves, mais qui diminueront bientôt avec l'élimination ; ce sera un effet médicamenteux. Enfin un troisième lapin reçoit par la trachée ou dans le système veineux 0^{gr}.001 de strychnine ; dans ce cas l'absorption est si rapide que, n'étant pas contrebalancée par l'élimination, elle amène la mort de l'animal dans l'espace de quelques minutes.

Pour démontrer que la faculté d'absorber n'est pas égale pour tous les organes et qu'il y a une grande différence dans l'énergie d'action d'une quantité égale d'un même remède, suivant que celui-ci est introduit dans l'organisme par des voies différentee, il suffit de reproduire les expériences du docteur Falck (1), Celui-ci a prouvé, en expérimentant sur des chiens, que pour tuer un animal du poids moyen de 10 kilog. il lui fallait 7 1/2 milligr. de sulfate de strychnine par voie sous-cutanée, 20 milligr. en injectant la solution dans le rectum et 39 milligr. en introduisant le poison dans l'estomac.

D'après ce qui précède et nos propres recherches, nous pouvons établir la classification suivante relativement à la rapidité de l'absorption dans les divers modes de médicamentation :

1). Veines.
2). Muqueuse respiratoire.
3). Tissu cellulaire.
4). Rectum.
5). Estomac.

La rapidité avec laquelle s'opère l'absorption par le tissu cellulaire peut

---

(1) *Lehrbuch der prakt.* Toxicologie.

d'ailleurs être vérifiée expérimentalement, soit par la constatation des signes d'intoxication, soit par l'arrivée du médicament dans le sang ou dans les sécrétions, à partir de l'instant de l'administration. Le premier moyen est certainement le plus simple et le plus commode.

Magendie injecta à des lapins une petite quantité d'une solution au $^5/_{100}$ d'acide cyanhydrique et vit toujours après une $^1/_2$ minute disparaître le pouls et la respiration.

Tabourin avec le chlorhydrate de strychnine a vu les effets se manifester au bout de 5 minutes et la mort survenir dans l'espace de 15 minutes après l'injection sous la peau.

M. Colin injecta dans le tissu cellulaire d'un chien, 30 centigrammes de curare, délayé dans 16 grammes d'eau ; les premiers signes d'empoisonnement devinrent apparents à la sixième minute et l'animal mourut à la quatorzième. Le même remède introduit sous la peau d'un autre chien, à l'état solide et à la dose de 20 centigrammes, ne détermina des signes d'empoisonnement qu'à la seizième minute et la mort à la trente-deuxième.

M. Eulenbourg après avoir injecté à des chiens des quantités variables de sulfate de strychnine obtint les résultats suivants :

Taille de l'animal.	Quantités injectées.	Effets généraux.	Mort après l'opération.	OBSERVATIONS.
Moyenne..	0.025	Convulsions après 1/2 min.	4 min. 1/2	»
Moyenne..	0.01	— 2 —	9 — 1/2	»
Grosse....	0.0125	— 1 —	25 —	On essaie la transfusion.
Petite	0.0015	— 1 —	5 —	»
Moyenne..	0.0083	— 4 —	19 —	Saignées coup sur coup

Ce petit tableau fait voir clairement que la rapidité des effets et leur régularité sont toujours en rapport direct avec la taille des animaux, les doses injectées et les moyens employés pour prolonger la vie.

La rapidité de l'absorption par le tissu cellulaire est encore démontrée par les inoculations virulentes accidentelles ou intentionnelles.

Il suffit, en effet, d'une quantité minime d'un principe virulent quelconque, déposé sur une plaie du tégument cutané ou d'une muqueuse, ou injecté dans le tissu conjonctif sous-cutané pour communiquer n'importe quelle maladie contagieuse et faire développer en même temps les lésions propres à chacune de ces affections. C'est qu'à la suite de l'absorption, la maladie devient sûrement générale. Il est vrai que la rapidité de l'absorption varie beaucoup suivant l'espèce animale, l'idiosyncrasie, la nature de la maladie, la période d'incubation, etc... Ainsi Fontana a constaté qu'un pigeon mordu par une vipère meurt, si l'amputation du membre sur lequel le venin a été déposé a lieu plus de quinze secondes après la morsure. D'après les expériences de Barry, Laënnec, Adelon, Pariset, Andral, Martin, le virus-vaccin est absorbé et a pénétré dans la circulation générale quelques minutes déjà après l'inoculation. Haussmann, en cautérisant la plaie cinq minutes après la clavelisation, n'a pu empêcher les effets du virus. Spinola est arrivé au même résultat après l'amputation de l'oreille clavelisée faite six heures après l'opération. Renault a constaté que le virus morveux, farcineux ou rabique, était absorbé souvent cinq minutes après l'inoculation expérimentale et que la cautérisation ou l'ablation de la partie inoculée n'empêche pas le développement de ces maladies, preuve qu'en un très court laps de temps l'absorption a fait pénétrer dans l'économie assez de matière virulente ou de contagium pour engendrer une maladie à bref délai. M. Chauveau a fait développer la clavelée par l'inoculation du claveau étendu de 500 fois son volume d'eau. Pareils résultats ont été constatés avec le virus rabique par Patté, Viborg, Héring et M. Colin; avec le vibrion septique, Davaine a pu tuer rapidement un lapin par l'inoculation d'une goutte de sang diluée $1/10000$; avec le microbe bactéridien qui, introduit dans le tissu cellulaire produit une infection générale, une fièvre charbonneuse rapidement mortelle; avec le bacille de la phtisie tuberculeuse, par MM. Chauveau, Villemin, Saint-Cyr, Koch, Toussaint, etc.; avec le virus péripneumonique par MM. Willems, Colin, Pasteur, Cagny, Rossignol, Thiernesse et Degive, etc., virus dont l'inoculation entraîne toujours de sérieux accidents locaux, dus à la culture du ferment morbide dans le tissu conjonctif où l'insertion a été pratiquée; avec le microbe du choléra des poules par MM. Pasteur et Toussaint; avec le parasite du rouget des porcs par MM. Pasteur et Thuillier. Tous ces faits, auxquels nous pourrions encore ajouter les noms assez nombreux de médecins et de vétérinaires, morts de maladies contagieuses contractées à la suite des morsures à eux infligées par des animaux suspects ou des piqûres anatomiques, nobles martyrs du devoir professionnel, tout cela constitue la preuve indéniable de la rapidité et de la sûreté avec lesquelles s'effectue l'absorption des produits virulents déposés dans le tissu cellulaire sous-cutané.

La rapidité de l'absorption varie aussi d'après la diffusion du médicament dans le tissu cellulaire. Ainsi Weder, après avoir lié l'aorte abdominale d'un lapin, injecta à l'une des cuisses du prussiate de potasse et de la strychnine à l'autre; il obtint le sel cyanoferrique dans l'urine et aucun signe d'empoisonnement, preuve que le prussiate se répand vite dans le tissu cellulaire et va plus loin que la ligature; la strychnine, au contraire, imbibant le tissu moins bien, ne manifesta ses effets qu'après l'enlèvement de la ligature.

Weder par d'autres expériences a prouvé qu'il se fait à travers le tissu conjonctif une telle diffusion qu'on retrouve peu après à la hauteur du cou du cyanoferrure de potassium injecté à la cuisse. Le sel marin, après avoir été injecté, se montre bien plus rapidement dans les urines que le sulfate de soude, différence due évidemment à l'extrême facilité de sa diffusion. Il suit de là que la facilité avec laquelle une substance pénètre dans le tissu cellulaire est dépendante de la rapidité de son absorption. Du reste, pour une même substance, la rapidité de son apparition dans les liquides de l'économie est, ainsi que Claude Bernard l'a démontré, en raison directe de la concentration de la solution. Une solution de glucose au tiers se montre dans l'urine cinq minutes après l'injection, tandis qu'une solution au trentième ne se révèle à l'analyse que trois heures et demie après l'injection.

Un grand nombre de médicaments forment avec l'albumine des combinaisons solides par voie de coagulation. En pareil cas, l'absorption se fait lentement et à mesure que s'opère la dissolution ou la résorption du coagulum.

Cette propriété, sur laquelle Mialhe a beaucoup insisté, nous explique non seulement les accidents survenus après l'injection de certains remèdes, mais encore les variations nombreuses des effets thérapeutiques.

Quant aux expériences ayant pour but de retrouver dans le sang le médiment injecté sous-cutanément, la difficulté est grande et tient à l'impossibilité presque absolue de pratiquer une saignée assez rapidement et à un moment donné. Cependant M. Eulenbourg put avec l'amygdaline obtenir l'acide prussique en chauffant le sang retiré dans une capsule contenant de l'émulsine et en constatant l'apparition de l'odeur d'amandes amères. Or :

Une injection d'amygdaline faite à la cuisse d'un lapin donna la réaction huit minutes après.

Une injection d'amygdaline faite à l'épigastre d'un lapin donna la réaction quatre minutes après.

Une injection d'amygdaline introduite dans l'estomac d'un lapin donna la réaction quatorze minutes après.

La méthode expérimentale consistant à retrouver dans les sécrétions le médicament injecté présente aussi de nombreuses chances d'erreur. Cependant M. Colin constata ce qui suit : En injectant une solution de ferrocyanure de potassium et en établissant une fistule à l'uretère, on peut reconnaître le bleu de Prusse dans les urines au bout de huit à dix minutes. En établissant une fistule à un lymphatique satellite de la carotide, on trouve le sel de la solution dans la lymphe versée par la fistule, au bout de six à dix minutes.

Nous avons vérifié sur nous-même la différence d'apparition de l'iodure de potassium dans la salive et dans l'urine et voici ce que nous a donné l'expérience :

Le sel parut
- Dans la salive : 4 minutes après l'injection. / 12 — l'ingestion.
- Dans l'urine : 10 — l'injection. / 16 — l'ingestion.

Avec une solution d'atropine au cinquantième, on voit l'absorption se faire :

9 minutes après l'injection
26 — l'ingestion.

Avec le sulfate de quinine elle se fait :

25 minutes après l'injection.
60 — l'ingestion.

La manifestation de l'action médicamenteuse est donc bien plus rapide par la méthode sous-cutanée que par l'ingestion dans les voies digestives. L'expérimentation nous a permis de fixer ce rapport à environ $^1/_3$.

On a beaucoup étudié aussi l'élimination physiologique des substances absorbées et reconnu, il y a longtemps déjà, que les alcaloïdes, en général, étaient assez vite éliminés du corps, sans modifications sensibles et après avoir accompli leur œuvre curatrice. L'élimination se fait par les différents produits excrémentitiels tels que l'urine, la salive, l'exhalation pulmonaire, la sueur, la bile. On constata aussi que les symptômes toxiques, succédant aux injections sous-cutanées de morphine, de strychnine, d'atropine, etc., disparaissaient alors bien plus vite que par l'ingestion. Ainsi, dans quinze expériences faites par M. Eulenbourg, l'iodure de potassium fut complètement éliminé après une moyenne de 26 heures; il en fallut 45 pour constater la disparition du médicament ingéré. Le cyanoferrure de potassium, injecté sous la peau de plusieurs lapins ($0^{gr}.50$ d'une solution au $^1/_6$), s'est trouvé complètement éliminé dans l'espace de 24 heures; déjà, au bout de 16 heures, la réaction, donnée par le perchlorure de fer versé dans une petite quantité d'urine soustraite à cet effet, s'est montrée très faible. Il n'en fut plus ainsi quand la même dose de médicament était ingérée; en ce cas, l'urine contenait encore, au bout de 72 heures, des traces très notables du composé cyanique. Czarlinski a, d'ailleurs, fait la même constatation ; le cyanoferrure de potassium ingéré n'était jamais éliminé avant 48-50 heures, et, dans quelques cas, il a fallu pour cela 80 heures et même trois jours révolus (1).

En résumé, la thérapeutique a donc raison de mettre à profit la faculté absorbante du tissu cellulaire, surtout pour les médicaments dont la compo-

---

(1) *Resorptions geschwindigkeit und Aufenthaltsdauer des kaliumcyanür im thierischen Körper*, Greifswald, 1867.

sition est bien définie, le dosage exact et les effets très purs, en un mot pour tous les produits très solubles.

Une substance irritante ou caustique, insoluble ou susceptible de se précipiter ne convient pas pour ce mode d'administration, puisque son emploi entraine des accidents locaux plus ou moins graves, notamment des engorgements parfois énormes et des suppurations sous-cutanées. On ne doit employer les injections irritantes que dans le cas où l'on se propose d'obtenir un effet local.

MANUEL OPÉRATOIRE

Dans le principe, la manœuvre opératoire consistait à fendre la peau, soit avec une aiguille à séton, soit avec un bistouri, puis on dilacérait le tissu cellulaire avec des ciseaux, de façon à pratiquer une espèce de godet ou de poche sous la peau, dans laquelle on versait ensuite la préparation médicamenteuse qu'on voulait faire absorber. On en fermait l'ouverture avec une épingle, comme dans le cas de saignée, ou par quelques points de suture simple ou entortillée. Cette manière de faire, dont se servent encore aujourd'hui quelques confrères attardés, doit absolument être rejetée dans la pratique. On ne doit plus se servir que de la seringue de Pravaz pour faire les injections sous-cutanées.

Avant de se servir d'une seringue, il est nécessaire de s'assurer de son parfait état de propreté, de vérifier son fonctionnement et l'état de l'aiguille. La solution une fois préparée, il faut remplir la seringue de liquide après avoir préalablement agité la fiole. A cet effet, on retire le fil métallique qui est dans l'aiguille; on ajuste celle-ci sur la canule, puis on aspire le contenu en soulevant doucement le piston. Si la seringue fonctionne bien, elle se remplira complètement de liquide en laissant seulement une petite bulle d'air sous le piston. Mais il arrive souvent que celui-ci est plus ou moins desséché ou que l'aiguille ne s'ajuste pas exactement sur la canule. En ce cas, la seringue ne se remplit qu'incomplètement, par suite de bulles d'air qui se trouvent sous le piston. Il faut alors rejeter le liquide dans le flacon et bien rajuster l'aiguille. On recommence plusieurs fois la même manœuvre usqu'à ce que le piston soit bien mouillé; la seringue doit dès lors se remplir complètement. On peut aussi, quand le piston est trop desséché et laisse facilement passer l'air, faire tremper un moment le piston dans l'eau tiède ou aspirer trois ou quatre seringues de cette eau pour faire gonfler le piston. l ne faut jamais se servir d'eau qui n'a pas bouilli pour cette opération. Il existe encore une autre manière de remplir la seringue: celle-ci étant tenue verticalement, la canule dirigée par en bas et son orifice bouché par la preson entre deux doigts, on dévisse le piston, on verse dans le corps de pompe le liquide à injecter, puis on remet le piston en place, on retourne l'instrument sens dessus dessous, et celui-ci est tout prêt à fonctionner.

Il s'agit maintenant de ponctionner la peau. Ici on se trouve en présence de plusieurs procédés. Les uns recommandent d'introduire l'aiguille d'abord seule, puis d'y ajouter la seringue, préalablement remplie de liquide; les autres, au contraire, et c'est la généralité des praticiens, introduisent l'aiguille fixée sur le corps de pompe. Les premiers prétendent que certains accidents sont plus facilement évités par leur procédé, que si, par exemple, l'aiguille a pénétré dans une veinule, la sortie du sang en avertit immédiatement l'opérateur, etc. Nous pensons que ces sortes d'accidents ne sont guère à redouter et que les avantages de cette méthode sont loin de compenser ses inconvénients, tels que de nécessiter une plus grande difficulté dans l'introduction de l'aiguille à travers la peau, souvent si épaisse chez nos animaux, par conséquent un temps plus long. Les partisans du deuxième procédé introduisent l'aiguille, soit lentement, soit brusquement.

Pour introduire l'aiguille dans le tissu cellulaire sous-dermique, l'opérateur saisit un pli de la peau entre le pouce et l'index de la main gauche, de telle sorte qu'il soit bien tendu, puis il implante la pointe de l'aiguille à la base de ce pli, de telle sorte que la seringue forme avec la peau un angle très aigu. Il faut avoir soin de pousser l'aiguille exactement suivant l'axe de la seringue pour éviter de la briser, vu sa grande fragilité. Après la pénétration de l'aiguille, il arrête celle-ci après avoir éprouvé la sensation d'une résistance vaincue. La seringue devra toujours rester tangente à la région ponctionnée. Cela fait, abandonnant le pli de la peau, il maintient immobile, entre le pouce et l'index de la main gauche, la canule de l'aiguille afin d'éviter que celle-ci, par des mouvements de latéralité, ne dilacère les tissus, tandis que la main droite, exerçant une légère pression sur la cupule qui couronne la tige du piston à l'extérieur, pousse hors du cylindre le liquide, qui s'infiltre dans le tissu cellulaire sous-jacent. Une saillie plus ou moins forte, toujours en rapport avec la quantité de liquide injectée et accusée par un certain gonflement, constitue le seul effet consécutif de l'injection.

Il est inutile d'indiquer ici la profondeur à laquelle on doit enfoncer la canule, celle-ci variant avec l'épaisseur de la peau. En tout cas, l'aiguille doit être enfoncée assez loin dans la couche sous-cutanée pour que le liquide injecté ne soit pas dans le voisinage immédiat de la piqûre. D'un autre côté, l'introduction de toute la canule n'entraîne aucun inconvénient tant qu'on reste dans les limites du tissu cellulaire, ce que nous avons souvent pu vérifier sur des sujets d'expériences. Si l'aiguille est enfoncée trop superficiellement, elle reste dans le derme; trop profondément, elle pénètre dans le tissu musculaire, double écueil à éviter parce qu'il peut être la source d'accidents. Dans le premier cas, on éprouve une grande difficulté à faire sortir le liquide hors du corps de pompe et le piston n'avance que sous une très forte pression, tandis que, dans le deuxième cas, on risque de piquer des troncs nerveux et des veines.

Si l'on doit injecter une seringue pleine de liquide, il convient de ne le faire qu'avec lenteur et même de s'arrêter quelques secondes à la troisième, à la septième, à la dixième division, etc.

Le volume de la solution à injecter étant naturellement susceptible de varier suivant la taille des animaux et la solubilité du médicament, ne devra pas, autant que possible, excéder le poids de 10 grammes par injection. Nous blâmons l'habitude qu'ont certains praticiens, quand le volume d'une seringue ne suffit pas, de recommencer sur place l'opération, en laissant implantée la canule, puis remplissant le corps de pompe et injectant une nouvelle quantité de liquide par la même piqûre. Si le contenu d'une seringue ne suffit pas, on peut recommencer l'opération, mais dans un autre point du tissu cellulaire.

L'opération une fois terminée, on retire l'aiguille, non en la tournant sur elle-même, ce qui contribue à augmenter l'ouverture faite à la peau et fait inutilement souffrir l'animal, mais sans lui faire subir aucun mouvement de rotation ; on lui fait suivre la même direction que lors de son introduction. La peau, appliquée contre les parois de la canule par la pression atmosphérique, y adhère fortement et suit le mouvement de recul imprimé à l'aiguille. Or, pour ne pas agrandir le décollement et éviter un tiraillement douloureux par le retrait de la canule aiguillée, il faut avoir la précaution d'appliquer le pouce et l'index de chaque côté de l'instrument sur le point où il a pénétré dans la peau. D'ailleurs, par ce moyen, on obvie à la sortie de quelques gouttes de liquide prêtes à s'échapper.

Il est inutile de rien appliquer sur la piqûre, car l'index gauche, placé directement dessus pendant quelques instants, suffit pour prévenir toute sortie du liquide injecté. A ce sujet, quelques auteurs expérimentés conseillent de faire pendant quelques secondes une légère compression au-dessus ou au-dessous de la piqûre, selon que l'injection a été faite de bas en haut ou de haut en bas.

Il ne reste plus maintenant qu'à nettoyer et, au besoin, à désinfecter l'instrument. Dans ce but, il convient surtout de chasser ce qui pourrait rester de liquide dans l'aiguille et de ne la remettre en place que munie de son fil d'argent, ou ce qui vaut aussi bien, sinon mieux, d'une soie de cochon ou de sanglier. La désinfection de l'aiguille devient indispensable quand la seringue a servi à faire une injection sous-cutanée à un animal atteint d'une maladie contagieuse ; en pareil cas, l'on ne saurait prendre trop de soins à purifier tout l'appareil afin de prévenir la transmission du virus par voie d'inoculation. On arrive à ce résultat en lavant à plusieurs reprises la seringue et l'aiguille dans de l'eau ordinaire d'abord, puis dans de l'alcool rectifié ou mieux de l'eau phéniquée tiède, puis en essuyant avec soin toutes les parties de l'appareil avec un linge bien sec.

Voici maintenant à quoi se réduit le traumatisme immédiat produit, tant dans le derme que dans le tissu cellulo-adipeux, par les piqûres d'injections sous-cutanées faites avec soin. L'aiguille traverse l'épiderme, la couche muqueuse de Malpighi, le derme et le tissu cellulaire sous-cutané, tissus à travers lesquels elle creuse un canal, lequel apparait à l'œil nu comme un point presque noir. Sous le champ du microscope, on reconnaît que ce point est constitué par un amas de globules sanguins. Le tissu cellulaire sous-jacent, dans un rayon de plusieurs centimètres, offre une injection plus ou moins prononcée. Çà et là, on retrouve de petits amas de globules sanguins, échappés d'abord des capillaires brisés par l'introduction de l'aiguille, puis accolés à celle-ci, d'où ils ont été chassés dans le tissu cellulo-adipeux par la projection du liquide injecté. Pareil examen est facile à faire sur un chien sacrifié environ vingt heures après avoir reçu plusieurs injections hypodermiques d'une solution morphinée. En injectant de l'eau salée, nous avons même déjà rencontré, à l'orifice des piqûres, la formation d'une petite collection purulente grosse comme un pois.

S'il est important de se servir de solutions rigoureusement dosées, il n'est pas moins utile de connaître exactement la contenance de la seringue dont on fait usage. Quelque soin que le fabricant ait apporté à la construction de l'instrument, il existe souvent des différences sensibles dans le calibre d'une seringue comparativement à une autre du même modèle, ainsi que dans la graduation. Pour contrôler la capacité d'une seringue, on peut la mesurer ou la peser, d'abord vide, puis pleine d'eau distillée. On s'assurera ensuite si elle est calibrée régulièrement dans toutes ses parties à l'aide de plusieurs pesées successives, en ayant soin, à chaque nouvelle pesée, de faire correspondre la quantité d'eau introduite à la division suivante. De cette façon, on arrive à connaître la quantité de liquide chassée par une course donnée du piston et, par conséquent, à savoir si l'instrument est bien gradué. On peut donc évaluer facilement et en toute sécurité la dose d'un alcaloïde que l'on veut insérer sous la peau. En effet, chaque division de la seringue correspondant à un centimètre cube ou un gramme d'eau, rien n'est plus aisé que de déterminer la quantité de médicament contenue dans le liquide de la seringue. Il suffit, pour avoir le dosage, de diviser la quantité de substance active par le poids de la solution. Supposons une solution de sulfate d'atropine composée de 0^{gr}.05 d'alcaloïde et 50 grammes d'eau; chaque gramme de liquide contiendra 0^{gr}.05 : 50 = 0^{gs}.001 d'atropine. En injectant six degrés de la seringue, on aura introduit sous la peau 6 milligrammes de ce produit pharmaceutique.

Certains expérimentateurs déterminent la dose sous-cutanée susceptible d'être injectée d'un seul coup d'après le poids vivant de chaque animal.

En dissolvant 1 gramme de sulfate de strychnine dans 100 grammes d'eau, chaque gramme ou centimètre cube de cette solution contiendra 0 gr. 01 de sel.

En supposant un animal pesant 500 kilogrammes et sachant que 0 gr. 0001 représente la dose sous-cutanée par chaque kilo de poids vif, il faudra nécessairement employer $500 \times 0.0001 = 0$ gr. 05 de sulfate de strychnine, équivalant à 5 centimètres cubes de cette solution.

Le choix du lieu de l'injection doit aussi préoccuper le vétérinaire. Tous les points du corps ne conviennent pas pour les injections hypodermiques ; quelques-uns même doivent être écartés à tout prix, si l'on ne veut pas s'exposer à des accidents. On doit les pratiquer dans des endroits où le tissu cellulaire est lâche et abondant, facile à distendre, où la peau est souple, fine, peu épaisse, ce qui permet à la canule aiguillée de pénétrer avec facilité. On peut notamment distinguer : 1) *les lieux de nécessité*, qui sont indiqués par le siége des maladies et la nature spéciale des effets des médicaments ; on les rencontre surtout dans les médications locales ; 2) *les lieux d'élection*, qui sont à la libre disposition du praticien ; on doit surtout y recourir dans les médications générales. Il nous a semblé que le lieu d'élection influe beaucoup sur la rapidité de l'absorption et partant sur l'activité du remède. Il faut aussi, autant que possible, mettre la piqûre à l'abri de toute irritation physique ; c'est pourquoi il est indiqué de la faire dans un endroit où les animaux ne peuvent arriver avec la bouche, ni se frotter contre les objets à leur portée. Quoi qu'il en soit, les injections sous-dermiques, étant assez souvent suivies d'abcès, avec élimination d'une certaine portion du tissu cellulaire sous-cutané, on ne doit les faire que dans les régions où la formation d'un phlegmon, d'un abcès ou d'autres accidents inflammatoires ne peut causer aucune gène, soit dans les mouvements de l'animal, soit pour l'application des harnais, afin de ne pas empêcher son utilisation aussitôt après son rétablissement. A moins de contre-indications forcées, les injections sous-cutanées se pratiquent d'ordinaire au poitrail, à l'encolure, aux parois thoraciques ou abdominales. Il faut éviter de faire les injections dans les régions riches en filets nerveux, où les veines sont développées, dans les parties enflammées, etc., à moins d'indications spéciales...

Dans certains endroits où la peau est très dure et où, en raison de son épaisseur, elle offre une grande résistance à la pénétration de l'aiguille, il faut avoir soin de pratiquer préalablement, à l'aide d'un bistouri aigu, une légère incision intéressant toute l'épaisseur de la peau ; cette petite opération préliminaire favorise singulièrement l'introduction de l'aiguille dans le tissu cellulaire et n'expose pas le praticien à la briser.

Comme on peut nous demander quelle dose de médicament il faut administrer dans une journée, par la voie sous-cutanée, nous répondrons que cela est impossible à fixer d'avance. Dans tous les cas, l'administration d'un remède doit toujours être proportionnée à l'intensité de la maladie, c'est-à-dire que les doses seront d'autaut plus rapprochées, que celle-ci est plus aiguë et plus rapide dans sa marche.

DES ACCIDENTS LOCAUX CONSÉCUTIFS AUX INJECTIONS SOUS-CUTANÉES MÉDICAMENTEUSES.

De même que toutes les méthodes thérapeutiques, la méthode sous-cutanée n'est pas sans offrir certains inconvénients, sans entraîner parfois des accidents, qu'il est bon de relater ici avec quelques détails. Parmi ces accidents, les uns sont *généraux* et les autres *locaux, immédiats* ou *médiats ;* les premiers, généralement de courte durée et passant souvent même inaperçus, doivent être prévus par le vétérinaire ; quant aux seconds, leur importance est toute secondaire.

Quelques auteurs ont attribué à la méthode hypodermique un grande nombre d'accidents, tandis que d'autres ont nié toute espèce de complication.

En nous appuyant sur les faits, nous devons constater, qu'on a observé l'inflammation, depuis ses plus légers phénomènes jusqu'à sa complication la plus grave, depuis la plus légère tuméfaction jusqu'à la gangrène locale. Mais on conçoit que ces divers accidents ne doivent pas être regardés comme les suites ordinaires et inévitables de toutes les injections hypodermiques sans distinction. Ils tiennent à diverses causes, dont l'étude n'est pas sans intérêt et proviennent ordinairement, soit de la substance injectée ou de son excipient, soit de l'imprévoyance ou de la maladresse de l'opérateur.

Comme nous étudierons avec quelques détails les accidents locaux, quand nous parlerons de chaque médicament en particulier, nous n'entrerons ici que dans des généralités.

Les accidents locaux comprennent :

1.) — La *douleur* qui est due, soit à la piqûre, soit au contact du liquide introduit dans le tissu cellulaire. Il est incontestable que la petite opération, nécessitée par chaque injection, détermine une certaine souffrance, laquelle est produite par la lésion d'un filet nerveux de la peau et par la distension des tissus au moment où l'injection a été faite. Mais en tout cas cette douleur est réduite à son minimum ; elle est purement fugitive, si la canule est à la fois, bien acérée et solide, si elle a pénétré franchement et assez profondément dans le tissu cellulaire, si l'instrument est bien propre et exempt de matières septiques, en un mot, si l'opération a été bien conduite et bien faite. Il n'en est plus ainsi, si un corps étranger a été introduit dans la plaie, comme par exemple, à la suite du dépôt de particules solides, de cristaux tenus en suspension dans la solution injectée, de la brisure de la pointe du corps vulnérant qui a pu rester dans les tissus vivants ; en ce cas il peut en résulter des accidents inflammatoires plus ou moins prononcés. — La douleur peut aussi être produite par la nature du dissolvant ; ainsi les injections d'alcool concentré, d'acides, d'éther, de chloroforme, d'eau salée, donnent lieu à une vive souffrance. Mais celle-ci est toutefois indépendante de la concentration des solutions. Une solution acide n'est pas pour cela douloureuse, car une injection expérimentale d'acide sulfurique nous a paru moins douloureuse qu'une de sulfate de quinine et d'acide tartrique, L'emploi de solutions neutres ne contribue pas non plus à diminuer la douleur ; il suffit de faire à un chien une injection de chlorure de sodium, pour que celui-ci présente pendant quelques instants tous les signes d'une vive douleur.

Une trop grande quantité de liquide, injectée dans le même point, peut aussi occasionner de la douleur, des abcès, etc.

Une autre cause de douleur est l'infériorité de la température du liquide injectée par rapport à celle du corps. Bien qu'il soit peudant de se servir de solutions légèrement tièdes, c'est-à-dire dont la température égale environ 25 degrés, cette précaution est généralement négligée, sans pour cela porter préjudice au malade. Par contre, si la solution était trop chaude, elle entraînerait une désorganisation locale.

2.) — *L'hémorrhagie* n'est, en général, pas à redouter, ni par le fait de la piqûre, ni à la suite du retrait de l'aiguille ou de cauule. Et, si par hasard, il y avait issue de quelques de gouttes de sang, cette hémorragie, de nulle importance d'ailleurs, peut être négligée.

3.) — *L'ecchymose* résulte généralement de ce que l'injection, au lieu d'avoir été poussée avec modération, a été faite trop rapidement et avec force. Cet accident, de minine importance d'ailleurs, est fréquent chez les sujets dont la peau est fine et délicate. Chez nos animaux, l'ecchymose, quand elle existe, est toujours cachée par les poils qui recouvrent la surface de la peau.

4.) — *L'injection d'air* entraîne un emphysème local, toujours très limité. Cet accident, avec la seringue à aiguille, ne peut se produire que lorsque l'instrument mal amorcé contient des bulles gazeuses, lesquelles sont poussées dans les tissus avec l'injection. Cet accident est sans la moindre gravité et généralement dû à ce que le piston se trouve plus ou moins desséché, lorsque notamment la seringue n'a pas servi depuis quelque temps. Il faut alors bien rajuster l'aiguille sur la canule de la seringue, vider celle-ci et la remplir à plusieurs reprises ; de cette façon le corps de pompe s'emplit d'un seul coup et complètement, parce que le piston, maintenant bien mouillé, ne laisse plus passer d'air. Dans le cas où le piston serait très desséché et laisserait passer non seulement de l'air, mais aussi une partie de la solution médicamenteuse, on ferait bouillir un peu d'eau, puis, celle-ci une fois suffisamment refroidie, on aspirerait deux ou trois seringues de cette eau pour faire gonfler le piston. Dans tous les cas, si les pièces composant le piston se trouvaient en mauvais état, il y aurait lieu de les remplacer dans le plus bref délai.

5°.) — Divers accidents *locooperato*, tels que : des tumeurs plus ou moins volumineuses, molles et sensibles d'abord, puis indolentes et parfois longtemps persistantes ; des engorgements inflammatoires ou phlegmoneux plus ou moins développés, se transformant souvent en kystes, en abcès ; des eschares ; des lymphangites ; une gangrène locale, etc. On produit ainsi une autre affection qui peut rendre l'animal indisponible pendant un certain laps de temps, surtout si l'injection a été faite dans un endroit du corps où le mal est susceptible de gêner la locomotion, d'empêcher l'application des harnais. Il est vrai que ces diverses complications, lesquelles effraient beaucoup les possesseurs d'animaux, n'ont aucune gravité réelle, car les engorgements se résolvent aisément, surtout si l'on a le soin de déposer à la surface une application vésicante ; si, par contre, ils se terminent par suppuration, il suffira de ponctionner l'abcès, de le vider, après quoi la résorption des produits épanchés se fait rapidement, et il ne reste plus aucune trace de l'enflammation locale, tout au plus une petite cicatrice le plus souvent invisible.

Relativement aux kystes consécutifs à des injections sous-cutanées médicamenteuses, l'expérience nous a appris qu'il ne faut jamais trop se hâter de les ouvrir, surtout quand les kystes sont de petite dimension ; assez souvent on les voit disparaître d'eux-mêmes par voie de résorption et sans que la moindre intervention chirurgicale soit nécessaire.

Parmi les causes succeptibles de provoquer localement des accidents inflammatoires, nous citerons (1) :

a.) — *L'injection d'un liquide dans lequel le médicament est incomplètement dissous.* C'est là une des causes les plus fréquentes d'accidents locaux. Il suffit pour les éviter, de n'employer que des principes capables de se

---

(1) M. Weber : Des accidents consécutifs aux injections sous-cutanées. *In Bulletin de la Société centrale de médecine vétérinaire, Recueil*, 1883, p. 308.

dissoudre entièrement. Certaines solutions médicamenteuses demandent même à être filtrées, afin de diminuer l'intensité des phénomènes locaux.

Ainsi avec des injections hypodermiques de curare, par exemple, il se produit des signes tout différents, suivant que les solutions sont filtrées ou non ; dans le premier cas, il se forme une inflammation locale due à la suspension dans le liquide injecté d'une matière résineuse pulvérulente, laquelle disparaît au bout de quelques jours ; tandis que, dans le cas contraire, la tuméfaction locale se transforme en un noyau induré longtemps persistant ou en un abcès.

b.) — *L'injection d'une trop grande quantité de liquide à la même piqûre.* C'est pourquoi nous ne pourrons que blâmer la pratique de certains confrères qui introduisent souvent jusqu'à 20 et même 30 grammes de liquide en un même point sous la peau, d'où résulte un décollement trop considérable. A notre avis le maximum de liquide qu'il est permis d'injecter sans danger, c'est-à-dire sans déterminer de traumatisme local, ne doit pas dépasser, chez nos divers animaux, le poids de 10 grammes par injection. Et s'il est nécessaire d'introduire une plus grande quantité de solution médicamenteuse, il est préférable de multiplier les injections, de faire plusieurs piqûres dans différents points. En procédant ainsi, l'absorption du liquide a lieu plus vite, son action est plus rapide et l'on court moins de chances de voir se former des abcès locaux.

c.) — *L'injection d'une solution trop concentrée,* parce qu'alors il y a tendance à la séparation et à la précipitation du principe médicamenteux, soit dans les flacons, soit dans le tissu cellulaire. Dans le premier cas, le but n'est pas atteint ; dans le second, ce sont les cristaux qui produisent les accidents locaux. Les solutions trop concentrées ont aussi l'inconvénient, en tannant le tissu cellulaire, de rendre l'absorption lente, difficile ou même nulle et d'atténuer ainsi ou même d'annuler complètement l'efficacité de la médication. De toute façon, il est préférable d'employer des solutions inoffensives et de proportionner le nombre des injections selon l'activité de chaque solution ; tout le secret du médecin consiste à faire pénétrer dans l'économie une dose suffisante de médicament, afin de produire la plus grande action thérapeutique possible.

Les solutions faites à chaud ont l'inconvénient de laisser déposer généralement une plus ou moins grande partie du médicament par le refroidissement.

Lorsque la grande concentration des solutions médicamenteuses n'entraîne pas d'accidents locaux, le praticien a tout intérêt à donner la préférence à des solutions très concentrées, parce que cela lui permet de diminuer beaucoup la masse du liquide destiné à être injecté, ce qui est fort important en vétérinaire, eu égard à l'indocilité des animaux. C'est pourquoi l'on a cherché de tous côtés des dissolvants capables de concentrer, sous un petit volume, une dose relativement élevée de principe actif. Quoique l'on ait fait tour à tour des essais avec les principaux dissolvants, l'eau, l'alcool, la glycérine et d'autres liquides encore, avec des acides seuls ou additionnés d'eau, l'on n'est pas encore parvenu à trouver une solution à l'abri de tout reproche, c'est-à-dire une solution très concentrée, parfaitement limpide et sans action chimique sur les tissus. Cette solution idéale sera probablement impossible à trouver pour toutes les substances médicamenteuses.

Disons encore que, d'une manière générale, les solutions doivent être faites dans la proportion de une partie de médicament pour vingt parties d'excipient liquide.

d.) — *Le développement de corps étrangers dans* **une** *solution vieillie.* — On a constaté, en effet, que beaucoup de solutions plus ou moins anciennement préparées présentent des filaments en suspension, corps étrangers formés aux dépens de leurs éléments et venus en grande partie de l'atmosphère. Non seulement, en pareil cas, l'effet cherché ne se produit pas, parce que la solution a perdu sa puissance d'action par le fait de son altération, mais l'on risque de voir se produire des accidents locaux. Faites, par exemple, des injections hypodermiques avec une solution de sulfate d'ésérine au 1/100, préparée depuis peu; toutes ces injections seront bénignes, elles ne donneront lieu à aucun accident local. Il n'en sera plus de même avec des injections d'une solution de sulfate d'ésérine de vieille date; toutes ces injections, sans distinction, ne produiront non seulement aucun effet appréciable sur l'intestin, mais chacune d'elles donnera lieu à un énorme phlegmon, suivi lui-même d'abcédation. Le praticien devra donc toujours s'assurer du bon état de conservation de la solution qu'il emploie.

e.) — *L'injection d'une petite quantité de liquide dans l'épaisseur du derme*, ce qui arrive quand l'aiguille n'a pas bien pénétré dans le tissu cellulaire sous-cutané. Il se forme alors une irritation du derme, laquelle entraîne à peu près sûrement la formation d'un abcès.

f.) — *Les propriétés irritantes ou caustiques de la solution employée*, soit que celles-ci tiennent au liquide dissolvant, soit au médicament dissous.

Les principaux dissolvants, employés pour l'administration sous-cutanée médicaments, sont l'eau, la glycérine et l'alcool, le plus souvent employés seuls, parfois, cependant, additionnés d'un peu d'acide. Tous les auteurs s'accordent à reconnaître que l'eau pure est de nature inoffensive, c'est-à-dire le dissolvant par excellence, auquel on doit toujours s'arrêter, à moins d'impossibilité. On ne saurait pourtant proclamer son innocuité lorsqu'elle a été acidifiée, alcoolisée ou additionnée d'autres principes destinés à rendre plus solubles certains médicaments. Mais alors c'est aux substances surajoutées qu'il faut attribuer les éléments d'irritation.

La glycérine a paru aussi complètement inoffensive, surtout lorsqu'elle est étendue d'eau.

Les injections d'alcool pur ou cencentré occasionnent toujours des désordres locaux; aussi convient-il de faire la solution dans la plus petite quantité possible, puis diluer celle-ci avec de l'eau.

Nous ne nous étendrons pas ici sur les accidents dus aux qualités irritantes du médicament dissous; on trouvera de plus amples renseignements dans l'article consacré à chaque médicament, au paragraphe *accidents locaux* et à l'article consacré aux solutions.

g.) — *La malpropreté de la seringue et surtout de l'aiguille.* C'est là un des plus grands facteurs de l'irritation locale, celui qui contribue pour une bonne part au développement de tumeurs plus ou moins volumineuses, dures et insensibles, d'abcès, accidents qu'on met à tort sur le compte de la solution injectée, tandis qu'ils sont produits par les corps étrangers qui souillent l'instrument.

Cela dépend-il des impuretés qui se déposent dans l'instrument ou de la rouille qui se forme dans le canal de l'aiguille. Quoi qu'il en soit, il suffit, pour être fixé, de répéter l'expérience suivante : « Prenez une solution de morphine dans l'eau et mettez-la dans deux flacons; si, pour vous servir de la première, vous aspirez le liquide et le videz dans le flacon pour bien remplir la seringue au moment de l'emploi, au bout de peu de temps la solution se trouble et se montre pleine de pellicules noires; si vous n'employez la seconde solution qu'après avoir lavé la seringue et son aiguille dans l'eau, cette solution se conserve jusqu'à la fin claire et limpide. Plusieurs fois j'ai fait, avec le même instrument, la même solution et au même cheval, des injections, les unes sans procéder au lavage préliminaire, et j'ai constaté ces engorgements indolents persistants; les autres ont été faites après le lavage de la seringue et de l'aiguille, ce même jour ou le lendemain, et je n'ai pas constaté d'engorgements (1). » Cela est parfaitement vrai et il est urgent, pour éviter autant que possible les accidents locaux, de toujours maintenir la seringue dans un parfait état de propreté. A cet effet, avant de s'en servir, on doit la remplir et la vider plusieurs fois — au moins deux ou trois fois — avec de l'eau préalablement bouillie, afin de débarrasser l'intérieur de la canule de la rouille

---

(1) M. P. Cagny : Des injections sous-cutanées. *In Bulletin de la Soc. cent. de méd. vét., Recueil*, 1883, p. 303.

qui a pu s'y former, ainsi que des dépôts de corps étrangers, de produits septicémiques que son canal peut recéler. Nous conseillons ensuite de tremper l'aiguille dans un peu d'huile phéniquée et de laver la seringue avec un peu d'alcool concentré. La désinfection de l'appareil instrumental ne doit jamais être négligée quand l'on a fait des injections hypodermiques à un animal affecté de maladie contagieuse ; on évite ainsi toute chance d'inoculalation à d'autres.

h.) — *L'imperfection de l'instrument ou son mauvais état.* Si la seringue fonctionne très bien, il suffit de soulever doucement le piston pour aspirer le liquide et pour qu'elle se remplisse complètement, en laissant seulement une petite bulle d'air sous le piston. Dans le cas contraire, il faut s'assurer que celui-ci n'est pas trop desséché et que l'aiguille s'ajuste bien sur la canule. En tous cas, si le liquide ne remplit pas complètement le corps de pompe, il faut remédier aux vices de l'instrument.

Notre confrère Bizard a vu se former, à la suite d'une injection d'un gramme de chloroforme dans le pli du paturon, un abcès qui se compliqua de la chute d'un bourbillon, accident dû à ce que la pointe de l'aiguille s'était cassée en traversant la peau, par suite de son état d'oxydation (1).

i.) — *L'injection d'un liquide trop froid ou trop chaud.* Celui-ci doit toujours se rapprocher de la température du corps, c'est-à-dire être un peu tiède, avoir une température d'environ 20 à 25 degrés.

j. — On a voulu attribuer aussi quelques rares *cas de tétanos à des injections hypodermiques médicamenteuses* ; mais ces observations ne nous ont pas paru exemptes de toute objection. Dans un journal américain, il est notamment question d'un cheval hongre, âgé de sept ans, atteint de coliques, qui furent combattues avec des injections sous-cutanées de morphine et d'atropine, faites sur l'un des côtés de l'encolure. Chacune de ces injections détermina la formation d'un petit abcès, dont la ponction fut suivie d'une prompte guérison. Quatre jours après, l'animal est frappé de tétanos et traité sans succès par des breuvages au bromure de potassium et des lavements à l'hydrate de chloral (2). Il est permis de douter que, dans le cas actuel, le tétanos soit bien consécutif aux injections sous-dermiques. Nous avons tenu à signaler la possibilité de cet accident à l'attention des praticiens, afin que ceux-ci se tiennent toujours en garde contre lui.

Il résulte de cet exposé que, quelque facile que soit la ponction de la peau, quelque simple que paraisse l'injection, les dangers de la méthode hypoder-

(1) Note communiquée.
(2) *American veterinary Review*, New-York, 1877.

mique sont cependant assez nombreux, surtout chez le cheval, à cause de la facilité avec laquelle s'établit la suppuration chez cet animal. Du reste, tous ceux qui ont pratiqué un certain nombre d'injections, savent que le nombre des accidents est, après un certain temps de pratique, beaucoup plus restreint qu'au début.

AVANTAGES ET INCONVÉNIENTS

Bien que la méthode sous-cutanée ait conquis dans la thérapeutique moderne une place large et méritée, nous devons reconnaître que son emploi aura toujours des limites, à cause des accidents qu'elle occasionne quand on veut expérimenter un médicament nouveau, ou bien quand l'injection est faite par une main inexpérimentée.

N'ayant pas de parti pris, nous allons résumer brièvement les avantages et les inconvénients de la méthode qui nous occupe.

Avantages. — La voie hypodermique est certainement une méthode de traitement dont on ne saurait contester la vitesse d'action, car l'expérience médicale suffit pour en démontrer chaque jour les grands avantages.

L'administration sous-dermique des médicaments rend les plus grands services au praticien quand les voies digestives sont malades ou obstruées, lorsqu'il y a contre-indication de recourir à l'ingestion stomacale. Il en est de même à l'égard des animaux nouveaux-nés ou très jeunes, auxquels il est généralement impossible de faire prendre les médicaments que réclame pour leur salut la maladie dont ils peuvent être affectés.

Dans certaines maladies à marche suraiguë, très rapide et parfois foudroyante (typhus, fièvre charbonneuse, apoplexie, etc.), il faut agir avec vitesse et faire pénétrer dans tous les points de l'économie, les agents thérapeutiques destinés à arrêter brusquement le mouvement de décomposition septique engendré par un virus, un miasme, un venin ou un poison. En ce cas, l'administration par la voie ordinaire n'aura jamais des effets assez rapides pour conjurer des lésions anatomo-pathologiques rapidement mortelles. Il est donc utile de recourir à l'injection sous-cutanée, laquelle, en faisant pénétrer promptement les agents curatifs dans le sang, permet de combattre la maladie plus énergiquement et avec plus d'efficacité.

La méthode sous-cutanée évite toute chance d'altération ou de destruction du principe actif, ce qui lui permet d'agir avec sûreté, à dose très faible et avec une grande rapidité.

L'injection hypodermique doit toujours être préférée lorsqu'on veut employer une substance très active et d'une absorption facile, surtout quand celle-ci ne produit pas d'inflammation locale. En choisissant cette voie, les vétérinaires peuvent faire usage d'alcaloïdes, dont le prix est générale-

ment très élevé. Bien que quelques-uns aient avancé que l'emplo
des injections sous-cutanées ne pourra guère se généraliser en médecine vétérinaire à cause de la cherté des médicaments, cet argument n'a aucune
valeur à nos yeux. Car ce genre de traitement permet une réduction considérable des doses; de sorte que les frais de traitement d'une maladie sont
par le fait de beaucoup inférieurs à ce que coûterait, dans un cas semblable,
n'importe quel autre genre de médication.

Dans notre siècle le vétérinaire, pour réussir, doit chercher à guérir éco-
nomiquement, et à éviter les convalescences prolongées, pendant lesquelles
les animaux coûtent sans rien produire.

En employant la méthode sous-cutanée, le médecin-vétérinaire peut aussi
renouveler l'administration conformément aux indications thérapeutiques et
sans que ce genre de traitement laisse alors des traces visibles.

En résumé, les avantages de cette méthode sont : rapidité de l'absorption;
promptitude, certitude et intensité des effets curatifs; régularité parfaite de
l'action médicamenteuse; facilité d'administrer le remède et économie dans
le traitement.

Inconvénients. — Ils consistent principalement dans des désordres locaux,
tels que phlegmons, abcès, kystes, décollements de la peau, etc., accidents
auxquels il est toujours facile de remédier, quand ils sont pris en temps
opportun.

La méthode hypodermique ne permet pas l'emploi de médicaments trop
irritants ou caustiques, parce qu'ils produisent des accidents locaux plus ou
moins sérieux. Il est vrai qu'on peut modérer les effets locaux en les étendant
de beaucoup d'eau; mais alors l'action n'est plus la même. Il ne faut pas
oublier que dans la méthode des injections à effet local, la production de
phénomènes locaux est souvent recherchée intentionnellement et constitue un
avantage.

Certaines substances très énergiques, exigeant de fréquentes injections pour
maintenir un effet thérapeutique fugace, ne peuvent être administrées par le
tissu cellulaire qu'avec la plus grande circonspection, afin d'éviter les
effets de l'accumulation.

La difficulté qu'on éprouve à faire dissoudre un assez grand nombre de
médicaments, constitue encore un écueil.

Ce système de traitement ne peut être bien mis à profit, hors les cas
pressés et graves, que si le praticien a les malades sous la main, soit à
proximité de sa résidence, soit encore dans son infirmerie, et s'il peut revoir
fréquemment les animaux.

Conclusion. — La méthode sous-cutanée peut compter à bon droit parmi une des plus fécondes de la thérapeutique. On doit surtout la considérer comme un moyen curatif souverain contre les affections du système nerveux, car elle tient en son pouvoir la précieuse ressource de combattre rapidement et partout où il se manifeste l'élément douleur, dont les malades ont si grand besoin d'être soulagés

Avis au lecteur.

Bien qu'une classification facilite, en les groupant suivant leurs affinités et leurs propriétés, l'étude des divers médicaments, bien que chaque auteur ait en quelque sorte la sienne propre, nous ne croyons devoir en adopter aucune dans ce travail, vu que toute classification reste imparfaite ; il n'y en a pas une qui réponde à toutes les exigences. Nous préférons suivre l'ordre alphabétique qui, de l'avis du docteur Lévi, répond à toutes les objections et satisfait tous les besoins.

PHARMACOLOGIE & PHARMACODYNAMIE

A

Acide arsénieux. (Voir Arsenicaux.)

Acide cyanhydrique.

Les solutions médicamenteuses doivent toujours être conservées dans des flacons colorés, pleins et bouchés à l'émeri.

Effets locaux. — Localement l'acide cyanhydrique diminue d'abord, puis abolit la sensibilité. L'injection donne toujours lieu à du gonflement suivi d'abcédation et de mortification d'une portion du tissu cellulaire. Cependant avec une solution au $^1/_{1000}$ les accidents locaux ne sont pas à craindre.

Pour l'injection sous-cutanée, on pourra employer la solution suivante :

<pre>
Acide cyanhydrique médicinal....   5 grammes.
HO distillée...................   500   »
</pre>

Chaque gramme de cette solution contient $0^{gr}.004$ d'acide anhydre.

Dose 2 — 5 grammes pour les grands quadrupèdes.

L'élimination est très rapide et se fait surtout par les poumons. Les meilleurs antagonistes contre l'empoisonnement par l'acide prussique sont les anesthésiques.

Emploi thérapeutique. — L'acide prussique étant un sédatif puissant du système nerveux, on pourrait l'employer hypodermiquement contre les toux spasmodiques, le cornage, le vertige furieux, le tétanos, l'épilepsie, la chorée, l'éclampsie puerpérale (solution au $^1/_{1000}$).

D'après Rizenberger, l'acide cyanhydrique contribue quelquefois à calmer la rigidité musculaire, à permettre au malade de manger; mais il ne guérit qu'exceptionnellement le tétanos.

Nous avons essayé les injections d'acide prussique contre une boiterie chronique ayant résisté à toutes espèces de médications et due à une lésion du plexus brachial; il y eut une amélioration momentanée et la boiterie reparut au bout de quelques semaines. L'injection fut douloureuse et irritante; elle entraîna un abcès. ($0^{gr}.10$ d'acide médicinal dans 8 grammes d'eau, ce qui équivaut à $0^{gr}.01$ d'acide pur en deux injections.)

L'emploi de l'acide cyanhydrique en médecine, en raison de sa violente action toxique, exige les plus grandes précautions; c'est pourquoi son usage sera toujours fort restreint.

Acide phénique.

L'acide carbolique est peu soluble dans l'eau (chimiquement pur dans 20 parties d'eau et dans 50 parties quand il est impur); mais il se dissout en toutes proportions dans l'alcool et la glycérine.

Le phénol s'élimine par les bronches et les voies urinaires; l'urine prend souvent une coloration brune très foncée, si les doses ont été répétées ou élevées.

Principaux effets physiologiques. — Voici comment s'exprime le docteur Lobbée au sujet des effets physiologiques de l'acide phénique; il s'agit d'une injection de 4 milligrammes faite à une grenouille : « Aussitôt après l'injection, immobilité, étonnement, la grenouille se ramasse sur elle-même et ne bouge plus; après 3 minutes 5 secondes : secousses faibles agitant l'animal sur place; 6 minutes : secousse violente et courte, saut comme de détente, la faculté motrice semble accrue, sensibilité exagérée; 7 minutes : flexion de la tête sur le thorax, disparition des yeux dans les orbites, sensibilité outrée au pourtour des narines, la respiration continue; 10 minutes : mouvements volontaires impossibles, les spasmes sont si violents que la grenouille est constamment secouée, la puissance musculaire n'est pas abolie; 17 minutes; tremblement général; 22 minutes : accès de convulsions avec cris aigus, comparables aux accès éclamptiques, au nombre de dix par minute, très intenses et assez longs ; le moindre attouchement, la plus petite vibration, un bruit dans le voisinage font apparaître l'attaque ; la respiration est irrégulière et saccadée, l'abdomen est globuleux et fortement distendu par les poumons insufflés ou bien il est aplati au moment de l'expiration. Au bout de 24 heures, tout s'est apaisé et est rentré dans l'ordre. »

Nous avons pu administrer sous-cutanément à un cheval d'expérience jusqu'à 10 grammes d'acide phénique dans l'espace de 24 heures sans observer rien de particulier.

A dose toxique, l'acide phénique entraîne un ébranlement grave du système nerveux. Le docteur Lobbée a constaté les signes suivants chez la grenouille : « A la dose de 12 milligrammes, la grenouille reste immobile et insensible ; au bout de 4 minutes : sensibilité outrée ; 8 minutes : arrêts de la respiration, paralysie du train postérieur ; 10 minutes : secousses convulsives ; 20 minutes : sensibilité éteinte, mouvements convulsifs affaiblis ; 45 minutes : mort. » A doses massives, toutes les fonctions s'arrêtent subitement.

Une injection sous-cutanée de 0gr.50 de phénol dans 4 grammes d'HO un peu alcoolisée tue un fort lapin ; le train de derrière se paralyse d'abord, puis les membres antérieurs, enfin les muscles thoraciques.

2 grammes, administrés d'emblée, sont toxiques pour la plupart des chiens ; 6-7 grammes entraînent une intoxication phénique mortelle pour tout chien quelle que soit sa taille (1). C'est que l'acide phénique pur, à forte dose, agit d'une façon directe sur le système cérébro-spinal et sur le centre respiratoire en les excitant d'abord et en les paralysant ensuite.

Nous ferons observer qu'il importe beaucoup pour l'usage sous-cutané de se servir d'acide phénique chimiquement pur et non de l'acide phénique du commerce, qui contient notamment de la créosote et de l'acide crésylique, substances qui coagulent rapidement l'albumine et même le sang en engendrant ainsi des maladies parfois mortelles. Les injections hypodermiques avec de l'acide phénique impur, surtout quand on emploie celui-ci dans une solution à 4 ou 5 pour 100, doivent donc être considérées comme dangereuses. Il ne faut jamais dépasser la dose de 2 à 3 pour 100, même avec du phénol bien pur.

Effets locaux. — Ceux-ci sont nuls si la solution est convenablement étendue et si l'on a soin de n'injecter que des petites doses. Mais si la solution est trop concentrée, celle-ci devient irritante et produit des abcès, des indurations.

---

(1) Étude physiologique de l'acide phénique, par **MM. P. Bert et Solyet.** *Compte rendu de la Société de biologie*, mai 1869.

Le professeur italien Brusasco, après avoir employé l'acide phénique dans la proportion de 1 gramme pour 4 grammes de glycérine, la dose de médicament injecté à chaque séance étant de 5, 6 et 7 grammes, a constaté que, dans cette proportion, l'action locale de l'acide carbolique était trop irritante puisqu'il a vu constamment se former des phlegmons suivis d'abcédation. Aussi conseille-t-il, pour prévenir l'action caustique, d'employer l'acide phénique dans la proportion de 1 gramme pour 8 à 10 grammes de glycérine.

Nous conseillons l'emploi de l'une ou l'autre des solutions suivantes, vu qu'elles sont inoffensives, même quand elles sont injectées en notable quantité.

> Acide phénique.......... 1, 2 ou 3 grammes.
> HO distillée............. 100   »

C'est la solution qu'on doit employer pour combattre les tumeurs charbonneuses. A ce sujet, il est bon de faire remarquer que l'acide phénique perd, en grande partie, ses propriétés antivirulentes par son mélange à l'alcool ; c'est ce qui résulte des expériences de MM. Koch (1) et Arloing (2). Il est donc indiqué de ne se servir que d'eau phéniquée, même tiède, parce que la chaleur augmente sa puissance antiseptique, antifermentescible et antizymotique.

> Acide phénique........ 1 gramme et plus.
> Glycérine 10   »
> HO distillée.......... 40   »

En employant la glycérine, on peut faire des solutions aqueuses plus ou moins concentrées, car cet excipient atténue les effets irritants locaux et les propriétés toxiques de l'acide phénique.

L'acide phénique est souvent ajouté à certaines solutions hypodermiques afin d'en assurer la bonne conservation.

Usages thérapeutiques. — L'acide phénique, étant un violent poison pour tous les parasites, microphytes et microzoaires, a été employé, à titre d'*antiseptique*, pour combattre les maladies virulentes, infectieuses, miasmatiques, septicémiques et gangréneuses. MM. Chamberland et Roux (3) ont constaté expérimentalement que l'addition de $^1/_{400}$ d'acide phénique à du

---

(1) De la désinfection en général. *In Recueil de méd. vét.*, 1882, p. 325.

(2) Arloing, Cornevin et Thomas. Note relative à la conservation et à la destruction de la virulence du charbon symptomatique. *In Recueil de méd. vét.*, 1882, p. 466.

(3) Sur l'atténuation de la virulence de la bactéridie charbonneuse sous l'influence de substances antiseptiques, Note communiquée à l'Académie des sciences· *In Recueil de méd. vét.*, 1883, p. 295.

bouillon de veau ensemencé avec du virus charbonneux stérilise non seulement la bactéridie, mais tue même celle-ci au bout de quarante-huit heures.

D'après M. Koch, il faudrait seulement $^1/_{850}$ de cet agent pour empêcher le développement des bactéridies. MM. Arloing, Cornevin et Thomas ont prouvé que des solutions aqueuses d'acide phénique au $^3/_{100}$ sont capables de détruire le virus desséché dont la résistance est beaucoup plus grande que celle du contage frais. C'est ce qui explique la faveur dont jouit l'acide phénique comme désinfectant.

Maladies charbonneuses. — C'est le docteur Déclat qui, le premier, mettant à contribution les propriétés antiparasitaires de ce remède, eut l'idée de s'en servir contre les maladies charbonneuses, lesquelles reconnaissent pour cause la pénétration dans l'économie vivante d'un microbe spécial. La médication phéniquée consiste :

1° Dans des injections sous-cutanées d'eau phéniquée au $^1/_{100}$;

2° Dans l'administration par la bouche d'un électuaire phéniqué, 1 à 5 grammes, selon la taille des sujets.

Disons que la guérison sera obtenue d'autant plus vite que l'économie aura été saturée plus rapidement et plus complètement avec l'agent antivirulent. Mais il faut aussi que la maladie ne soit pas trop avancée, trop généralisée, parce qu'alors celle-ci devient incurable et rapidement mortelle. Les injections sous-cutanées doivent être nombreuses et renouvelées selon la gravité du cas ; on doit les pratiquer dans les tumeurs charbonneuses lors de charbon symptomatique, afin d'y neutraliser l'agent toxique, prévenir sa multiplication dans le tissu cellulaire et conséquemment un empoisonnement charbonneux général.

Quant au traitement de la fièvre charbonneuse, il est urgent de multiplier les injections sur divers points du corps, afin de détruire rapidement la virulence du fluide sanguin et de combattre ainsi l'infection générale de l'économie par les bactéridies. Dans des maladies à marche aussi rapide que les maladies charbonneuses, le succès de la médication dépend entièrement de la promptitude d'action du médicament anticharbonneux. Nous ferons remarquer que le charbon bactérien est bien plus facilement curable que la fièvre charbonneuse, où le mal revêt une extrême violence, une marche assez souvent foudroyante.

De nombreux succès attestent l'efficacité des injections sous-dermiques d'acide phénique dans le traitement des affections charbonneuses. Il nous suffira de dire que les résultats en ont été constatés par H. Bouley et M. Baillet, qui faisaient partie de la Commission chargée d'étudier le mal de montagne en Auvergne, les vétérinaires Missonnier (de Murat), Marret (d'Allanche), Lemaître (d'Etampes), Brousse (de Mur-de-Barrez), etc. (1).

M. Wosnessenski (2) a fait, en mai 1883, des expériences d'inoculation sur plusieurs chevaux avec du vaccin pastorien fourni par M. Boutroux. Le n° 1 ne produisit aucune réaction locale, tandis que le n° 2 entraîna la formation de nodosités locales et une petite élévation de la température. Le 5 octobre suivant, plusieurs des solipèdes précédemment vaccinés ayant été inoculés avec du virus charbonneux, très actif, qu'on avait fait venir à dessein du laboratoire de la rue d'Ulm, l'un de ces chevaux tomba très gravement malade et ne fut sauvé que par une médication énergique : acides salicylique et phénique à l'intérieur, puis injections sous-cutanées d'HO phéniquée dans la tumeur charbonneuse qui s'était développée au point d'inoculation.

Peste bovine. — C'est aussi au docteur Déclat que revient l'honneur d'avoir étudié l'action de l'acide phénique contre le *typhus bovin* ; il s'en est servi en l'injectant sous la peau à l'aide d'une seringue de Pravaz (3).

Il a eu pour collaborateurs, en Bretagne, M. Lecoz, vétérinaire à Morlaix, et à Paris, feu H. Bouley (4). Les résultats ont été encourageants, mais n'ont pas été faits sur une assez grande échelle. D'un autre côté, il est toujours plus avantageux de sacrifier les bêtes typhiques, voire même les sujets suspects, que d'essayer à les traiter et de chercher à les guérir. Il suffit de se rappeler l'extrême virulence de cette affection et qu'un animal, guéri de la peste, conserve néanmoins encore pendant plusieurs jours la faculté de communiquer le mal à des animaux jusqu'alors indemnes, pour comprendre que la meilleure mesure économique consiste à sacrifier le plus petit nombre, afin de pouvoir sauver le plus grand. De cette façon on réduit le cercle de propagation du typhus des bêtes à cornes, on étouffe dans sa source même et dans le laps de temps le plus court possible cette terrible maladie, dont le développement dans les contrées de l'Europe occidentale est dû rien qu'à la contagion.

Maladies farcino-morveuses. — Le professeur Brusasco, de Turin, prétend, d'après ses expériences, que l'acide phénique, administré par les voies digestives ou par la méthode hypodermique, exerce une action cicatrisante sur les ulcères morveux et farcineux de la pituitaire et de la peau, et que son usage

---

(1) *De la curation du charbon par la médication phéniquée.* Voir Traité de l'acide phénique par le Dr Déclat. Paris, 1874, p. 422 et suivantes.

(2) *Schutzimpfungen gegen Milzbraud, in Schumla, Veterinarbote,* 1884.

(3) *De la curation des principales maladies qui sévissent sur les animaux,* par le Dr Déclat, Paris, 1872, p. 494 et suiv.

(4) *Recueil de médecine vétérinaire,* 1871, n°ˢ de mars et avril.

contribue à arrêter le développement des lésions pulmonaires. D'après lui, il faut commencer par de petites doses, puis aller en augmentant graduellement tous les jours, jusqu'à ce que les malades présentent des signes d'irritation, inhérents à l'administration du médicament, savoir : ptyalisme abondant, constriction du pharynx, efforts pour vomir. Notre confrère italien a constaté qu'en administrant l'acide phénique hypodermiquement, on évite les lésions toujours plus ou moins graves des voies respiratoires et la salivation abondante, lesquelles accompagnent généralement l'administration du médicament par la bouche et sous n'importe quelle forme, en bols, en électuaires ou en breuvages. Avec la médication phéniquée, M. Brusasco employait encore l'acide thymique, sous forme d'injections ou de lotions, contre les ulcères et les plaies de l'affection farcino-morveuse. La solution employée était composée comme suit : acide thymique, 6 grammes ; alcool, 100 grammes, et HO 600 grammes. Il se servait surtout du vaporisateur de Devecchi, jusqu'à cessation de l'écoulement nasal et complète guérison des ulcères. N'ayant pu déterminer par l'expérimentation la véracité des avances du professeur de l'École vétérinaire de Turin, nous laissons à d'autres mieux placés le soin de les contrôler par de nouvelles expériences.

Choléra des volailles. — M. Ory fils, vétérinaire à Feurs (Loire), a eu recours à des injections intra-vasculaires et sous-cutanées d'eau phéniquée au $1/100$, à la dose d'environ 1-2 grammes. La maladie cessa. Mais ce procédé n'est pas sans offrir quelques difficultés d'application ; d'un autre côté les expériences faites par le professeur Nocard tendent à infirmer l'efficacité des injections phéniquées contre cette redoutable maladie (1).

Fièvre typhoïde. — M. le docteur Roell n'a eu qu'à se louer des injections sous-cutanées d'eau phéniquée dans le traitement de cette affection chez le cheval (2) (solution à 1-2/100).

M. le docteur Déclat (3) a aussi essayé avec beaucoup de succès l'acide phénique, non seulement contre la fièvre typhoïde de l'homme, mais encore contre celle du cheval, la maladie chez cette espèce animale paraissant être identique à celle connue sous ce nom dans l'espèce humaine. Le traitement a consisté :

1° Dans l'administration de l'acide phénique sous forme de boissons (0,5/100), de breuvages ou d'opiat et de lavements, à raison de 5-12 grammes dans l'espace de vingt-quatre heures, suivant la force des animaux ;

---

(1) Rapport sur le concours de thérapeutique. *In Bulletin de la Soc. centr. de méd. vét.*, 1884, p. 271.

(2) *Lehrbuch des Arzneimittellehre, Vien*, 1880, p. 199.

(3) *Traité de l'acide phénique appliqué à la médecine.* Paris, 1874, p. 774.

2º Dans des injections sous-cutanées d'eau phéniqué à 2 pour 100 (50 à 100 grammes de cette solution par jour). Les beaux résultats obtenus à l'aide de ce traitement ont eu pour témoins quelques-uns de nos distingués confrères, MM. H. Bouley, Chopard et feu Vatel.

A ce sujet, nous croyons que ces mêmes injections pourraient avantageusement être essayées contre la *fièvre texienne,* maladie épizootique et de nature microbienne, mais peu étudiée encore, laquelle cause, en Amérique, d'énormes ravages sur les bêtes bovines, puisque la mortalité atteint, en moyenne, 30 pour 100.

Rouget du porc. — M. Furstenberg dit avoir guéri nombre de cochons affectés de mal rouge par des injections d'eau phéniquées (1) (solution à 2 pour 100).

Dysenterie. — M. Subert essaya, dans une porcherie où cette maladie, régnait sur tous les animaux, des injections hypodermiques d'eau phéniquée (2 pour 100); tous les porcs soumis à ce traitement guérirent. Pareil résultat fut encore obtenu deux ans après lors de la réapparition de la dyssenterie (2).

Plaies envenimées. — Dues à l'inoculation accidentelle d'un principe étranger, septique ou venimeux, ces sortes de blessures peuvent occasionner, non-seulement des accidents locaux, mais parfois une mort plus ou moins rapide, par suite de la multiplication rapide dans le sang de parasites spéciaux, lesquels, agissant à la manière du ferment, absorbent l'oxygène du sang et tuent par asphyxie. L'aspic, appelé communément vipère de France, est le seul serpent venimeux dont la morsure présente assez souvent de la gravité et entraîne parfois la mort des individus piqués. Car, contrairement à l'assertion de M. Ch. Robin, qui prétend que la morsure de l'aspic est rarement suivie de conséquences funestes, nous avons vu, dans le Perche où ce reptile abonde, sa morsure provoquer, non seulement des œdèmes parfois considérables et des gangrènes locales, mais occasionner la mort des animaux, surtout de chiens et même de grands quadrupèdes, tels que poulain, jument et vache, lesquels étaient soignés par d'ignorants médicastres. Nous sommes de l'avis, avec Laboulbène, Larrey et Leroy de Méricourt, que la morsure de la vipère de France doit toujours être regardée comme fort dangereuse et ses suites assez souvent mortelles. Le siège de l'inoculation existe habituellement soit à la tête, soit au cou, quelquefois à la langue, mais plus souvent aux

---

(1) *Rothlauf der Schweine. Rep. der Thierh.,* 3ᵗʳˢ *Heft.*

(2) *Deutsche Landwrithschaft,* 1878 *und Woelsenschrift für Thierheilkunde,* 1878, n° 20.

membres. Le traitement consiste en des injections sous-cutanées d'eau phéniquée tout autour du siège de la piqûre ou dans divers points de l'engorgement inflammatoire; ces injections ont la propriété de détruire la virulence
du venin et d'arrêter les progrès de l'empoisonnement.

Dans certains cas on complète cette médication, soit par une friction vésicante faite sur les tissus œdématiés, soit en y pratiquant des mouchetures,
afin de donner écoulement à la sérosité jaunâtre qui y est extravasée.

Les injections sous-cutanées d'eau phéniquée se montrent aussi utiles
contre les piqûres d'insectes, tels que la mouche tshcé, la mouche debabe,
le taon, l'abeille, etc. L'injection médicamenteuse doit se faire à l'endroit
même de la piqûre; déjà au bout d'un quart d'heure à une demi-heure, l'enflure locale commence à diminuer.

Cancers. — M. le docteur Déclat a obtenu de remarquables succès avec les
injections sous-cutanées d'acide phénique contre les tumeurs cancéreuses
chez l'homme (1). Nous pensons que les mêmes résultats peuvent s'obtenir
contre les productions morbides analogues, lesquelles sont assez fréquentes
chez nos animaux domestiques. Pour détruire une tumeur cancéreuse par ce
procédé, il faut d'abord que celle-ci ait son siège à la surface du corps; ensuite
il faut introduire la substance curative dans l'intimité des tissus altérés, de
manière que ceux-ci se trouvent comme baignés dans le liquide parasiticide.
Concurremment avec les injections sous-cutanées, il faut aussi appliquer
l'acide phénique pur sur les surfaces altérées de la néoplasie et cela sous
forme de cautérisations ou de badigeonnages, de pulvérisations ou de douches
de poussière d'eau phéniquée.

Ce n'est qu'à la condition d'employer ce traitement avec persévérance et
d'une manière continue qu'on arrivera à modifier l'organisme et à détruire
les ferments morbigènes ou le germe parasitaire du cancer.

Affections putrides et gangréneuses. — On sait que la gangrène consiste
dans une décomposition des tissus vivants et que les conséquences funestes
de celle-ci sont dues, d'un côté à la violence de la fièvre traumatique, de
l'autre au dépôt sur les surfaces dénudées et enflammées de germes ou parasites microscopiques qui existent dans l'air atmosphérique. D'abord localisée
à un organe quelconque du corps, la gangrène ne tarde pas à progresser et à
détruire cet organe tout entier; mais en même temps l'on voit se déclarer
des signes généraux graves, indiquant l'infection de l'économie par le déli-
vium sanieux, les gaz putrides et ces êtres infiniment petits ou protozoaires, qui
sont les agents essentiels de la putréfaction; il se forme un empoisonnement gé-

---

(1) *De la curation des maladies cancéreuses*, Paris, 1868.

néral qui porte le nom d'infection putride ou de septicémie. Or l'acide phénique agit sur la gangrène de la même façon qu'il agit dans la désinfection des plaies (procédé antiseptique de Lister), c'est-à-dire en tuant les ferments vivants qui imprègnent les tissus malades et parfois ont aussi pénétré dans le sang par voie d'absorption, puis en protégeant les tissus restés sains contre l'action malfaisante de la matière organique altérée au contact de l'air, en les mettant à l'abri d'une nouvelle décomposition. Tout le traitement se réduit à ceci : procurer un écoulement facile au pus, ouvrir les abcès, passer des mèches dans les fistules, extraire les débris de tissus gangrenés, enfin détruire les germes morbides existant à la surface des plaies et ceux qui se seraient déjà introduits dans l'économie, à l'aide de douches détersives, de lotions et d'injections antiseptiques. Non seulement on pratique des injections ordinaires dans certaines cavités (voies génitales, sinus, etc.), dans les fistules et les clapiers, mais on doit recourir en même temps à des injections sous-dermiques faites tout autour de la plaie gangreneuse, afin d'en limiter les progrès. En cas de septicémie, on fait ces injections dans différents points du corps, afin de saturer plus vite toute l'économie du médicament antiputride. Seulement il faut employer des solutions assez concentrées ($^3/_{100}$), vu que le microbe scepticémique offre une grande résistance aux agents parasiticides. Le regretté Stanis-Cezard avait déjà constaté expérimentalement que l'acide phénique au $^1/_{1000}$, tue le virus charbonneux, tandis que dans cette proportion il ne tue pas le germe septique. Bien que M. Trasbot paraisse nier l'efficacité des injections sous-cutanées d'eau phéniquée (2 pour 100 contre la gangrène traumatique), nous certifions avoir obtenu de leur emploi de bons résultats. Nous n'entendons pas préconiser l'acide phénique comme une panacée, comme un remède infaillible contre la gangrène consécutive à des opérations sanglantes ou à des plaies graves et étendues, ou contre la métrite septique ; nous voulons seulement dire que son emploi raisonné permettra au praticien de guérir souvent, même certains cas désespérés, surtout quand ce dernier a soin d'administrer, concurremment avec les injections phéniquées, les alcaloïdes défervescents, aconitine, digitaline et arséniate de strychnine (1).

Tissus phlogosés. — En nous basant sur les beaux résultats obtenus par feu le professeur Hucker (2), par James Aufrecht (3) et nous-même, à l'aide d'injections phéniquées dans les tissus enflammés, nous croyons devoir re-

---

(1) Gsell. — De la jugulation des maladies aiguës. Mémoire inséré dans le *Répertoire universel de Médecine dosimétrique*. Paris, 1885, p. 385 et suiv.

(2) *Centralblatte fur med. Wissenschaflten* 1874, n° 5.

(3) *Oesterr. Vierteljahresschrift für veterinärkunde*, éd. 45.

commander ces injections à titre d'antiphlogistiques. On se sert d'une solution d'acide phénique au $^1/_{100}$, dont on injecte plusieurs grammes dans divers points ; il n'y a pas d'accidents locaux et les progrès de l'inflammation restent circonscrits. Il suffira de répéter ces injections tous les jours ou tous les deux jours jusqu'à la guérison.

Les injections sous-cutanées d'eau phéniquée sont indiquées contre les diverses congestions du tégument cutané : érysipèle, phlegmons aigus, œdèmes, abcès de mauvaise nature, inflammations glandulaires superficielles, péri-arthrite, etc...

Avant de terminer l'étude des applications de l'acide phénique, nous pensons qu'à l'exemple du docteur Ferran, de Lyon, notre médecine pourrait aussi utiliser les injections phéniquées dans le traitement des affections pulmonaires, l'élimination du médicament se faisant surtout par les bronches. Ce médecin a pratiqué plus de 5,000 injections de cette substance, à dose forte mais fractionnée, sans jamais observer aucun accident local ou général

Acide salicylique.

Ce médicament est peu soluble dans l'eau froide (1 à 305 ou à peu près 3 grammes par litre ; l'eau bouillante en dissout $^1/_{130}$, la glycérine $^1/_{20}$ et l'alcool $^1/_3$) ; il est antipyrétique, antiputride et antifermentescible.

L'élimination de l'acide salicylique se fait surtout par les reins et cela sous forme de salicylate de soude.

L'ingestion dans l'estomac, chez le lapin et chez le chien, est souvent suivie de dégoût et de vomissements.

Effets locaux. — L'injection hypodermique d'eau salicyliquée, dans la proportion de 2—3 grammes par litre d'eau, paraît assez douloureuse et produit un léger gonflement, lequel se dissipe au bout de 1—2 jours ; les effets locaux sont donc à peu près nuls.

Mais l'injection de quelques grammes seulement d'une solution d'acide salicylique dans de l'alcool concentré, provoque une violente action locale ; celle-ci consiste dans la formation d'un phlegmon plus ou moins énorme, se terminant toujours par ulcération. Ainsi une injection de 20 centigrammes d'acide salicylique dissous dans 6 grammes d'alcool à 80 degrés, faites à l'encolure d'un cheval, a produit un fort engorgement très douloureux et un vaste abcès, dont la guérison complète exigea un laps de temps d'environ trois semaines.

Si donc, nous envisageons l'insolubilité presque complète de l'acide salicylique pur dans l'eau et son peu de solubilité dans l'alcool dilué, il va sans dire que dans la plupart des cas il sera impossible d'injecter dans le tissu cellulaire assez de médicament pour produire un effet utile.

Nous nous contenterons de signaler l'efficacité des injections sous-cutanées d'eau salicyliquée contre les morsures de serpents et les tumeurs charbonneuses. A ce sujet, il nous suffira de relater le fait suivant :

Il s'agit de la vache d'un cultivateur, atteinte de charbon symptomatique. On nous apprend que cette bête est revenue des champs bien malade et présentant sur le côté gauche du dos, un œdème emphysémateux, crépitant et d'un volume énorme. Nous constatons une grande prostration, de l'inappétence et une grande difficulté dans la marche. L'état général est très inquiétant. Nous pratiquons séance tenante, une dizaine d'injections dans divers points de l'œdème et surtout à son pourtour avec la solution suivante : acide salicylique 0^{gr}.25 et eau distillée 100 grammes. Eau salicyliquée à l'intérieur. Ayant eu soin de recueillir un peu de sérosité écoulée par une incision que le fermier avait lui-même pratiquée avec un canif en un point de l'enflure, nous l'examinons au microscope et y constatons la présence de nombreuses bactéries très mobiles. De plus nous inoculons au moyen d'une injection sous-cutanée, une toute petite quantité de ce virus à un cobaye, qui meurt au bout de 17 heures, en présentant les lésions caractéristiques du charbon. Pas de doute que nous avions affaire à cette grave maladie. A l'aide de cette médication si simple, tout danger fut conjuré dès le second jour et la bête se remit rapidement.— Vingt-deux heures après avoir pratiqué les injections anticharbonneuses, nous avons inoculé un second cobaye avec de la sérosité préalablement extraite des parties œdématiées, il ne fut nullement incommodé, preuve évidente que les bactéries avaient été détruites ou du moins neutralisées dans leur action malfaisante.

Cette observation et les expériences faites par MM. Arloing, Cornevin et Thomas (1) démontrent suffisamment les propriétés antivirulentes de l'acide salicylique, qu'à l'occasion on peut utiliser à la place de la teinture d'iode ou de l'acide phénique. Les expérimentateurs précités recommandent l'eau salicyliquée de préférence à ce dernier agent. Mais il faut que la maladie ne soit pas trop généralisée, car après son absorption l'acide salicylique a perdu presque toutes ses propriétés antivirulentes et antiseptiques. Ce médicament n'est réellement efficace contre les maladies virulentes et infectieuses qu'à la condition d'être mis directement en contact avec les germes microbiques ; ceux-ci sont tués par ce contact, par une action en quelque sorte locale et immédiate.

Remarque. — L'acide salicylique, dissous dans l'alcool ordinaire, conservant toute sa puissance antiseptique, nous recommandons aux praticiens

---

(1) Note relative à la conservation et à la destruction de la virulence du microbe du charbon syptomatique. *In Recueil de méd. vét.*, 1882, page 469.

l'emploi de l'alcool salicyliqué (à saturation) pour laver et désinfecter les instruments : thermomètre, seringue de Pravaz, bistouri, scalpels, etc...

Acide sclérotinique.

Encore appelé *acide ergotinique* (Zweifel et Kobert), cet alcaloïde a été isolé en 1876, de l'ergot de seigle, par les recherches de MM. Dragendorff et Podwissotzki ; il se présente sous la forme d'une poudre brunâtre, faiblement acide, sans odeur et soluble dans l'eau et l'alcool étendu, insoluble dans l'alcool à 90°. Le seigle ergoté renferme de 3-5 pour 100 d'acide sclérotinique.

D'après Nikitin, qui a fait de nombreuses expériences sur les animaux, l'acide ergotinique porterait surtout son action sur le système nerveux central, en déterminant une diminution de la pression artérielle, le ralentissement de la respiration, l'abaissement de la température rectale, l'augmentation des mouvements péristaltiques de l'intestin, enfin des contractions de l'organe utérin, que celui-ci fût vide ou plein. A dose toxique, il y a paralysie, abaissement graduel de la température, enfin arrêt de la respiration.

L'acide sclérotinique ne possède pas la faculté de provoquer le sphacèle (Kobert).

Les *effets locaux* sont à peu près nuls. Nous conseillons l'emploi de la solution suivante :

<pre>
        Acide sclérotinique...............   1 gramme.
        Glycérine......................   10   —
        HO distillée...................   90   —
</pre>

Si l'on veut utiliser une solution plus concentrée, on prend, au lieu de 90 grammes d'eau, seulement 40 grammes de protoxyde d'hydrogène ; chaque gramme de la solution contiendra alors 2 centigrammes de substance active.

Emploi thérapeutique. — Mêmes indications que pour les préparations d'ergot de seigle et d'ergotine. La dose hypodermique est de 0.20 — 0.30 pour les grands quadrupèdes et de 0.3 — 0.5 pour les petits ; l'injection peut être répétée plusieurs fois dans la même journée.

Aconitine et ses sels.

Nous croyons devoir faire remarquer ici qu'il existe dans le commerce plusieurs espèces d'aconitine, dont la quantité et la qualité font beaucoup différer les effets. Et d'abord, au dire des chimistes, l'on peut distinguer deux sortes d'aconitine : 1° l'aconitine très pure, extraite de l'*aconitum Napellus* ; elle est blanche, cristallisée et constitue le composé le mieux défini ; c'est elle qui entre dans la fabrication des granules Chanteaud et dont nous recommandons l'emploi d'une façon exclusive ; 2° l'*aconitine amorphe*, vendue surtout en Angleterre et qui paraît avoir le plus grand pouvoir toxique ; du reste personne ne semble en connaître la composition exacte, car, à en croire Flückiger et Haubury, cette sorte d'aconitine n'est qu'un mélange de plusieurs alcaloïdes, différant entre eux par le degré de leur activité, notamment d'*aconitine*, de *pseudo-aconitine* et de *japaconitine*, variétés d'aconitine qui, selon Wright, sont obtenues de plusieurs espèces d'aconit : la première de l'*aconitum paniculatum*, la seconde de l'*aconitum ferox* et la troisième d'une ou plusieurs espèces japonaises. Dès lors on s'explique parfaitement l'infidélité, l'irrégularité et la variabilité des effets des diverses aconitines du commerce. C'est que toutes les *fausses aconitines* empruntent leur funeste pouvoir toxique, non à l'aconitine pure qu'elles contiennent, mais bien à un principe âcre qu'elles renferment en plus ou moins grande abondance.

Ajoutons que l'aconitine anglaise est au moins 17 fois plus active que l'allemande et que l'aconitine française est intermédiaire comme puissance.

Les expériences instituées par le professeur Plügge, de Grœningue, à propos d'un empoisonnement survenu en Hollande, en 1880, sur un médecin qui a succombé en quelques heures après l'ingestion d'une potion contenant 5 milligrammes d'aconitine cristallisée, ont démontré que le nitrate d'aconitine provenant de chez Petit a une action toxique au moins 8 fois plus grande que celle de Merck et 170 fois plus grande que celle de Friedlænder. Le pouvoir toxique de l'aconitine de Merck est 30 fois plus fort que cette dernière. Il suit de cet exposé que le médecin, en prescrivant l'aconitine ou ses sels doit être fort prudent, la prudence étant la mère de la sûreté ; il s'évitera bien des mécomptes et de sérieux embarras, en ayant soin de formuler, dans la prescription, la variété d'aconitine qu'il croit devoir ordonner. Nous croyons qu'il est toujours bon de s'assurer de la provenance de l'aconitine et de sa marque de fabrique, et une fois celle-ci expérimentée, l'on devra toujours s'en tenir au même produit. Dans leur pratique nos confrères trouveront fort bien, soit des granules d'aconitine Chanteaud dosées à demi ou à 5 milligrammes, soit de l'aconitine amorphe de Merck, de Darmstadt, qui est constituée par une poudre d'un blanc-jaunâtre, soluble dans l'eau. Ces deux préparations, que nous considérons comme le type ou l'étalon des aconitines, ont une action assez invariable et ne sont pas d'un maniement aussi difficile que l'aconitine cristallisée, soit de Merck, soit de Duquesnel, soit d'autre source. En employant cette dernière, il faut donner une dose 40 fois moindre par rapport à l'aconitine amorphe de Merck.

Pour nous les nitrates d'aconitine sont des produits de laboratoire ; on ne doit s'en servir que pour les expériences de physiologie expérimentale ; ces aconitines sont trop toxiques pour être utilisées dans la pratique journalière, car à la faible dose de 0^{gr}.003, elles tuent un fort chien.

Principaux effets physiologiques. — L'action physiologique de l'aconitine est sédative et modératrice, antiphlogistique et antifébrile.

L'aconitine, nous ne saurions trop le répéter, est un des alcaloïdes dont le maniement imprudent offre le plus de dangers.

La dose toxique est : pour les grands sujets de 0.03 — 0.06 et pour les petits de 0.005 — 0.01.

Effets locaux et posolojie. — Tandis que l'injection de la teinture alcoolique d'aconit donne toujours lieu à une irritation locale, suivie de la formation d'un abcès, l'emploi sous-cutané d'une solution d'aconitine ne produit pas d'accidents locaux ; on devra donc donner la préférence à l'alcaloïde. L'injection est douloureuse et la douleur est assez persistante : Ainsi si l'on fait une injection à la cuisse d'un chien, l'appui est nul ou presque nul dans les premiers moments.

La dose thérapeutique d'aconitine pour les divers animaux est de :

0^{gr}.005 — 0^{gr}.01 au plus pour le cheval et le bœuf adultes ; 0^{gr}.002 — 0^{gr}.003 pour l'âne et le porc ; 0^{gr}.0005 — 0^{gr}001 pour le chien, 0^{gr}.003 même pour les félins les plus forts (terre-neuve ou chien danois de grande race) ; 0^{gr}.0005 pour le chat et le lapin. La dose mortelle pour le chien est de 0^{gr}.01 et celle pour le cheval de 0^{gr}.10 — 0^{gr}15, selon le poids.

Nous recommandons pour l'usage hypodermique la solution suivante :

Aconitine amorphe (de Merck).......	0 gr. 05
Alcool à 85°.....................	10
Aqua distillata...................	90

Chaque gramme de cette solution contient 1/2 milligramme d'aconitine et l'on pourra injecter d'un seul coup la dose suivante :

Grands animaux................	5 — 10 grammes.	
Moyens —	3 — 5	—
Petites —	1 — 2	—

On peut aussi se servir de l'aconitine pure, mais comme elle est peu soluble dans l'eau, il faut ajouter à la solution 1-2 gouttes d'acide azotique. Le sulfate d'aconitine est très soluble dans l'eau. Les solutions les plus convenables sont celles qui sont au 1/500 et surtout au 1/1000.

L'élimination de l'aconitine a lieu par les urines.

Emploi thérapeutique. — L'aconitine jouit de propriétés défervescentes à un haut degré ; c'est de tous les médicaments antiphlogistiques ou antithermiques celui qui doit être placé en première ligne ; c'est le sédatif par excellence du système du grand sympathique ou vaso-moteur. Les belles propriétés de cet alcaloïde nous ont été révélées par les recherches modernes de Claude Bernard, James, Reith, Wilks, Ringer, Gubler, Oulmont, Laurent, Burg-graeve, etc..., lesquelles ont démontré que les préparations d'aconit et spécialement l'aconitine, administrées au début des maladies fébriles aiguës et inflammatoires, permettant au médecin d'abaisser à volonté le calorique morbide et de ramener à son degré normal vers 38° l'état thermique de la machine animale, dévorée par une fièvre plus ou moins violente, quelles que soient du reste la gravité et la hauteur de cette dernière. On voit, sous l'influence de la médication défervescente, la température du corps baisser comme par enchantement d'un ou plusieurs degrés ; on voit aussi à partir de ce moment tout danger disparaître et la maladie ainsi atténuée dans sa période dynamique prendre d'elle-même la voie de la résolution (1).

Un vétérinaire anglais de renom, Finlay Dun, affirme, d'après son expérience personnelle, que les préparations à base d'aconit ont une action contro-stimulante bien plus sûre que le calomel, l'opium, le tartre stibié et la digitale.

Depuis longtemps déjà Schaack (2) avait pris l'habitude de prescrire la teinture d'aconit à l'intérieur, dans le but de diminuer les phénomènes phlogistiques qui accompagnent les phlegmosies des organes parenchymateux, et, malgré cette haute recommandation, l'aconit ne fut guère employé en vétérinaire.

Dans ces dernières années Vogel a injecté l'aconitine à la dose de $0^{gr}.01$ — $0^{gr}.015$ dans 4 grammes de glycérine, lors de fourbure intense sur des chevaux bien nourris et en bon état (3).

Le professeur Levi, de Pise, s'est bien trouvé de l'emploi de ce procédé de médicamentation au début de la fièvre typhoïde du cheval (dose injectée 2-5 milligrammes) (4).

Ayant une connaissance pratique de l'aconitine dans le traitement des maladies aiguës, nous croyons devoir vivement recommander à tous nos confrères l'emploi de ce précieux remède, le roi des antipyrétiques, qui mieux encore que la saignée et surtout la diète, leur permettra de combattre avec succès toutes les affections irritatives, quelle que soit leur nature :

---

(1) L'aconitine, en abaissant la tension artérielle, en calmant la circulation, remplace complètement et souvent avantageusement la saignée.

(2) *Journal de méd. vét.* de l'École de Lyon, 1850.

(3) Arzneimittellehre.

(4) *Journal de thérapeutique* du prof. Gubler, 1850.

pyrexies, inflammations internes et externes, congestions actives, fièvres continues, symptomatiques ou traumatiques, etc...

Nous ne donnerons jamais le conseil de recourir, dans la pratique courante, à l'injection hypodermique d'aconitine, celle-ci pouvant donner lieu aux empoisonnements les plus redoutables, surtout dans une main inexpérimentée. Il est préférable, dans la majorité des cas, d'administrer cet agent héroïque sous la forme de granules, c'est-à-dire contenant des doses mesurées mathématiquement (1/2 milligramme pour les petits animaux et 5 milligr. pour les grands), pilules dont on proportionne l'administration à l'entité de la maladie, à sa gravité, à sa résistance, à son allure en un mot. On augmentera ou on diminuera le nombre de granules, on précipitera plus ou moins les doses, suivant la marche de l'état fébrile, selon que celui-ci est ascendant ou décroissant et l'on supprimera le remède dès que l'on aura obtenu une défervescence complète et durable.

Au lieu d'administrer l'aconitine sous formes de granules, on peut aussi donner cet alcaloïde incorporé à du miel, c'est-à-dire en opiat. C'est ainsi qu'on pourra prescrire, dans l'espace de 24 heures et suivant la force des sujets, de 15-30 centigrammes pour les grands quadrupèdes, de 5-10 centigrammes pour les moyens et de 1-3 centigrammes pour le chien et le chat. Dans des cas très graves on peut même doubler ces doses sans le moindre inconvénient, en ayant soin d'administrer l'électuaire avec une spatule, par petites quantités à la fois et souvent, tous les quarts d'heure, toutes les demi-heure ou toutes les heures, suivant l'importance de la fièvre.

On ne devra recourir à l'injection sous-cutanée d'aconitine que dans les cas où la vie est sérieusement et rapidement menacée, dans les cas désespérés où il est permis de tout tenter pour obtenir le succès.

Alcool.

Effets locaux. — Ceux-ci varient suivant le degré de concentration de l'alcool.

L'injection sous-cutanée d'eau-de-vie, c'est-à-dire d'alcool dilué, contenant environ 50 p. 100 d'eau, ne provoque qu'un peu d'empâtement, lequel se dissipe bien vite ; on peut dire que les effets locaux sont à peu près nuls, par suite de la rapide diffusion du liquide.

Il n'en est plus de même avec l'alcool concentré ou esprit-de-vin du commerce ; il se forme un fort engorgement, circonscrit, donnant souvent lieu à un abcès.

A plus haut titre, c'est-à-dire sous forme d'alcool absolu ou rectifié, l'injection sous-dermique devient très irritante et occasionne une vive douleur ; on court le risque d'escharifier les tissus touchés, de produire une gangrène locale et cela par suite de la soustraction d'eau aux tissus et de la coagulation de l'albumine.

D'après ce que nous venons de dire, on se servira de l'alcool pour l'usage thérapeuthique de la façon suivante : on aura recours à l'eau-de-vie comme stimulant diffusible et à l'alcool concentré comme fluxionnant local.

Nous n'avons pas grand'chose à dire des doses auxquelles il convient d'administrer l'alcool sous ses divers états, les doses étant subordonnées aux résultats que l'on désire obtenir. En thèse générale, on pourra administrer sans inconvénient depuis 5 jusqu'à 50 grammes de *spiritus vini dilutus*, suivant la taille des animaux et cette dose pourra être répétée plusieurs fois par jour. Quant au *spiritus vini concentratus,* on le donnera à la dose moyenne de 5 grammes, en vue de produire un effet local; son action locale est la même que celle d'une solution saturée de sel marin.

Emploi thérapeutique. — L'alcool est beaucoup utilisé comme véhicule, c'est-à-dire pour dissoudre un assez grand nombre de médicaments ; il est soluble en toute proportion dans l'eau et se mêle également bien avec la glycérine.

Comme antipyrétique et antiseptique, l'alcool peut être utile dans le traitement des maladies fébriles suivies de débilité, dans l'adynamie, l'anémie, le coma, la fièvre typhoïde, en un mot dans toutes les affections asthéniques, la pyohémie, la septisémie les divers empoisonnements occasionnés par un virus ou un venin, etc. Mais nous possédons aujourd'hui des remèdes à action plus énergique et plus sûre, soit qu'il s'agisse de combattre une manifestation hyperthermique ou de relever la vitalité ; c'est pourquoi l'eau-de-vie ou alcool dilué est peu employé en pharmacothérapie.

‟ Localement, l'alcool concentré se monte utile pour combattre les douleurs localisées (Luton); il agit alors comme substitutif, en raison de l'irritation locale qu'il engendre. C'est aussi dans ce but que le Dr Luton, de Reims, s'est servi de l'alcool pour obtenir la guérison de la hernie ombilicale chez plusieurs enfants en bas âge et de production pathologiques (lipôme, carcinôme, etc.); en ce dernier cas on fait des injections parenchymateuses.

Nous avons essayé sous-cutanément l'alcool à 86° contre une hernie ombilicale de moyenne grosseur, chez une pouliche âgée de sept mois. Nous avons fait deux injections, chacune de 2 grammes d'alcool concentré, l'une en avant et l'autre en arrière du sac herniaire. Il se forma une violente inflammation locale, suivie d'abcédation et de nécrose du tissu cellulaire à l'endroit de chaque injection. La cicatrisation en fut assez longue et entraîna finalement une diminution très notable du volume de l'exomphlale. Celle-ci guérit même complètement avec le temps, sans le secours d'aucun autre traitement (août 1884).

Pour plus de détails, nous renverrons le lecteur à l'article : *Injections sous-cutanées à effet local.*

Aloès. — Aloïne.

Nous conseillons l'emploi de la solution aqueuse d'aloès au 1/10 laquelle, bien que ne contenant que les éléments solubles dans l'eau, jouit de propriétés purgatives manifestes et entraîne des accidents locaux à peu près nuls, tout au plus une simple hypérémie locale, bientôt dissipée.

L'injection sous-cutanée d'aloès ne convient guère que pour les petits animaux : chats, chiens, porcelets, veaux et poulains encore à la mamelle. Dose : 2-5 grammes de la précédente solution ; l'injection peut être réitérée si l'effet tarde à se produire.

Les injections sous-cutanées d'aloïne et d'extrait d'aloès ont été administrées par M. Kolon à des animaux atteints de gastro-entérites et de néphrites.

Le lecteur pourra consulter encore l'article : Injections sous-cutanées de substances purgatives.

Ammoniaque liquide.

A l'état pur, ce médicament irrite violemment les tissus dans lesquels il est injecté ; même une solution à parties égales produit une vive douleur et des phénomènes inflammatoires. C'est pourquoi il est prudent d'étendre l'ammoniaque d'une certaine quantité d'eau : 1 p. d'alcali volatil et 5 p. d'eau. Administré ainsi, ce produit pharmaceutique produit une excitation plus ou moins intense, caractérisée par l'élévation de la température, une transpiration plus active, la coloration des muqueuses apparentes, l'accélération du pouls et des mouvements respiratoires, une supersécrétion de la muqueuse des voies digestives, le rejet plus fréquent de l'urine; mais ces symptômes sont de courte durée. A doses trop élevées ou trop rapprochés, l'ammoniaque agit sur le système nerveux cérébro-spinal et occasionne des mouvements désordonnés, les convulsions et des vomissements chez les carnivores et les ommivores, de la paraplégie et du coma.

L'élimination se fait par les reins, les poumons et la peau.

Les injections sous-cutanées se font avec la solution suivante :

> Ammoniaque liquide .... 5 grammes.
> HO distillée.................. 100 —

L'ammoniaque liquide a été employée en injections sous la peau, concurremment avec son administration interne, contre les morsures de serpents venimeux, les piqûres des frelons, des guêpes et des abeilles. A notre avis, il est grand temps que cet agent soit détrôné, parce qu'il est dépourvu de toute action antivirulente et antiseptique ; il faut lui substituer d'autres médicaments d'une efficacité moins douteuse, comme l'acide phénique, l'acide salicylique, la teinture d'iode, etc...

M. Laurent, de Bar-le-Duc, fit à un chien piqué par une vipère, deux injections sous-cutanées d'AzH^3 pure. La guérison eût lieu en trois jours, mais dans la suite il se déclara à l'endroit des piqûres un sphacèle assez large. En pareil cas, la solution d'AzH^3 agit localement comme caustique ; elle détruit le venin inoculé. Mais il faut que l'injection soit faite immédiatement après la piqûre ou tout au moins très peu de temps après.

Nous pensons que l'emploi hypodermique de l'ammoniaque pourrait trouver quelques applications dans le traitement des affections adynamiques, l'influensa, la fièvre typhoïde, l'asphyxie pour rappeler à la vie les nouveaux-nés frappés de mort apparente à la suite de parturitions laborieuses, dans certains empoisonnements par l'aconit, l'acide cyanhydrique, la strychnine, etc...

Apomorphine.

Corps constitué par une poudre amorphe, grisâtre, soluble dans l'eau et dans l'alcool. Il est préférable d'employer le chlorhydrate d'apomorphine, en raison de sa plus grande solubilité dans l'eau. La solution arquiert une teinte légèrement verdâtre au bout de quelques minutes ; cette coloration augmente graduellement si le liquide est préparé depuis quelque temps et alors celui-ci perd aussi une partie de son activité.

Principaux effets physiologiques. — Voici les signes qu'on observe à la suite de l'injection sous-dermique : sensation de pesanteur à la région hypogastrique, accélération du pouls et de la respiration, salivation, sueurs profuses, nausées et vomissements après 3 — 6 minutes ; l'estomac est promptement vidé. On n'observe pas cet affaiblissement prononcé qui succède au vomissement provoqué par l'émétique ou le sulfate de cuivre. Au bout d'un quart d'heure les animaux redeviennent gais et se mettent à dévorer les matières qu'ils ont vomies peu d'instants avant.

A dose topique : abolition des réflexes, coma et paralysie (Kohler, Quehl, Kaufmann).

L'apomorphine exerce, sur les animaux qui ne possèdent pas la faculté de vomir, une action excitatrice centrale et occasionne des nausées, des hypersécrétions da l'estomac, l'intestin et les bronches.

Chez les animaux la section des nerfs vagues ne modifie en rien l'action de ce médicamemt (Vulpian, Harnack, Riegel, David) (1), tandis que la paralysie de ces nerfs produite par l'atropine paraît au contraire amoindrir cette action. Le meilleur m yen pour empêcher les effets vomitifs d'une injection d'apomorphine, c'est de faire précéder celle-ci d'un injection d'un sel de morphine. Il est à présumer que l'action vomitive est le résultat d'une excitation directe et subite de l'apomorphine sur le bulbe rachidien, laquelle mettant en jeu les muscles expirateurs, est suivie de vomissements.

Effets locaux et doses. — L'injection sous-cutanée de chlorhydrate d'apomorphine ne donne lieu à aucun accident local. On dissout ce médicament dans l'eau tiède. Il convient d'adopter la solution au $^1/_{100}$, soit :

Chlorhydrate d'apomorphine ...... 0^{gr}.01
Eau distillée .... 1^{gr} »

Voici à quelles doses on doit administrer le chlorhydrate d'apomorphine :

Porc (suivant la taille et l'âge) ...	0^{gr}.05	— 0^{gr}.10
Chien de forte taille.............	0^{gr}.02	— 0^{gr}.05
Chien de taille moyenne	0^{gr}.01	— »
Petits chiens (havanais, etc.)	0^{gr}.005	— 0^{gr}.008
Chat......................	0^{gr}.003	— 0^{gr}.005
Homme adulte.................	0^{gr}.004	— 0^{gr}.007
Enfant......................	0^{gr}.001	

Pour faire vomir le chat, il faut une dose relativement plus grande que pour le chien ; souvent même le vomissement ne se produit pas chez cet animal et l'injection sous-cutanée se borne à occasionner une excitation plus ou moins vive, qui ne se dissipe qu'au bout de 30 minutes ou d'une heure.

L'élimination se fait vite et par le conduit gastro-intestinal.

Usage thérapeutique. — On peut avantageusement se servir de l'apomorphine chez les carnivores (surtout le chien et le porc), dans le cas d'empoisonnement, alors qu'il s'agit de faire rejeter rapidement la substance toxique qui a été ingérée. Pour ces animaux, l'apomorphine constitue le vomitif par excellence, car la médication est très facile à appliquer, agit promptement et sûrement.

M. Dammam (2) s'en est souvent servi et toujours avec le plus grand succès dans l'embarras gastrique du porc (1 : 40).

Peut-être pourra-t-on employer ce médicament chez les grands herbivores, lors de surcharge alimentaire du réservoir gastrique, afin de hâter l'évacua-

---

(1) Contribution à l'étude physiologique du chloryd. d'apomorphine, Lausanne, 1875.

(2) *Mittheilungen aus der thierœrztlichen.* Praxis, 1873-1874, page 174.

tion des aliments par le pylore. Des recherches spéciales peuvent seules nous fixer à cet égard.

Il existe chez nos animaux une maladie assez fréquente, connue sous le nom de picca ou de malacie et qui consiste dans une dépravation du goût, avec le désir de manger des substances non alimentaires, telles que de la terre, du gravier, du fumier, du plâtre, la chaux des murs, de dévorer le bois de la mangeoire ou du râtelier, etc... Les bêtes bovines se lèchent entre elles les poils recouvrant la surface de leur corps, tandis que les moutons se rongent la laine, se l'arrachent par place et puis la déglutissent. Or il peut en résulter des troubles digestifs, des indigestions parfois graves (1) ; on voit aussi le lait diminuer, la peau devenir sèche, l'appétit devenir capricieux ; les sujets maigrissent à la longue et peuvent même succomber aux suites de la cachexie. Bien que cet état pathologique soit attribué, tantôt à un manque de sels minéraux dans l'organisme, tantôt à une habitude contractée (surtout chez les jeunes agneaux), elle est aussi la conséquence d'une névrose du tube digestif. C'est dans le but de combattre celle-ci que Lemke (2) emploie avec succès les injections sous-cutanées d'apomorphine à la dose journalière de $0^{gr}.05 — 0^{gr}.10$ chez les brebis et de $0^{gr}.10 — 0^{gr}.20$ chez les grands ruminants. Le traitement dure $3 — 4$ jours et l'effet médicamenteux se manifeste par les signes suivants : inquiétude, irritabilité (au bout de 5 minutes déjà), ruades, lèchements des bords de la mangeoire, contractions tétaniques des muscles du train de derrière, nausées.

Argent (NITRATE D') caustique.

Les injections sous-cutanées de ce médicament pourraient être utilisées en médecine vétérinaire contre certaines névroses : névralgies sciatiques, boiterie rhumatismale, arthrite chronique, etc., à la dose de 10 centigrammes dans 40 grammes d'eau distillée, dont on injecte d'un seul coup environ 5 grammes ; il n'y a que de légers accidents inflammatoires.

Si la solution est trop concentrée, au $^1/_5$ ou au $^1/_{10}$ par exemple, la douleur causée par l'injection hypodermique est très aiguë, conséquence de la piqûre et de l'inflammation locale engendrée par le nitrate d'argent dans le point du tissu cellulaire où il a été introduit, il se produit alors autour de la piqûre un phlegmon limité qui, le plus souvent, aboutit à la suppuration. Dans une expérience que nous avons faite, une injection de 3 grammes de

---

(1) Gsell : Coliques produites par une obstruction accidentelle du gros intestin chez une jument. *In Bulletin* n° 15 de la Société vétérinaire d'Alsace-Lorraine, 1875, page 72.

(2) Apomorphicum hydrochloratum gegen die Lecksuscht und das Wolfressen der Schaafe.

la solution au $^1/_{10}$ détermina une large eschare, qui resta longtemps enkystée au sein des tissus vivants, comme un corps étranger. A notre avis, la solution au $^1/_5$ et même au $^1/_{10}$ est trop irritante ; elle donne lieu à une violente action caustique locale, susceptible même d'entrainer une rétraction musculaire au voisinage du lieu de l'injection.

En médecine humaine on a constaté que les injections d'azotate d'argent font cesser comme par enchantement les douleurs si pénibles des névralgies (Damaschino).

En chirurgie humaine, M. Luton a utilisé les propriétés irritantes des injections sous-cutanées de nitrate d'argent pour détruire sur place certaines néoplasies pathologiques, situées dans l'épaisseur de la peau, dans les tissus conjonctif et musculaire. L'injection détermine au sein de la tumeur une inflammation suppurative limitée, laquelle amène rapidement le ramollissement et la fonte de la tumeur. L'abcès artificiel entraine avec lui une nécrose du tissu cellulaire sous-jacent et ne laisse à sa suite qu'une cicatrice linéaire. Pour cet usage, nous conseillons l'emploi d'une solution au $^1/_{10}$ et même mieux au $^1/_{20}$.

Nous avons appliqué dernièrement cette médication à un fibrôme plus gros que le poing d'un homme, situé dans la région de l'épaule droite d'un cheval entier. La tumeur a disparu complètement, en moins d'un mois et sans laisser des traces visibles. Nous avons pu constater que ce genre de traitement offre un grand avantage sur n'importe quel procédé d'ablation. On pourrait l'appliquer à nombre de tumeurs : lipôme, sarcôme, adénôme, carcinôme, condylôme, phlegmons froids, éponge phlegmoneuse et indurée, etc...

Arsenic et arsenicaux.

L'acide arsénieux est soluble dans 80 parties d'eau froide et dans 140 parties d'alcool concentré.

Effets locaux. — En solution quelque peu concentrée, l'acide arsénieux irrite violemment les tissus ans lesquels il est injecté, prod t de l'empâtement ou une induration locale douloureuse, s'abcédant le plus ordinairement. Il convient de n'employer ce médicament hypodermiquement que si la solution aqueuse est alcalinisée par du carbonate de potasse, sous forme de liqueur de Fowler, par exemple; celle-ci constitue une préparation plus stable et aussi moins irritante, surtout quand on a soin d'y ajouter de l'eau. On sait que la liqueur de Fowler est composée de :

Acide arsénieux..............	1	gramme.
Carbonate de potasse........	1	—
HO distillée................	100	—

Dissolvez à chaud, laissez refroidir, puis filtrez.

De cette préparation, qui contient $0^{gr}.01$ d'acide arsénieux par centimètre cube de cette solution, on pourra injecter de 1 — 5 grammes d'un seul coup, suivant le poids des animaux. Cette injection produit encore souvent une certaine irritation locale, donnant lieu à de l'enflure, à un noyau induré ou à un kyste.

Avec la solution arsenicale suivante on voit rarement survenir des accidents locaux :

> Liqueur de Fowler........ 1 partie.
> HO distillée .... 1 à 2 parties.

L'arsenic, dissous dans un liquide, est rapidement absorbé, passe dans le sang et se trouve ensuite éliminé par l'urine, la bile et le lait — 5-8 grammes de Fowler, injectés sous la peau d'un chien, déterminent un empoisonnement mortel ; 20 grammes tuent un mouton et 80 grammes entraînent une intoxication chez le cheval.

Usages thérapeutiques. (Tonique et reconstituant).— A notre connaissance, les injections sous-dermiques d'acide arsénieux n'ont encore guère été employées en médecine vétérinaire. Nous savons cependant que M. Laurent, vétérinaire départemental à Bar-le-Duc, y a eu recours avec succès contre la paralysie du chien ; dose, 5 gouttes de liqueur de Fowler. Un premier chien a recouvré la santé après quatre injections ; un second chien, tombé paralysé pendant la maladie du jeune âge, allait déjà mieux après la troisième injection (1).

A l'exemple des médecins de l'homme, les vétérinaires pourraient essayer ces injections contre la chorée, l'épilepsie et diverses affections du système nerveux. Il est préférable de faire les injections au niveau des muscles convulsés.

M. le docteur Perraud, chargé du cours des maladies des enfants à la Faculté de Médecine de Lyon, emploie, depuis 1875, les injections hypodermiques d'acide arsénieux contre la chorée récente ou ancienne, rhumatismale ou à forme paralytique (2). La moyenne du temps nécessaire pour obtenir la guérison peut être évaluée à 32 jours ; les cas récents sont plus facilement curables que les cas anciens.

D'autres composés arsenicaux méritent d'être expérimentés et employés hypodermiquement :

1° L'arséniate de strychnine est l'incitant vital par excellence ; c'est le cheval de bataille du médecin (Buggræwe).

(1 **Note communiquée.**
(2) Voir thèse inaugurale de M. Garin.

C'est un médicament d'une très grande activité et dont il ne faut se servir qu'avec beaucoup de prudence. L'administration par la bouche, sous forme de granules exactement dosés (1 à 5 milligrammes), doit généralement être préférée à l'injection hypodermique.

Doses :

Grands animaux..........	$0^{gr}.02$	— $0^{gr}.05$
Moyens —	$0^{gr}.005$	

L'injection sous-cutanée de l'arséniate de strychnine est contre-indiquée chez les petits animaux dont le système nerveux se montre d'une sensibilité extraordinaire à son action, même physiologique.

A de forts chiens on pourra cependant injecter sans danger $1/_2$ à 1 milligramme d'arséniate de strychnine. Chez les petits animaux on remplacera avantageusement ce médicament par son succédané, la brucine, dont l'activité est bien moins grande.

Pour plus de détails, nous renvoyons le lecteur à l'article strychnine et à notre Mémoire : *De la jugulation des maladies aiguës,* Paris, 1885.

2° *L'arséniate de quinine,* très utile contre les fièvres intermittentes, miasmatiques, putrides, etc... ;

3° *L'arséniate de fer* (arsenias ferrosus), qui se présente sous forme d'une poudre blanche verdissant à l'air, insoluble dans l'eau et soluble dans l'AzH^3 (la solution prend une coloration verte). On ne saurait guère utiliser ce composé hypodermiquement. C'est un des meilleurs reconstituants du sang ; il excite l'estomac et l'intestin et possède enfin la double propriété de l'arsenic et des ferrugineux. Son emploi est indiqué dans toutes les affections par altération du sang et dans tous les cas d'affaiblissement général de l'économie. On doit faire prendre ce médicament par la bouche, soit sous forme de granules dosés à $0^{gr}.01$, en administrant de 1 — 5 pilules plusieurs fois par jour, selon la taille des sujets, soit mêlé à du miel (électuaire) ou encore aux aliments destinés aux malades ou aux convalescents, en ayant soin de ne pas dépasser quotidiennement la dose de 2 — 4 grammes pour les grands animaux, 1 gramme pour les moyens et $0^{gr}.50$ pour les petits ;

4° *L'arséniate d'antimoine,* qui agit plus particulièrement sur la muqueuse bronchique ; il est à la fois expectorant et reconstituant ;

5° *L'arséniate de soude* (arsenias sodicus), qui a donné de bons résultats en médecine humaine contre certaines maladies chroniques de la peau : psoriasis, eczéma, etc... Pour l'injection sous-cutanée, on se sert de la solution suivante : arséniate de soude $0^{gr}.50$ et HO distillée 100 grammes. On doit pratiquer plusieurs piqûres dans les points malades et les répéter à des intervalles de 2 — 3 jours. Pas d'accidents locaux.

L'arséniate de soude a une réaction alcaline : 100 grammes de ce sel représentent $24^{gr}.03$ d'arsenic métallique, $31^{gr}.73$ d'acide arsénieux et $36^{gr}.85$ d'acide arsénique.

Atropine.

Principaux effets physiologiques. — Sécheresse de la bouche et de la gorge, soif vive, difficulté de la déglutition par suite du resserrement du gosier, dilatation remarquable des pupilles ou mydriase, accélération de la circulation cardiaque, légère diminution du nombre des mouvements respiratoires, élévation de la température, défécations répétées, émission réitérée de l'urine. Chez les carnivores et les omnivores il y a des nausées au début de la médication. Un curieux effet de cet alcaloïde sur la tunique charnue de l'intestin consiste dans la production de contractions péristaltiques plus ou moins fortes. M. Saint-Cyr constata l'apparition de la plupart de ces symptômes déjà 25 minutes après l'injection sous-cutanée.

Effets toxiques. — Faciès hébété, tristesse, dilatation exagérée des pupilles, d'où résulte un obscurcissement de la vue, au point que les sujets paraissent comme aveugles et se heurtent aux objets qui sont autour d'eux ; muqueuses apparentes congestionnées et d'une teinte violacée ; exaltation de la sensibilité et de la motilité, à tel point qu'il suffit de toucher légèrement les animaux pour leur arracher des cris ou provoquer des mouvements convulsifs ; il y a une accélération considérable du pouls, mais la période d'excitation est de courte durée, car la sensibilité diminue progressivement, puis disparaît totalement ; démarche vacillante, station instable, puis paralysie peu à peu générale ; respiration embarrassée, mouvements tumultueux du cœur, pouls petit et effacé, abaissement de la température, refroidissement général, sueurs froides, relâchement de tous les sphinctres, enfin la mort survient à la suite d'une tétanisation générale et de convulsions. Les phénomènes toxiques apparaissent déjà au bout de 5 — 10 minutes. L'empoisonnement par l'atropine peut durer de 4 — 20 heures, selon la dose ingérée.

L'évacuation de cet alcaloïde a surtout lieu par les voies urinaires.

Les recherches expérimentales de M. Trasbot (1) ont démontré qu'il suffit de faire ingérer de $0^{gr}.60$ — $0^{gr}.70$ d'atropine pour tuer des chiens du poids de 30 — 36 livres. On arrive au même résultat en injectant sous la peau de 3 — 5 centigrammes de cet alcaloïde.

---

(1) *Recueil de médecine vétérinaire*, 1867.

On a constaté aussi qu'en combinant l'atropine avec la morphine (1 p. d'a-
tropine pour 4 p. de chlorhyd. de morphine, on augmente non-seulement
l'activité de ce dernier agent, mais on calme aussi les signes d'excitation,
qui accompagnent l'emploi thérapeutique de la morphine. Le Dr Harley (1)
a constaté qu'en injectant sous la peau d'un cheval une faible quantité de
morphine, celle-ci détermine des symptômes à peine apparents, tandis qu'en
unissant l'atropine à la morphine, les effets de celle-ci augmentent d'intensité et de durée. Ainsi une injection de 0^{gr}.50 de teinture ,d'opium sous la
peau d'un chien n'ont occasionné qu'un sommeil léger et de courte durée,
tandis que par l'addition de 0^{gr}.025 d'atropine, le sommeil commença déjà
au bout de 5 minutes et dura environ 4 heures, pendant lesquelles le félin
resta immobile et insensible à toute espèce de bruit, même à des piqûres d'aiguilles et à l'introduction du doigt dans le larynx.

Doses. — L'atropine s'emploie ordinairement sous forme de sulfate d'a-
tropine ; c'est une poudre blanche cristalline, très soluble dans l'eau et dans
l'alcool.

Feu Tabourin (2) indique les doses suivantes pour la voie hypodermique :

Grands herbivores	10 — 15 centigr.
Petits ruminants et porcs.....	1 — 5 —
Carnivores.................	1 — 2 —

La posologie sous-cutanée mentionnée par M. Kaufmann, d'après ses propres expériences, ne diffère pas beaucoup de la précédente. La voici :

Cheval..........	0^{gr}.06 — 0^{gr}.25
Bœuf...........	0^{gr}.30 — 1 gramme.
Ane............	0^{gr}.02 — 0^{gr}.06
Chien..........	0^{gr}.002 — 0^{gr}.01
Lapin	0^{gr}.004

A notre avis, toutes ces doses sont trop élevées, parce que, au lieu d'engendrer des effets thérapeutiques, elles sont purement et simplement toxiques dans la majorité des cas. Il nous suffira de citer un exemple :

Un de nos confrères, M. Besnard (3), de Niort, dans le but de combattre une
affection spasmodique (crampe) des membres antérieurs chez un vieux bidet
breton, dont la station était devenue fort difficile, a injecté douze fois le contenu d'une seringue Pravaz dans les muscles contractivés (régions brachiale

---

(1) *Annales de médecine vétérinaire,* publiées à Bruxelles, 1869.
(2) *Traité de mat. méd., de thérap. et de pharm. vét.,* 3e édition, t. I, p. 694.
(3) Voir *Répertoire universel de méd. dosimétrique,* 1883. p. 283.

postérieure et antibrachiale antérieure). C'était une solution aqueuse contenant 1 centigramme d'atropine ; l'injection a duré vingt minutes. Deux heures plus tard, il s'était manifesté des signes non équivoques d'intoxication, tels que sueurs froides sur tout le corps, respiration accélérée et râlante, etc. Le sujet ne succomba point, et, deux heures après, il dormait paisiblement. Dès le lendemain, le moribond de la veille allait bien mieux. Les jours suivants, on pratiqua de nouvelles injections d'atropine, mais avec une dose moitié moindre, c'est-à-dire avec 0^{gr}.005. Résultat au bout de peu de temps, guérison complète.

Cette observation, outre qu'elle démontre l'activité de granules soigneusement et consciencieusement préparés et puisés à bonne source (granules Chanteaud), est un avertissement pour le praticien, car elle doit contribuer à le mettre en garde contre les injections sous-cutanées d'atropine qui, malgré les plus grandes précautions et la petitesse des doses, peuvent produire des signes alarmants d'empoisonnement et provoquer parfois un véritable tétanos (Steiner).

Nous conseillons au praticien de s'en tenir aux doses suivantes :

Grands quadrupèdes.............	0^{gr}.03 —	0^{gr}.06
Moyens animaux (âne et porc)......	0^{gr}.01 —	0^{gr}.015
Chien........................	0^{gr}.002 —	0^{gr}.005

Le professeur Levi, de Pise, préconise la solution suivante :

Sulfate d'atropine.........	0^{gr}.05
Aqua distillata.............	50 grammes.

1 gramme de cette solution renferme 1 milligramme d'alcaloïde ; la dose à injecter varie suivant la taille des sujets :

Pour les grands animaux........	5 —	10 grammes.
Pour les moyens animaux........	1 —	2 »
Pour les petits animaux.........	1/2	»

Nous conseillons de recourir, dans la pratique, à cette posologie, qui a le grand avantage de permettre l'emploi de doses fractionnées et d'éviter des signes d'intoxication.

Effets locaux. — On n'observe aucun accident à la suite d'injections hypodermiques de sulfate d'atropine, à la condition d'employer une solution qui soit récemment préparée et absolument pure, c'est-à-dire ne contenant ni acide, ni alcool. L'extrait aqueux et surtout alcoolique de belladone occasionne des œdèmes, des indurations et des abcès.

Indications thérapeutiques. — D'après M. Eulenberg, l'atropine a reçu, dans la médecine de l'homme, d'assez nombreuses applications, notamment dans le traitement des maladies suivantes : éclampsie, chorée, tétanos, tic convulsif, névralgies, constipation, occlusion intestinale, empoisonnement par l'opium, etc.

En médecine vétérinaire, l'atropine a également déjà rendu de signalés services. Ce médicament est indiqué dans tous les cas où il faut obtenir un relâchement des fibres musculaires; mais il convient de l'unir alors à la strychnine : indigestions, pelotes stercorales, dysurie, strangurie, resserrement ou contraction spasmodique du col utérin chez la vache.

Contre cette dernière affection, le professeur Holzmann dit avoir obtenu des résultats très satisfaisants à la dose de 0gr.06 dans 30 grammes d'eau distillée pour chaque injection.

Le professeur Saint-Cyr a eu plusieurs fois recours aux injections hypodermiques d'atropine lors du tétanos. Il cite un cas de guérison du tétanos traumatique obtenu par ce genre de médication; dans trois autres cas, il y eut mort. Les doses employées dans ces différents cas furent 0gr.06, 0gr.08, 0gr.10 et 0gr.30 (1 et 2).

M. Edwards a communiqué à la Société vétérinaire de Liverpool la relation d'un cas de tétanos consécutif à une piqûre de la sole datant de quelques jours et traité avec succès par le bromure de potassium, donné à l'intérieur et des injections sous-cutanées d'atropine (0gr.05 toutes les douze heures). La guérison eut lieu au bout de vingt-cinq jours. Mais, dans ce cas, il est difficile de faire la part de chaque médicament dans le succès obtenu. Néanmoins, on doit s'en rapporter à l'auteur, qui l'attribue en grande partie à l'atropine (3).

M. Vogel dit avoir eu quelques bons résultats des injections sous-cutanées d'atropine contre l'épilepsie des grands animaux à la dose de 0gr.20, qu'il augmente tous les jours de 0gr.025, à cause de la tolérance qui s'établit (4).

Citons aussi l'observation de Hamm ayant trait à une vache atteinte d'une constriction du pharynx et qui fut radicalement guérie en deux jours par des injections sous-dermiques faites avec une solution de 0gr.05 d'atropine dans 30 grammes d'eau distillée (5).

Anacker (6) et Allmann (7) recommandent l'atropine pour calmer les

---

(1) Le Tétanos, — l'Atropine. — les Injections médicamenteuses dans le tissu cellulaire sous-cutané. (Communications et discussions devant la Société de médecine de Lyon, in *Journ. de méd. vét. de Lyon*, 1860, p. 260.)

(2) Le Tétanos et l'Atropine, Mémoire lu à la Société de médecine de Lyon. *In Journ. de méd. vét. de Lyon*, 1862, p. 337.

(3) *The Veterinarian*, 1881.

(4) *Arzneimittellehre*, p. 530.

(5) *Thierarzt*, 1872, p. 283.

6) *Thierarzt*, 1865, p. 121.

(7) *Revue der Thierheilkunde*, p. 43.

contractions spasmodiques de l'intestin, de l'utérus et de la vessie et la violence des douleurs lors de coliques, crampes, rhumatisme articulaire, toux douloureuses, arthrite, anasarque, pleurésie, ophthalmie, congestions intenses ($0^{gr}.07$ d'atropine dans 9 grammes d'eau distillée, solution dont on injecte chaque fois de 1 à 2 grammes).

On peut aussi recourir à l'atropine pour diminuer les hypersécrétions intestinales dans le cas de diarrhée opiniâtre.

Quelques praticiens ont employé avec succès l'atropine, soit seule ($0^{gr}.15$), soit combinée avec la morphine ($0^{gr}.20$ de celle-ci et $0^{gr}.05$ d'atropine), pour combattre le rhumatisme musculaire; une seule injection a parfois suffi. (Voir l'article morphine.)

L'emploi combiné de chlorhydrate de morphine et de sulfate d'atropine en injection sous-cutanée, outre qu'il concourt à remplacer l'éthérisation ou la chloroformisation, est le moyen le plus prompt, le plus sûr et le moins dangereux à employer pour la bonne exécution de certaines opérations avant, pendant et après le part : réduction de la torsion du col de l'utérus, renversement partiel ou complet de cet organe, du vagin ou de la vessie, extraction du délivre.

Il en est de même lorsqu'il s'agit de modérer des efforts expulsifs par trop tumultueux afin de prévenir divers accidents. On peut même, en pareil cas, recourir à l'éthérisation qui, si elle est précédée d'une injection sous-cutanée de morphine et d'atropine, devient par cela même inoffensive. La dose thérapeutique doit être relativement faible afin de ne pas déterminer l'atonie de l'appareil utérin et parfois une hémorrhagie consécutive. M. Kaufmann (1) a constaté que, lors de l'emploi de l'atropine dans l'anesthésie mixte, il suffit, pour éviter la mort par syncope, d'un 1/2 à 1 milligramme chez le chien. Des doses proportionnellement plus fortes sont inutiles, sinon nuisibles, dans le cas d'anesthésie.

Antagonisme.—Gerlach considère l'atropine comme l'antidote de la strychnine. Nous avons eu l'occasion de vérifier la justesse de cette assertion en obtenant le rétablissement d'un chien empoisonné intentionnellement par la strychnine à l'aide de quatre injections hypodermiques d'atropine, chacune de $0^{gr}.01$ dans 4 grammes d'eau distillée; au bout de treize heures, le sujet s'est réveillé de sa torpeur, mais il était faible et vacillant; l'ingestion d'un peu de café noir sucré contribua à lui rendre plus vite la santé.

M. Holzmann, chez un chien empoisonné par la strychnine, après avoir vainement essayé divers médicaments à l'intérieur, eut recours à l'atropine, dont il fit, pendant dix-huit heures, trois injections successives, chacune de

---

(1) Note communiquée.

0^{gr}.003 ; à la dernière dose il ajouta pareille dose d'acétate de morphine. Le chien fut sauvé.

Il semble donc que ces deux agents thérapeutiques (l'atropine et la morphine) se complètent mutuellement, et que si la strychnine produit des accidents tétaniques, l'atropine concourt à les faire cesser.

Les expériences de M. Prévost (1) prouvent également l'antagonisme mutuel entre la muscarine et l'atropine ; il suit de là que, pour conjurer les signes toxiques dus à l'atropine, l'on devra recourir à l'injection sous-dermique de muscarine.

Il y aurait également un antagonisme mutuel entre la fève de Calabar, la physostigmine (Bourneville, Fraser), la pilocarpine (Langley, Luchsinger, Strauss) d'une part et l'atropine de l'autre.

On a cru longtemps en médecine humaine que la morphine pouvait dissiper rapidement les effets de l'intoxication atropique ; mais les expériences de Cannes prouvèrent le non-fondé de cette assertion.

Ce dernier, en donnant à des animaux le maximum de la dose toxique de morphine, chercha à combattre les symptômes qui se présentaient par le minimum de la dose toxique d'atropine ; mais il ne vit jamais l'antagonisme s'établir ; souvent même la mort arrivait plus vite. On produisait ainsi deux intoxications à la place d'une.

B

Bichromate de potasse.

La solution convenablement étendue de bichromate de potasse (au $^{1}/_{100}$ ou au $^{1}/_{200}$) mérite d'être essayée dans le but de produire un effet local, notamment dans le traitement de la hernie ombilicale.

Brucine.

Cet alcaloïde qui est un succédané de la strychnine, vingt-cinq fois moins actif que cette dernière substance ; il est soluble dans 850 parties d'eau froide et en toute proportion dans l'alcool.

L'acide azotique colore la conicine en rouge de sang.

Nous ne saurions trop insister de donner toujours la brucine au lieu et place de la strychnine pour médicamenter les petits animaux, notamment le chien et le chat, pour lesquels ce dernier remède constitue un poison beaucoup trop violent, même à très petite dose.

---

(1) Antagonisme physiologique, *Congrès international des sciences médicales*, Genève, 1877 et *Archives de physiologie*, 1877, p. 837.

Nous conseillons l'emploi de la solution suivante :

Brucine............	$0^{gr}.10$
Alcool	10 grammes.
HO distillée........	90 »

De cette solution, qui renferme 1 milligramme par gramme de liquide, on pourra injecter d'un seul coup de 1 à 5 grammes, suivant le volume des sujets. Pas d'accidents locaux.

C

Camphre (Bromure de).

Le camphre monobromé est difficilement soluble dans l'eau, mais très soluble dans l'alcool et la glycérine.

Nous devons faire mention que le professeur Sicdomkrokki (1) fit usage de bromure de camphre, si fréquemment employé dans la médecine de l'homme contre plusieurs maladies du système nerveux, pour combattre le tétanos du cheval.

La bête en question était une jument de sang, âgée de neuf ans, qui, à la suite d'une légère atteinte coronaire, fut frappée de tétanos traumatique. Isolée dans une écurie sombre et placée dans un appareil de suspension, elle fut d'abord traitée avec le bromure de potassium, donné en partie dans les lavement et en partie dans du pain, à raison de 25 grammes d'abord et de 30 grammes le deuxième et le troisième jour. Néanmoins la raideur tétanique alla sans cesse en augmentant non seulement d'intensité mais en tendant à se généraliser. L'auteur eut alors recours à des injections sous-cutanées de camphre monobromé (une solution de 2 grammes dans 10 grammes d'alcool rectifié injectée en trois fois dans la journée). Comme la quantité prescrite de médicament n'est soluble dans une si faible proportion d'alcool qu'à la condition de porter celui-ci à la température d'environ 25° et que le liquide laisse déposer une partie du bromure par le refroidissement, les injections durent être faites très rapidement. On n'observa pas de symptômes spéciaux ; mais déjà, au bout de deux jours, le trismus sembla diminuer notablement et la préhension des aliments devint plus facile. On continua à injecter la même dose de camphre pendant huit jours consécutifs, au bout desquels la locomotion était devenue assez libre. Le dix-huitième jour, la jument put quitter l'infirmerie de l'École.

---

(1) *Oesteriochische Vierteljahresschrift für Wissenschaftliche Veterinarkunde. Vien*, 1882, p. 132.

l faut noter que l'usage de la solution alcoolique employée occasionna à
la joue et à la croupe des abcès, lesquels guérirent rapidement.

Chloral (HYDRATE DE).

Effets locaux et doses. — L'hydrate de chloral convient peu pour des injections hypodermiques, et cela pour plusieurs raisons. D'abord, en raison de
son action caustique, ce médicament a besoin d'être étendu de beaucoup
d'eau, d'où la nécessité de multiplier les injections à l'effet de pouvoir introduire dans l'économie une quantité suffisante de principe médicamenteux.
Puis les piqûres sont fort douloureuses et déterminent chez certains individus une surexcitation nerveuse. Enfin ce mode de pénétration a l'inconvénient de provoquer localement des accidents inflammatoires et même gangréneux, tels que phlegmons aboutissant toujours à la suppuration, ulcérations, eschares, lymphadénites, lymphangites, etc., accidents qui rendent les
effets thérapeutiques plus lents à se produire et diminuent leur activité.
Ces accidents se produisent même quand on a recours à une solution aqueuse
à parties égales.

Avec le professeur Vogel (1) nous méconseillons l'emploi de l'hydrate de
chloral en injections sous-cutanées pour les raisons que nous venons d'exposer.

Le professeur Levi, de Pise, recommande la solution suivante :

Hydrate de chloral............. 30 grammes.
Aqua distillata................ 60   »

La dose à injecter de cette solution est :

Pour les grands animaux....... 10 grammes.
Pour les moyens animaux....... 4   »
Pour l'espèce canine........... 1-2   »

Nous avons constaté que cette solution est encore trop irritante. Mais une
solution au $1/5$ et, encore mieux, au $1/10$, est à peu près inoffensive ; parfois
il reste une induration qui disparaît au bout de quelque temps ; il n'y a
jamais d'abcès. Seulement une solution au $1/10$ nécessite d'abord un plus ou
moins grand nombre d'injections, et puis il faut souvent répéter celles-ci dès
que l'action des premières commence à disparaître. En somme, le chlora
présente l'inconvénient, vu sa causticité, de nécessiter pour l'emploi hypodermique des solutions très diluées.

Les injections intra-trachéales de chloral, surtout à dose anesthésique, doi-

---

(1) *Thierarzt,* 1871, p. 188.

vent être proscrites de la thérapeutique, en raison de l'action irritante du chloral sur la muqueuse pulmonaire. Cela résulte, du reste, d'expériences instituées par MM. Cadéac et Malet, qui, après avoir sacrifié les sujets auxquels ils auraient fait des injections trachéales de chloral, ont toujours trouvé des lésions graves, telles que hépatisation circonscrite, foyers hémorragiques et gangréneux, fausses membranes fibrineuses dans la trachée et les bronches.

Les injections intraveineuses de chloral sont peu commodes à pratiquer et exposent à de sérieux dangers ; on ne doit y avoir recours que dans certains cas et en observant strictement les règles tracées par notre illustre maître M. Arloing.

D'une manière générale, il est préférable d'administrer l'hydrate de chloral, soit par la bouche et sous forme d'électuaire, afin d'atténuer ainsi l'impression désagréable qu'il produit sur la gorge, soit encore en lavements par le rectum (solutions mucilagineuses au $^1/_{10}$).

La dose hypnotique moyenne est : pour les grands animaux, de 30 à 60 grammes ; pour les moyens, de 5 grammes, et pour les petits, de 1 à 2 grammes ; cette dose peut être répétée plusieurs fois dans la journée.

' *Antagonisme.* — Il résulte des recherches de Liebreich, Slafield, Horand et Peuch (1) que la strychnine ou l'un de ses sels est l'antidote du chloral, mais que ce dernier ne doit pas être considéré comme le contre-poison de l'alcaloïde de la noix vomique. Ainsi un animal endormi par une dose toxique de chloral pourra être réveillé et sauvé à l'aide de la strychnine tandis qu'un sujet empoisonné par ce dernier agent résistera à l'influence du chloral. L'action de la strychnine domine donc celle de l'hydrate de chloral (2).

Il paraît avéré aussi que le chloral et la fève de Calabar s'influencent réciproquement et que l'action du chloral domine celle de la fève de Calabar.

L'antagonisme entre le chloral et le nitrite-d'amyle est admis par Trafford, Tabury et Bussat.

Emploi thérapeutique. — Le chloral, comme agent hypnotique, agit d'une façon plus rapide et plus certaine que la morphine, dont il n'a pas les inconvénients.

Localement il exerce une action sédative et antispasmodique ; à ce titre, il convient contre les douleurs locales : névralgies, arthrite suraigüe, entorse grave, toux nerveuse, crampes violentes des muscles, coliques, rigidité du col de l'utérus, etc.

---

(1) Du chloral. *Études cliniques et expérimentales*, Lyon, 1872.
(2) Pour plus de détails, voir l'article *Strychnine* (Antagonisme).

L'expérience nous a démontré que les injections sous-cutanées de chloral (au $^1/_{10}$) permettent de modérer la souffrance consécutive à certaines petites opérations, et pour mieux provoquer une analgésie locale, nous conseillons de faire plusieurs injections tout autour de la région qu'on veut insensibiliser.

Notre ancien et savant maître M. Peuch a essayé le chloral en injection hypodermique sur un fort chien atteint de rage. La dose était de 6 grammes dans 30 grammes d'eau distillée. Effectivement, à la suite de cette injection, l'animal tomba dans un léger assoupissement ; mais, onze heures plus tard, il succombait à la terrible maladie (1).

Le chloral a été essayé contre plusieurs autres maladies graves du système nerveux affectant surtout la motilité, telles que la chorée, l'éclampsie, l'épilepsie et surtout e tétanos.

Or, dans cet état pathologique, l'indication principale consiste à modifier l'état des centres nerveux, de façon à suspendre, à arrêter les convulsions spasmodiques. Le chloral est peut-être la substance qui convient le mieux pour cela ; c'est celle dont les annales et les feuilles périodiques ont enregistré le plus de guérisons que d'insuccès.

Employé d'abord sous forme d'injections sous-cutanées au niveau des muscles contracturés, celles-ci ont été vite abandonnées et considérées comme contre-indiquées, en raison des accidents locaux qu'elles engendren si fréquemment. Depuis, le chloral a été administré par la bouche, en lavements et en injections intraveineuses, témoins les observations de MM. Méguin (2), Robert (3), Humbert (4), Poitevin (5), Poret (6), Sacotin (7), Wolff (8), le professeur Tombari (9), de Milan, etc., etc., et sans compter les faits restés inconnus.

Ce sont les injections intraveineuses qui paraissent avoir donné les plus beaux résultats. A ce sujet, nous allons exposer quelques considérations qui, bien que sortant un peu de notre sujet, ne sont néanmoins pas déplacées ici.

D'une manière générale, on peut fixer à 10 grammes par 100 kilogrammes

---

(1) Notice sur l'action du chloral. *In Journ. de l'École vét. de Lyon*, 1870, p. 171.
(2) *Journ. de méd. vét. milit.*, t. IX, p. 704.
(3) *Journ. de méd. vét. milit.*, t. XII, p. 198.
(4) *Journ. de méd. vét. milit.*, t. XII, p. 751.
(5) *Journ. de méd. vét. milit.*, t. XIII, p. 436.
(6) *Journ. de méd. vét. milit.*, t. XIII, p. 585.
(7) *Journ. de méd. vét. milit.*, t. XIV, p. 121.
(8) Essai sur la thérapeutique du tétanos. *In Recueil de méd. vét.*, 1882, p. 827, 880 et 998.
(9) Archivo della Veterinario, *Italiana, marzo*, 1870, p. 89.

de poids vif la quantité de chloral à injecter pour produire le sommeil hypnotique d'une durée d'au moins trente minutes.

M. Arloing (10) fixe la dose anesthésique de chloral à 15-20 grammes pour l'âne et de 25-50 grammes pour le cheval, suivant la force et la taille. Mais lorsqu'il s'agit d'introduire dans l'économie de nos grands quadrupèdes une aussi grande quantité de chloral du même coup, il faut renoncer à la voie sous-cutanée et recourir à l'injection intra-veineuse, d'autant plus que la science a montré, qu'introduit directement dans les vaisseaux, ce médicament constitue l'anesthésique le plus parfait et le plus commode, mais à la condition que la dose à injecter soit d'avance déterminée expérimentalement pour chaque espèce animale. Notons, en passant, que les sujets âgés ont une résistance moindre que les jeunes et les adultes.

D'un autre côté cette médication n'exige aucune surveillance spéciale.

Voici les précautions à prendre en pareil cas : employer une solution au $^1/_5$, fractionner les doses, afin de produire le sommeil graduellement, faire l'injection avec lenteur et ne renouveler celle-ci que deux fois au plus dans le courant d'une journée. Une quantité de 25 grammes de chloral suffit pour un cheval de taille ordinaire, et peut être injectée en une seule séance, tandis que la méthode hypodermique exigerait un trop grand nombre de piqûres, dont beaucoup donneraient lieu à des accidents locaux et ainsi à de nouvelles sources d'irritation. Quant à l'injection intra-veineuse, en voici le manuel opératoire : après avoir fait gonfler la jugulaire pour rendre le vaisseau plus apparent, on y implante, sans aucune dissection, un trocart ou une canule capillaire. Après s'être assuré que le sang coule, on y adapte une seringue convenable, préalablement remplie de la solution chloralique, puis on pousse doucement celle-ci dans l'intérieur de la veine.

On recommence ainsi jusqu'à épuisement de la solution à injecter. L'opération ne doit pas exiger plus de dix minutes, afin d'éviter les accidents qui peuvent accompagner la présence trop prolongée d'un corps étranger dans nn vaisseau sanguin (phlébite, caillots, etc.) (2). Cette injection amène en peu de temps (une quinzaine de minutes tout au plus), la résolution musculaire, l'affaissement du malade sur sa litière et un sommeil artificiel plus ou moins prolongé (trois heures en moyenne). Comme il est prudent de ne faire qu'une seule injection veineuse dans le courant d'au moins douze heures et que l'action du chloral est prompte à disparaître, on doit maintenir le premier sommeil en continuant de donner le chloral soit par la bouche, soit par le

---

(1) Recherches expérimentales comparatives sur l'action du chloral, du chloroforme et de l'éther, applications pratiques.

(2) Tétanos essentiel. — Injections intraveineuses d'hydrate de chloral. — Perte deux jugulaires. *In Répertoire de méd. dosimétrique*, 1886, p. 451 et suiv.

rectum, environ 25 grammes dissous dans l'eau ; cette dose pourra être répétée, suivant le besoin, deux, trois et même quatre fois dans le courant d'une journée, et chaque fois, après un intervalle de quatre heures. Il faut que le chloral soit donné avec persistance, que ses effets soient prolongés jusqu'à destruction complète de l'élément morbide et de la cause qui provoque les accès tétaniques et les spasmes, faute de quoi la maladie finit vite par user le médicament et alors, reprenant des retours offensifs, elle l'emporte avec ce dernier, en entraînant une mort inévitable. La médication par l'hydrate de chloral n'a réellement de l'avantage qu'à la condition, pour le malade, d'être constamment chloralisé.

A forte dose le chloral serait nuisible, en cas de coexistence d'une maladie du cœur, à cause de son action paralysante ; nuisible également en présence d'une affection grave de l'encéphale, à raison qu'il produit une congestion des capillaires, consécutive à la parésie du système vaso-moteur.

De l'anesthésie par le chloral associé à la morphine. — La production du sommeil anesthésique, en chirurgie vétérinaire, par un procédé à la fois pratique et exempt de danger, a de tous temps suscité les recherches. L'emploi de l'éther ou du chloroforme, en inhalation, n'est pas sans présenter des inconvénients. Le chloral en injection intra-veineuse est un anesthésique très puissant, mais le procédé est peu pratique et parfois dangereux. L'injection sous-cutanée de cet agent doit être prescrite, de même que l'injection trachéale, pour les raisons que nous avons déjà données. Frappés de ces inconvénients, MM. Cadéac et Malet, tous deux répétiteurs à l'École vétérinaire de Toulouse, à la suite de recherches expérimentales comparatives, constatèrent qu'en associant le chloral à la morphine, dans des proportions variables suivant l'âge et la taille des animaux, les effets anesthésiques varient d'intensité, suivant le mode d'administration de ces deux médicaments. Ils ont démontré qu'en combinant l'injection sous-cutanée de morphine avec un lavement de chloral, on obtient une anesthésie rapide, complète et de longue durée, pendant laquelle on peut pratiquer toute espèce d'opération, même la plus laborieuse. Nos confrères résument leur travail (1) par les conclusions suivantes :

« 1° L'action combinée du chloral et de la morphine peut suppléer avantageusement, chez nos animaux domestiques, celle des inhalations d'éther ou de chloroforme ;

« 2° L'injection intra-trachéale de ces médicaments est le procédé d'anes-

---

(1) De l'anesthésie par le chloral seul ou associé à la morphine. *In Revue vétérinaire de Toulouse*, 1884, p. 279, et suiv.

thésie le plus dangereux et ne peut, par conséquent, entrer dans la pratique, malgré la simplicité de son manuel opératoire ;

« 3° Administrés par la bouche , le chloral et la morphine mélangés anesthésient le chien, mais n'insensibilisent le cheval qu'imparfaitement ;

« 4° Donnés sous forme de lavements, ces deux agents mélangés n'anesthésient ni le chien, ni le cheval ;

« 5° Les doses étant les mêmes, les effets sont sensiblement plus accusés orsque la morphine est injectée sous la peau, quelle que soit la voie d'administration du chloral ;

« 6° On obtient une anesthésie parfaite en combinant l'injection sous-cutanée de morphine avec l'administration d'un lavement de chloral ;

« 7° Il est avantageux de laisser un intervalle de quelques minutes entre l'injection sous-cutanée de morphine et le lavement de chloral ;

« 8° L'innocuité des lavements et la facilité de leur administration nous font préférer la voie rectale à toute autre, les animaux déjà sous l'influence de la morphine ne rejetant pas les lavements, comme on pourrait le croire. »

Nous croyons devoir extraire du travail de MM. Cadéac et Malet les deux expériences suivantes :

« A. 2 mars 1884. — Chien de garde, trois ans, poil noir, âgé de trois ans, pesant 19 kilogrammes. Neuf heures vingt-trois du matin, injection hypodermique de 10 centigrammes de chlorhydrate de morphine.

Neuf heures trente, lavement avec une solution de 20 grammes de chloral. On promène un moment l'animal pour l'empêcher de le rejeter. Bientôt il titube. A neuf heures quarante, il tombe comme une masse et dort d'un profond sommeil. La respiration lente (12 fois par minute) est surtout costale. Il se produit une défécation copieuse et incomplète ; le rectum est paralysé.

L'œil est enfoncé dans l'orbite et la face antérieure de la cornée recouverte par le corps clignotant. On peut toucher la conjonctive sans provoquer l'occlusion des paupières. L'incision de la peau n'occasionne aucune douleur ; l'animal continue à dormir paisiblement ; l'insensibilité est complète et les muscles sont flasques comme ceux d'un cadavre ; l'anesthésie est parfaite.

Cet état persiste jusqu'à onze heures un quart, moment où le réveil commence. L'anesthésie a duré près d'une heure et demie. »

« B. — Cheval bai, de race ariégeoise, très vieux, mais énergique.

« Le 12 mars 1884, l'animal n'ayant pas mangé depuis la veille, reçoit une injection hypodermique de 1 gramme de chlorhydrate de morphine, dissous dans 50 centimètres cubes d'eau distillée. L'injection, commencée à deux heures trente, est terminée à deux heures trente-cinq.

A deux heures quarante-trois, on administre un lavement de 120 grammes de chloral en solution dans 800 grammes d'eau. (Le rectum avait été préalablement vidé par la fouille rectale).

« Deux heures quarante-huit. L'animal, déjà faible sur son train postérieur, se couche sur son lit de paille. Bientôt il est tout à fait somnolent.

« A deux heures cinquante-cinq, il dort d'un profond sommeil; le cou est tordu en demi-cercle et la tête, entraînée par son poids, repose par le bout du nez sur la litière. L'attouchement de la cornée ne provoque plus le réflexe palpébral; sa sensibilité est éteinte. Par intervalles, le globe oculaire et les paupières sont le siège de légers mouvements spasmodiques. La respiration est calme, profonde et présente à peu près son rhythme normal (10 mouvements par minute). L'animal est absolument inerte, ses muscles sont flasques, en résolution complète. L'insensibilité est absolue. On peut piquer la peau jusqu'au sang, l'inciser dans n'importe quelle région, sans que le sujet bouge.

« Trois heures quinze, des tremblements se montrent dans quelques muscles de la fesse.

« Quatre heures trente, l'insensibilité persiste, mais la résolution musculaire est moins parfaite; les muscles des membres sont légèrement contracturés, les naseaux et les oreilles sont animés de mouvements spasmodiques.

« Cinq heures quarante-cinq, l'animal est à peu près complètement réveillé, mais il ne peut encore se tenir debout; la peau a récupéré sa sensibilité et vers le soir il est reconduit à l'écurie.

« Ici encore le sommeil a duré environ une heure et demie, et, malgré les fortes doses médicamenteuses employées, la vie de l'animal n'a pas été une minute compromise. »

Nous avons eu l'occasion d'essayer, au mois d'août 1884, la méthode d'anesthésie préconisée par nos confrères de Toulouse, sur une chienne d'arrêt, de race anglaise, âgée de quatre ans, pesant 20 kilogrammes, appartenant à M. le comte de L.... et atteinte d'une fracture complète de la cuisse droite, conséquence d'une chute de voiture.

La production du sommeil anesthésique nous facilitait singulièrement la réduction et puis la contention des parties fracturées. A cet effet et conformément aux indications données par MM. Cadéac et Malet, nous pratiquons, à six heures du soir, une injection sous-cutanée de 10 centigrammes de chlorhydrate de morphine, puis, huit minutes plus tard, nous administrons un petit lavement contenant 20 grammes de chloral. A six heures vingt-trois, l'anesthésie est complète. La chienne est couchée sur une table et laissée complètement libre. Deux aides nous suffisent pour opérer, l'un l'extension et l'autre la contre-extension. Vers sept heures un quart, l'appareil contentif est appliqué on ne peut mieux et nous portons l'animal profondément endormi sur un lit de foin. La respiration est courte et saccadée; les paupières sont closes et les muscles relâchés. A neuf heures du soir, l'état n'a pas changé; la bête reste immobile; on se dirait en présence d'un cadavre. Les battements du cœur sont petits et précipités, les extrémités froides et la respiration courte, apercevable seulement à un œil exercé. La chienne reste complètement insensible à l'introduction d'un corps étranger dans le fond de la gorge et des piqûres d'épingle produisent le même effet que si elles étaient faites sur une jambe de bois. Nous enveloppons le sujet dans une couverture de laine chaude. A dix heures, pas encore de changement. L'inquiétude nous gagne; nous considérons l'animal comme perdu. Il fallait cependant nous décider à faire quelque chose pour essayer de provoquer le réveil, car, d'après un vieil adage, tant qu'il y a de la vie, il y a de l'espoir. Nous injectons sous la peau 1 milligramme d'arséniate de strychnine. Onze heures, l'anesthésie persiste. Nouvelle injection de 0gr.001 du même alcaloïde. Enfin, vers minuit et demi, la pauvre bête paraît se réveiller de cette espèce de sommeil d'outre-tombe; la tête est relevée, le faciès hébété et semble nous interroger sur ce qui se passe. Nous respirâmes. L'anesthésie avait duré plus de six heures. Mais le réveil fut long à s'opérer et tout danger n'avait disparu que le lendemain vers midi. A ce moment seulement notre malade, qui auparavant ne pouvait pas se tenir sur ses jambes, commença à se déplacer. Il existe une fièvre intense et une constipation opiniâtre; absence de tout appétit. Administration d'un opiat contenant 30 grammes de sulfate de magnésie et de granules défervescents; brucine, aconitine et digitaline; quelques lavements émollients. Notre chienne, qui avait coûté 1,500 francs et auquel son maître tenait beaucoup, fut ainsi sauvée. Il va sans dire que celle-ci était sous le coup d'une action toxique, conséquence d'une posologie erronée. Nous étions sur le point d'avoir une funeste, une désagréable et une bien fâcheuse surprise.

La conclusion à tirer de ce fait clinique, c'est que le praticien a tout intérêt à recourir à l'administration de petites doses, répétées jusqu'à effet, d'autant plus qu'il lui est absolument impossible de déterminer d'avance l'impressionnabilité particulière de chaque animal, prévoir les cas de tolérance et d'intolérance, qui sont le résultat de causes nombreuses et variées. En effet l'âge, le sexe, la taille, le tempérament, la constitution, l'idiosyncrasie, le genre de travail, le régime, etc., tout cela vient compliquer l'action physiologique des médicaments, l'atténuer ou l'augmenter, la dissimuler et même la transformer complètement.

Nous considérons les doses indiquées dans leur travail, par MM. Cadéac et

Malet, comme des doses toxiques, par conséquent dangereuses dans beaucoup de cas. (Voir article morphine.)

Nous avons expérimenté depuis sur un chien sain, pesant 15 kilogrammes et nous avons obtenu un sommeil anesthésique complet, d'une durée d'environ une heure, par deux injections sous-cutanées de 2 centigrammes de chlorhydrate de morphine chacune, faites successivement et après un intervalle d'environ six minutes; chaque injection était suivie d'un lavement contenant 5 grammes seulement de chloral.

Il y a quelques mois seulement, nous avons eu l'occasion de nous servir de ce procédé d'anesthésie pour annihiler la résistance de la forte masse musculaire d'un membre postérieur, en vue de nous faciliter la réduction d'une luxation complète de l'articulation coxo-fémorale chez une jument percheronne, mesurant 1^m.60 sous potence. L'anesthésie a été obtenue par trois injections successives de chlorhydrate de morphine, chacune de 20 centigr. et faites après cinq minutes d'intervalle; peu de temps après chaque injection nous avons donné un lavement tenant en dissolution 25 grammes de chloral, soit en tout 60 centigrammes de morphine et 75 grammes de chloral, Le solipède a dormi plus d'une heure et s'est réveillé rapidement et sans malaise.

Cette façon de procéder nous paraît la plus logique, la plus prudente, vu qu'elle évitera au médecin de grosses surprises, des effets imprévus et souvent de sérieux embarras.

Mais la méthode d'anesthésie de nos confrères toulousains nous paraît excellente en elle-même. En associant le chloral avec la morphine, on prévient toujours la période d'excitation qui accompagne l'emploi de ce dernier remède et constitue souvent chez les grands quadrupèdes un danger pire que le mal.

Chloroforme.

Administré par la voie sous-cutanée, même à haute dose, ce médicament ne produit pas la perte de la sensibilité et du mouvement, c'est-à-dire une anesthésie générale; cela provient de ce que le sommeil anesthésique n'est pas la conséquence d'une action spéciale exercée par le chloroforme sur les centres nerveux, mais bien celle d'une anesthésie asphyxique, c'est-à-dire d'une action directe sur le sang des organes respiratoires (Favre).

Effets locaux. — L'injection sous-cutanée de chloroforme très pur, à la dose de 1-3 grammes, ne produit qu'une inflammation locale, qui se dissipe ultérieurement. On peut dire que les accidents locaux sont fort rares quand l'opération est bien exécutée; mais si celle-ci est mal conduite, elle peut en traîner la formation d'un phlegmon plus ou moins énorme, avec abcédation, sphacèle et induration persistant pendant plusieurs semaines.

En médecine humaine, M. Dujardin-Beaumetz a constaté que depuis qu'il emploie plus souvent les injections de chloroforme, les eschares dues à ces injections sont de plus en plus rares et qu'elles ne se produisent que si l'opération a été mal faite.

Indications thérapeutiques. — Les injections sous-cutanées de chloroforme peuvent être utilisées avec succès contre le tétanos, le vertige aigu, les coliques spasmodiques, les névralgies, etc. L'analgésie causée par ces sortes d'injections facilite aussi certaines opérations chirurgicales ; mais il faut que ces opérations soient peu longues, parce que les effets du chloroforme sont plus prompts que ceux de l'éther et ne sont pas suivis d'excitation ; d'un autre côté, par la propriété qu'a ce médicament de resserrer les vaisseaux, il dispose moins que l'éther aux hémorrhagies.

Les injections hypodermiques anesthésiantes peuvent aussi rendre les plus grands services aux praticiens pour résoudre le difficile problème du diagnostic du siège des boiteries. L'expérience nous a appris qu'il ne faut pas souvent se fier aux commémoratifs fournis par les possesseurs d'animaux, leurs employés ou les maréchaux. Il ne faut pas non plus se fier aux signes plus ou moins certains fournis par l'exercice et par un examen attentif des diverses régions du membre boiteux, comparativement à celui du côté opposé. N'est-il pas arrivé à la plupart des praticiens de traiter une boiterie qu'ils supposaient exister dans les régions supérieures, tandis qu'effectivement elle avait son siège dans le pied, et réciproquement? Un bon moyen pour éviter ces difficultés, toujours fâcheuses pour le sujet boiteux et quelquefois préjudiciables pour le vétérinaire traitant, consiste à injecter sous la peau de 1-3 grammes de chloroforme ou d'éther, d'où résulte une analgésie locale, qui fait cesser momentanément la douleur et partant la claudication, si le iège de celle-ci est dans la région où l'injection a été pratiquée. Dans le cas contraire, c'est-à-dire si la boiterie persistait à la suite de cette injection, il faudrait chercher ailleurs son siège et sa cause.

Depuis l'article publié par M. H. Douley (1), M. Bizard, vétérinaire au 2e génie (Alger), a souvent eu recours à l'injection sous-cutanée d'un liquide anesthésiant pour éclaircir les cas douteux et il n'a eu jusqu'ici qu'à se féliciter de l'emploi de ce moyen (2). En dehors des cas où, la boiterie s'atténuant brusquement à la suite de l'injection, il était amené à traiter le pied, voici

---

(1) Injections sous-cutanées comme moyen de diagnostic. *In Recueil de méd. vétér.*, 1880, p. 1171.
(2) Note communiquée.

notamment un cas où il fut appelé à traiter l'épaule par élimination et où les résultats ne laissent rien à désirer. Un cheval, appartenant au gendarme A.... (6ᵉ légion), était depuis quelque temps atteint d'une boiterie à chaud du membre antérieur gauche. Le pied, ainsi que les différentes régions du membre, ne présentant rien d'anormal et susceptible d'expliquer une boiterie aussi intense, notre confrère militaire pratiqua une injection de 1 gramme de chloroforme dans le pli du paturon. N'ayant obtenu aucune atténuation de la boiterie, il conclua à une boiterie de l'épaule. Un séton fut passé dans cette région et laissé pendant vingt et un jours. A partir de son enlèvement (septembre 1880), la boiterie avait disparu et elle ne s'est plus montrée depuis, en sorte que ce solipède, dont on voulait se défaire, a pu reprendre son service et le continuer depuis sans interruption.

De notre côté, nous pourrons citer un exemple des plus curieux. En 1882, nous avons été appelé par un cultivateur pour traiter un poulain, âgé de deux mois et tombé subitement boiteux du membre antérieur gauche. La boiterie était tellement intense que le petit sujet ne marchait qu'à trois jambes. Pour tout signe objectif, nous constatons que la partie postérieure et externe du paturon est le siège d'une tumeur dure, grosse comme un petit œuf de poule ; c'est une périostose dont l'animal était déjà affecté lors de sa naissance, mais qui, d'après le dire du domestique de la ferme, avait subitement augmentée de volume, Ne trouvant aucune autre lésion apparente dans le membre boiteux, nous attribuons la claudication à l'existence de cette production pathologique et, en conséquence, nous nous proposons de recourir à des onctions avec la pommade au biiodure de mercure.

Mais le fermier ne fut pas de cet avis, car il soutint que le siège de la boiterie devait être dans l'épaule. Pour lui être agréable, nous pratiquons sur la région de l'épaule gauche une friction irritante. Huit jours après le poulain boitait encore autant qu'au début. Afin de lui prouver maintenant la fausseté de son jugement, nous injectons dans le pli du paturon, au centre de la tumeur osseuse, un gramme de chloroforme. La boiterie disparut complètement pendant quelques instants, puis reparut aussi intense qu'auparavant. Le siège se trouvait ainsi rigoureusement déterminé. Les frictions fondantes n'ayant amené aucune amélioration, nous appliquons, sur le désir du propriétaire, plusieurs pointes de feu pénétrantes sur la périostose. La cautérisation entraîna bien une diminution de la boiterie ; cependant celle-ci ne disparut point. Mais la névrotomie haute, faite en dehors du boulet, en eut vite raison ; cette opération ne fut suivie d'aucun accident et dans la suite amena même une diminution notable de la périostose.

M. Bizard s'est encore servi des injections anesthésiantes pour démontrer que le siège de l'éparvin sec devait être fixé dans les régions supérieures du membre et non dans le pied (1). Mais de cette façon, on ne fait que disparaître pour un temps très court la sensibilité locale, sans pour cela guérir la défectuosité dont il s'agit, c'est-à-dire l'action de harper.

Cicutine.

Encore appelé conicine et conine, le présent alcaloïde est liquide, incolore, d'un aspect oléagineux, d'une odeur fétide désagréable, d'une saveur âcre, cireuse et pénétrante, soluble dans 90 parties d'eau froide. Le bromhydrate de cicutine est soluble dans 2 parties d'eau froide et 4 parties d'alcool.

Principaux effets physiologiques. — Ceux-ci ont encore été peu étudiés chez nos animaux domestiques. Voici ce que l'on constate chez le chien, à la suite d'une injection de 0^{gr}.05 : tristesse, abattement, nausées et vomissements, exophthalmie accélération d'abord, puis ralentissement du pouls et de la respiration frémissements musculaires, faiblesse dans les membres, analgésie, action paralysante sur les nerfs moteurs, abolition de l'excitabilité réflexe.

A dose toxique (0.50 d'après Tuloup, Rochefontaine et Tyriakan), il y a dyspnée, convulsions, collapsus, abaissement de la température rectale, relâchement des sphincters, enfin mort par asphyxie et arrêt du cœur.

D'après ce qui précède, la cicutine agit surtout sur les mouvements volontaires et la sensibilité générale. La diminution de celle-ci ne survient qu'à un degré avancé de l'empoisonnement, tandis que les troubles locomoteurs apparaissent dès le début. La cicutine est donc à l'exemple du curare, un poison des nerfs moteurs.

L'élimination se fait par la peau et surtout par les urines (Zalewski).

Effets locaux. — Convenablement employée, la cicutine ne produit qu'une inflammation modérée du tissu conjonctif sous-cutané. Le bromhydrate de cicutine surtout est dépourvu d'action locale irritante ; c'est à ce composé que l'on doit toujours donner la préférence pour l'administration interne ou sous-cutanée.

La formule suivante répond fort bien à l'usage de la méthode hypodermique :

Cicutine......... 1 gramme
Alcool à 86°..... 5 —
Eau distilllée.... 95 —

chaque gramme de cette solution contient 1 centigramme de substance active ;

---

(1) Voir *Archives vét.*, mars 1882 et *Bulletin de la Soc. cent. de méd. vét.*, 1882 p. 373.

dose à injecter 1-6 grammes suivant la taille des animaux ; celle-ci peut-être répétée un certain nombre de fois dans la journée.

Emploi thérapeutique. — A titre de calmant de l'appareil cérébro-spinal, la cicutine convient contre la toux spasmodique, la chorée, la nymphomanie et surtout le tétanos spontané ou traumatique. Deux vétérinaires anglais, Mavor et John Dowling. Allmann citent plusieurs remarquables cas de guérison de cette redoutable maladie, contre laquelle la cicutine exerce une action sédative marquée. Voici la solution employée par ce dernier : 0^{gr}.50 de cicutine dans 7 grammes d'alcool dilué, dont il injecte chaque fois de 10-15 gouttes (1).

Antagonisme physiologique. — La cicutine, étant un médicament essentiellement paralysant, surtout du système nerveux central, agit spécialement sur les appareils des mouvements volontaires ; elle convient donc pour combattre les phénomènes tétaniformes lors de l'intoxication strychnique et de n'importe quel poison convulsivant.

Cocaïne.

Le chlorhydrate de cocaïne, étant soluble en toute proportion dans l'eau, est le composé le plus employé en médecine. C'est un anesthésique local et un convulsivant général.

Il suffit, d'instiller quelques gouttes d'une solution de chlorhydrate de cocaïne, à 5 pour 100, dans l'œil d'un animal ou en appliquer une petite quantité à l'aide d'un pinceau sur la face interne des paupières pour provoquer presque immédiatement l'anesthésie de la cornée et de la conjonctive, d'une durée de 10-15 minutes. L'action est rapide elle se manifeste au bout de quelques minutes, mais elle est vite effacée. En conséquence, les badigeonnages des diverses parties de l'œil avec une solution de cocaïne à 3-5 pour 100, outre qu'ils concourent à calmer les douleurs inhérentes à certaines conjonctivites et autres hyperesthésies de l'œil, facilitent d'abord l'exploration de cet organe si sensible, ensuite la plupart des opérations susceptibles d'être pratiquées sur les yeux : extraction de corps étrangers cachés sous les paupières ou entrés dans la cornée, cautérisation des ulcères, opération de la cataracte, etc., etc... Il faut remarquer que le chlorhydrate de cocaïne présente, en outre, tous les avantages de la belladone, sans en offrir les inconvénients. Ainsi, il dilate suffisamment la pupille pour permettre un bon examen ophthalmoscopique du fond de l'œil.

---

(1) *Veterinarian*, 1877

L'injection sous-cutanée d'une petite quantité (1-3 grammes suivant la taille des sujets) de solution de chlorhydrate de cocaïne à 10-20 pour 100, produit une anesthésie locale, laquelle peut trouver d'utiles applications en chirurgie vétérinaire, notamment pour faciliter l'extirpation de fibromes, de polypes et autres tumeurs, pour faire la suture de plaies graves, etc... Nous conseillons de pratiquer plusieurs injections (de 2-3) tout autour de la région à opérer, afin de produire une zone d'insensibilité locale plus étendue, plus marquée et plus durable. On doit commencer l'opération 5-8 minutes après que les injections ont été faites. Les suites locales de celle-ci sont insignifiantes et il ne se manisfeste pas de phénomènes généraux. M. Granet, professeur à la Faculté de médecine de Montpellier a constaté qu'il suffit d'introduire dans le tissu conjonctif sous-cutané 0^{gr}.01 de chlorhydrate de cocaïne pour déterminer une anesthésie locale, d'une durée de 1/4 d'heure environ. L'insensibilité ainsi produite paraît due à l'action coagulante exercée par la cocaïne sur le protoplasma des éléments nerveux terminaux et fibrillaires (Kaufmann).

L'injection sous-cutanée de solution de cocaïne peut-être utilement employée par le praticien pour éclairer le diagnostic du siège de certaines boiteries (Voir chloroforme).

Les badigeonnages répétés avec une solution de cocaïne ou de pommade cocaïnée (5/100) à la surface de blessures compliquées ou étendues ou bien de brûlures graves calment et font même cesser la souffrance consécutive à à ces sortes d'accidents ; il en est de même d'injections médicamenteuses faites dans des trajets fistuleux, dans l'urèthre, dans les cavités nasales, dans l'oreille, dans les voies génitales où leur emploi est indiqué pour faciliter les accouchements laborieux ou dystociques (10 — 20 p. 100).

A haute dose, la cocaïne produits des effets généraux et une sorte d'ivresse appelé cocaïsme. Il n'y a plus alors d'action anesthésiante locale, ni même générale ainsi qu'on avait pu le supposer, mais, ainsi que l'a nettement démontré M. Arloing, une action convulsivante plus ou moins prononcée, semblable à celle de la strychnine. Il suffit d'injecter une dose toxique de cocaïne sous la peau du lapin (0.03 — 0.05) ou du chien (0.10), ces animaux tombent vite sur le sol et sont en proie à des convulsions toniques et cloniques, il y a une salivation abondante, puis la mort arrive par asphyxie (1).

L'emploi de la cocaïne n'a qu'un seul défaut, c'est de coûter fort cher.

---

(1) Voir *Compendium de médecine dosimétrique* ou matière médicale chimique, pharmaceutique, pharmacodynamique et clinique, par le Dr Van Renterghem. Paris. 1886, p. 297 et suiv.

Codéine (Narcotique).

Alcaloïde fourni par l'opium, soluble dans 60 parties d'eau, très soluble dans l'alcool.

Les effets physiologiques de la codéine sont semblables à ceux de la morphine, dont elle diffère par son activité au moins 5 fois moindre. La codéine ne produit pas comme la morphine de congestion encéphalique, de période d'excitation ; la douleur cesse avec son administration ; les fonctions de la respiration et de circulation ne sont pas sensiblement modifiées ; la digestion n'est pas suspendue et il n'y a ni constipation, ni diarrhée.

5-6 centigrammes de codéine sont généralement suffisants pour endormir un chien de taille moyenne ; mais le sommeil n'est pas aussi profond qu'avec l'emploi de la morphine ; l'animal peut-être aisément réveillé, soit en lui pinçant les extrémités, soit en faisant du bruit autour de lui. Notons, en passant, que l'emploi sous-cutané de la codéine n'entraine pas, au réveil du sujet, ces troubles intellectuels qu'on observe toujours après le sommeil morphinique ; ainsi il n'y a pas de torpeur, de faciès effaré, de paralysie du train postérieur, le chien se réveille avec son humeur naturelle.

M. Rabuteau, contrairement à l'opinion émise par M. Bouchut, la considère comme très peu soporifique et analgésique.

La dose toxique de codéine pour le chien varie de 10 à 15 centigrammes. Les effets locaux sont nuls.

Nous conseillons pour l'usage sous-cutané la solution suivante :

Chlorhydrate de codéine............ 1 gramme.
HO distillée .... 100 —

Dose pour chaque injection : 1-2 grammes pour les petits animaux, 5-10 grammes pour les moyens et 10-20 grammes pour les grands.

Usage thérapeutique. — La codéine peut remplacer avantageusement chez les petits animaux, la morphine, dans toutes les affections où celle-ci est recommandée (1).

Colchicine.

La colchicine se dissout lentement, mais en toutes proportions dans l'eau ; facilement soluble aussi dans l'alcool. A doses modérées, elle exerce une action évacuante sur la muqueuse de l'estomac et de l'intestin grêle, ainsi qu'une diarèse abondante. L'absorption de cet alcaloïde se fait lentement ; ses effets ne se montrent qu'au bout d'une heure environ. Les carnivores

---

(1) Claude Bernard : *Leçons sur les anesthésiques*, 1875, p. 184.

sont bien plus sensibles au poison que les omnivores et les herbivores ; 5 milligrammes injectés sous la peau d'un chat le tuent rapidement ; 3 centigrammes empoisonnent mortellement le chien le plus robuste (2).

M. Kaufmann indique les doses suivante pour la voie sous-cutanée :

Cheval et bœuf...... 0.02 — 0.06.
Chien.............. 0.0005 — 0.001.

On devra employer des solutions aqueuses et surtout glycérinées au 1/100 et surtout au 1/200, en vue d'atténuer ses propriétés irritantes locales.

La colchicine est indiquée contre toutes les espèces d'hydropisies, le rhumatisme articulaire, etc., maladies dans lesquelles la diurèse peut avoir un effet curatif.

Croton (HUILE DE)

L'huile de croton, dont le principe actif paraît être l'huile crotonique, est insoluble dans l'eau, soluble dans l'alcool et les huiles. Deux gouttes correspondent en poids à environ 5 centigrammes.

Effets topiques. — L'injection de quelques gouttes d'huile de croton sous la peau des animaux, provoque une inflammation considérable, avec fièvre de réaction et inappétence ; cette inflammation entraîne toujours une gangrène locale. Aussi, dans le but d'atténuer autant que possible les propriétés irritantes de cette substance, ne doit-on employer qu'une solution peu concentrée, tout au plus 10 — 15 centigrammes, dissous dans 3 grammes de glycérine, avec addition d'une quantité équivalente d'eau.

Bien que l'huile de croton puisse être considérée comme la substance pharmaceutique qui, sous le plus petit volume, possède les propriétés les plus prononcées, elle a une action très incertaine quand elle est administrée par la voie sous-cutanée ; cela vient probablement de ce que les effets irritants locaux font perdre à l'absorption une bonne partie du médicament, d'où diminution et même suppression de l'action médicamenteuse. Ainsi une injection de 1 gramme d'huile de croton à un cheval ne détermina aucun effet purgatif, mais un engorgement local séraneux suivi d'abcédation.

Par la méthode trachéale ou par l'injection intra-veineuse, la dose toxique est d'environ 25 centigrammes, en solution dans un peu d'eau-de-vie ; il y a alors superpurgation et une entérite rapidement mortelle.

Usages thérapeutiques. — Comme purgatif et révulsif intestinal, l'huile de croton se trouve indiquée contre le vertige, l'immobilité, le tétanos, les para-

---

(2) Nothnagel und Rosbach, Arzneimittellehre. 1887.

lysies, la fourbure aiguë, l'embarras intestinal, les pelotes stercorales, les vers intestinaux, etc... M. Cagny (1) cite l'observation d'une jument affectée de fourbures très intenses, due à l'alimentation par le blé, chez laquelle une saignée de 6-7 litres, l'application sur les pieds déferrés de cataplasmes astringents et de frictions sinapisées sur les reins à titre de révulsif, ne produisirent aucune amélioration rapide. Considérant la bête comme perdue, il eut recours à une médication plus énergique, car aux grands maux il faut appliquer les grands remèdes, Après avoir d'abord pratiqué dans le flanc gauche une injection sous-cutanée de 30 centigrammes de morphine, il fit en arrière de l'épaule droite une deuxième injection avec 0^{gr}50 d'huile de croton, délayée dans une petite quantité d'huile d'olive. Le résultat de ce traitement fut une amélioration notable dès le lendemain et une guérison rapide. Mais l'injection de l'huile de croton entraîna, dans le cas actuel, la formation d'un vaste abcès, avec élimination d'une portion du tissu cellulaire sous-cutané et une boiterie de l'épaule droite persistant trois semaines durant.

M. Bizard (2) se sert des injections d'huile de croton, dans le cas de maladie de poitrine et de fourbure très aiguë, affections où il s'agit toujours de produire une révulsion énergique et rapide. Il emploie un mélange d'huile d'olive et d'huile de croton, cette dernière à dose variable, de 10 à 30 gouttes, c'est-à-dire de 25 à 75 centigrammes dans 10 grammes d'huile d'olive, cela dépend de l'âge, de la taille et du tempérament de l'animal, Il a soin de toujours pratiquer ces injections au milieu de poitrail, parce que, en raison de la facilité de réparation des plaies de cette région, les chutes de peau partielles, qui se produisent fréquemment, ne laissent que fort peu de traces.

M. Cagny, a essayé de faire disparaître les tumeurs cutanées, susceptibles de ne point être combattues par voie de ligature, à l'aide d'injections de croton-tiglium, étendue dans une petite quantité d'huile, aites dans la trame même des productions morbides. Mais ce genre de traitement ne paraît pas lui avoir donné de bien grands succès. Mais peut être le procédé n'a-t il pas été assez essayé et appliqué convenablement.

Cuivre (SULFATE DE).

Soluble dans quatre parties d'eau froide, insoluble dans l'alcool.

Emploi thérapeutique. — Le sulfate de cuivre peut être employé à titre de vomitif chez le chat (0.005 — 0.01), le chien (1-5 centigrammes) et le

---

(1) Traitement de la fourbure aiguë par les injections sous-cutanées. *In Recueil de méd. vét.*, 1882, p. 839.

(2) Note communiquée.

porc (5-15 centigrammes). Mais on le remplace avantageusement aujourd'hui par l'apomorphine, qui n'en présente pas les inconvénients, ni les dangers.

Localement on peut se servir d'une solution plus ou moins concentrée de sulfate de cuivre pour provoquer la formation d'un abcès dérivatif (1 : 10).

Curare — (Curarine).

Le curare est le suc concentré fourni par le *cocculus toxiferus*, plante de l'Amérique du Sud ; c'est une matière brunâtre, d'aspect résineux, soluble dans l'eau et dans l'alcool, surtout dans l'alcool étendu d'eau. De temps immémorial ce produit vénéneux sert aux naturels de l'Amérique méridionale à empoisonner la pointe de leurs flèches ; il nous arrive dans de petits vases en argile ou dans les coques de certains fruits.

L'alcaloïde de curare, appelé *curarine*, se présente sous forme de cristaux très hygrométriques, d'une couleur jaune, d'une saveur persistante, solubles dans l'eau et dans l'alcool en toute proportion. La curarine est vingt fois plus active que le curare ; ainsi il suffit de 0.005 de curarine pour tuer un lapin, tandis que pour obtenir le même résultat il faut 0.10 de curare.

L'action générale de ces agents se porte sur les nerfs moteurs ; ils paralysent le système musculaire.

L'élimination se fait par les reins.

Les contre-poisons consistent dans la respiration artificielle et des injections sous-cutanées de sels de strychnine.

La voie hypodermique constitue le meilleur procédé d'administration du curare et de curarine.

Effets locaux. — Les solutions de curare ou de curarine entraînent presque toujours des abcès, quand elles ne sont pas préalablement filtrées ; dans le cas contraire, on observe presque toujours des nodosités douloureuses et longtemps persistantes. Les accidents locaux sont plus rares, légers et même nuls quand on a soin de se servir d'une solution récente et filtrée préalablement.

	(I)		(II)	
Curare ou curarine.....	1 gramme.....		1 gramme.	
HO distillée...........	100	—	 200	—

Chaque gramme de ces solutions contient, de l'une 1 centigramme de substance active et de l'autre 5 milligrammes. On emploi le curare au $^1/_{100}$ et la curarine au $^2/_{100}$.

Emploi thérapeutique. — Tétanos, épilepsie, chorée, hydrophobie empoisonnement par les sels de strychnine.

Le curare, introduit dans la thérapeutique du tétanos, par Verga, s'est montré inefficace entre les mains de Lafosse, de Toulouse. Il a été également essayé par Peters (1) contre cette redoutable maladie ; ce praticien constata seulement une diminution dans l'intensité des attaques tétaniques, mais pas de guérison.

Le docteur Offenburg conseille l'emploi du curare contre la rage et cela en injections sous-cutanées ; il se sert d'une solution de 10 centigrammes de curare, qu'il administre avec la seringue de Pravaz, dans l'espace de 4 — 5 heures, c'est-à-dire toutes les demi-heures une injection d'environ 1 centigramme. En cas de nouvel accès, faire d'emblée une injection de 2 — 3 centigrammes de curare.

Cyanure de potassium.

L'injection de cyanure de potassium, en solution aqueuse au $^1/_{100}$, est douloureuse et provoque une inflammation locale. Il faut employer des solutions au $^1/_{200}$.

Dose hypodermique : $0^{gr}.02 — 0^{gr}.05$ pour les grands sujets et $0^{gr}.001 — 0^{gr}.005$ pour les petits (selon la taille).

Quelques bons résultats ayant été obtenus par l'emploi de ce médicament, donné à l'intérieur, contre le tétanos, il y aurait lieu de l'essayer hypodermiquement contre cette affection.

Nous nous servons souvent de l'injection sous-cutanée de prussiate de potasse pour faire périr les petits animaux dont on veut se défaire, ceux qui sont incurables ou suspects d'avoir été mordus par un chien enragé. Sous l'influence d'une dose de 5 centigrammes, on voit la respiration s'accélérer presque subitement et devenir difficile, puis il y a des convulsions, des accès tétaniques, chute sur le sol, paralysie générale et mort au bout d'un quart d'heure.

D

Digitaline.

On rencontre dans le commerce plusieurs espèces de digitaline :

1° Digitaline de Nativelle ou digitaline cristallisée en aiguilles prismatiques, très blanches, très légères à peine solubles dans l'eau, très solubles dans l'alcool ;

2° La digitaline de Homolle et Quévenne ou digitaline amorphe, ayant

---

(1) Thierarzt, 1873.

l'aspect d'une poudre d'un blanc-jaunâtre, d'une amertume excessive, peu soluble dans l'eau, mais elle se dissout bien dans l'alcool. Elle est dix fois moins active que la précédente. C'est la plus usitée en médecine, en raison de son prix modéré et de la sûreté de ses effets ;

3° La digitaline de Kosmann ou allemande, la moins active de toutes.

Effets locaux. — L'injection d'une solution de digitaline est douloureuse et à l'endroit de l'injection il se déclare généralement un phlegmon plus ou moins volumineux, lequel s'abcède souvent et fournit un pus de bonne nature. D'autrefois il se produit un noyau induré qui persiste pendant des semaines et même plusieurs mois. D'après M. Kaufmann (1), ces phénomènes d'inflammation locale sont plus intenses chez l'âne que chez le cheval ; ils existent également chez les animaux de l'espèce bovine. Chez le chien ce phlegmon donne sûrement lieu à un abcès ; chez un assez grand nombre de sujets, l'injection d'une solution au $^1/_{1000}$ ne produit aucune irritation locale notable. Chez le mouton, l'injection sous-cutanée, même avec une solution très faible, entraîne une gangrène locale, accompagnée d'une inflammation considérable du tissu conjonctif sous-dermique. Mais les accidents locaux, que développe chez la plupart des animaux l'injection hypodermique de digitaline, provoquent généralement aussi une fièvre, caractérisée par l'augmentation du nombre des battements de cœur, une légère accélération de la respiration, l'élévation de la température, une diminution ou la perte de l'appétit. M. Kaufmann a constaté que cette réaction fébrile est surtout intense chez l'âne. Et tous ces phénomènes inflammatoires concourrent pour une large part à retarder l'absorption de la digitaline et même à contrebalancer ses effets physiologiques.

Bien que le professeur Gubler et quelques autres thérapeutistes affirment qu'avec certaines précautions et une solution convenable ($^1/_{500}$), on peut éviter l'action locale irritante, nous avons constaté que les injections de digitaline faites avec des solutions diverses, au $^1/_{100}$, au $^1/_{500}$ et même au $^1/_{1000}$, provoquent chez la plupart des animaux une inflammation locale très vive, avec réaction fébrile plus ou moins prononcée. Nous pensons donc que la méthode sous-cutanée ne convient pas chez nos animaux pour faire pénétrer la digitaline dans le torrent circulatoire. Il ne faut y recourir que si les voies digestives sont altérées et ayant soin de ne se servir que de solutions très diluées (au $^1/_{1000}$ ou au $^1/_{2000}$. On augmente la solubilité de la digitaline amorphe dans l'eau, en ajoutant à la dissolution un peu d'alcool. On ne doit se servir que de solutions récentes, les solutions vieillies s'altérant très vite.

---

(1) Étude sur les différentes voies d'absorption de la digitaline. *In Journ. de méd. vét. et de zootechnie,* publié à l'École vétérinaire de Lyon, 1881, p. 235.

Rappelons encore ici les expériences faites par le professeur Dammann, d'Eldena, en Prusse, avec la digitaline administrée sous-cutanément. Ces essais ont porté sur 11 chevaux, dont les uns étaient sains et les autres malades. Pour les 7 premiers il employa une solution composée de 15 centigrammes de digitaline dans 20 grammes d'eau distillée et pour les 4 autres $0^{gr}.25$ du même alcaloïde, dissous dans un mélange de 6 grammes d'alcool et 14 grammes d'eau. La dose de digitaline injectée en une seule fois fut de $0^{gr}.015$ chez 2 sujets, de $0^{gr}.02$ chez 6 autres, enfin de $0^{gr}.025$, de $0^{gr}.03$ et de $0^{gr}.035$ chez les 3 derniers. Toutes ces injections restèrent sans effet notable sur le pouls et la température. Le docteur Dammann attribue la cause de l'inactivité de la digitaline, par la voie sous-cutanée, aux désordres locaux qu'occasionnent toujours ces sortes d'injections (1).

M. Kaufmann méconseille aussi les injections intra-trachéales d'une solution de digitaline, car elles provoquent la toux, une agitation plus ou moins violente et une congestion de quelques parties du poumon.

En somme, la meilleure voie d'absorption pour la digitaline est sans contredit la muqueuse digestive.

Usages thérapeutiques. — La digitaline, étant le sédatif par excellence du cœur et de la circulation, est indiquée pour régulariser les contractions cardiaques, quand celles-ci sont troublées (palpitations nerveuses). Comme *antifébrile* on l'emploie dans toutes les maladies aiguës.

En ralentissant le pouls, en resserrant les petits vaisseaux et en abaissant le calorique morbide, la digitaline combat les phénomènes de la fièvre.

Comme *diurétique*, elle convient contre les diverses hydropisies : hydropéricardite, ouasarque, ascite, hydrothorax.

Enfin, en raison de son action vaso-constructive, on peut l'utiliser dans le traitement de certaines hémorragies, hémoptysies, métrorragies, etc...

<h1 style="text-align:center">E</h1>

Eau distillée et eau ordinaire.

L'eau est le véhicule le plus communément employé pour les solutions hypodermiques ; mais à l'eau ordinaire on doit toujours préférer, autant que que possible, l'eau distillée, qui est exempte de matières organiques et de principes salins. Notons que l'eau distillée est plus irritante pour les tissus

---

(1) Jahresbericlst der thicrarztncischule in Hannover, 1876-1877, angezeigt in œster. Vierteljalor. für veterinärkunde, Bd. 50.

que l'eau ordinaire ; cependant dans les deux cas, l'hypérémie locale produite par l'injection de l'eau est tellement fugace, que les accidents locaux passent inaperçus.

En médecine humaine on s'est servi avec succès des injections sous-cutanées d'eau froide pour calmer la douleur lors de rhumatisme aigu ; les injections se font au voisinage des articulations malades et ont pour conséquence immédiate de faire disparaître, avec les souffrances si vives dans cette maladie, l'impotence locomotrice.

L'eau, à la température ordinaire, a été injectée sous-cutanément contre le rhumatisme musculaire, les sciatiques, les névralgies récentes. Ces injections ne donnent jamais lieu à des effets locaux.

Mais on conviendra que l'injection d'eau constitue un minimum de révulsion parenchymateuse, un moyen bien inférieur à l'alcool, à l'eau salée, à l'essence de térébenthine, etc. ; du reste, ses effets se dissipent fort rapidement. La cessation de la douleur paraît être le résultat de la compression par le liquide injecté des cellules nerveuses terminales.

L'administration sous-cutanée d'eau glacée contribue à faire baisser toute surélévation du calorique animal ; ce moyen peut être utilisé lors d'hyperthermie persistante. On peut en injecter d'un seul coup jusqu'à 50 grammes et plus encore aux grands quadrupèdes, sans aucun inconvénient, en ayant soin de multiplier les injections sur différents points du corps.

Emétine (Vomitif).

Le sulfate d'émétine est très soluble dans l'eau.

Effets physiologiques. — A petite dose, on constate chez les carnivores les signes suivants : salivation, nausées, vomissements et légère diarrhée. A dose toxique : vomissements répétés, collapsus et mort. La dose toxique pour le chien est de 10 à 30 centigrammes, suivant la taille ; 2 centigrammes sont suffisants pour tuer le chat.

Pendant les nausées et les vomissements, on constate d'abord une accélération, puis du ralentissement des mouvements respiratoires et des battements cardiaques, ainsi qu'un certain abaissement de la température.

Nous ferons remarquer avec M. Kaufmann que le meilleur procédé d'administration de l'émétine est l'ingestion, vu que le vomissement se produit ainsi plus vite et à moindre dose que par l'injection sous-cutanée, trachéale ou intra-veineuse. Tandis qu'avec une petite dose d'émétine prise par la bouche, le vomissement se produit au bout de 3 — 5 minutes déjà, celui-ci n'apparaît qu'après 10 — 15 minutes par les autres modes de médicamentation. Cela tient à ce que l'ingestion fait arriver l'émétine directement dans l'estomac, dont elle irrite la muqueuse ; cette irritation est de suite transmise au bulbe par les nerfs pneumogastriques, et, de là, réfléchie par la moelle et les nerfs moteurs jusqu'à la tunique musculaire de l'estomac et aux muscles du vomissement. Par la voie hypodermique, par exemple, le vomissement a lieu aussi par l'effet d'une excitation exerce sur la muqueusestomacale ; mais celle-ci est indirecte et se manifeste seulement au moment de l'élimination du médicament par cette voie.

Doses vomitives. — 10 — 15 centigrammes chez le porc, 1 — 5 centigr. chez le chien, enfin de 1 — 3 milligrammes chez le chat (sous-cutanément). Par ingestion : $0^{gr}.10 — 0^{gr}.15$ chez le porc et $0^{gr}.02 — 0^{gr}.05$ chez le chien.

Effets locaux. — Légère inflammation locale, à laquelle succède souvent un noyau induré, do   la disparition se fait lentement.

On emploiera la solution suivante :

Émétine pure..........	$0^{gr}.20$
Acide sulfurique........	1 — 2 gouttes.
HO di illéc....	20 grammes.

Il est indispensable d'aciduler cette solution pour dissoudre l'émétine, sans quoi elle produirait des abcès.

Indications. — L'émétine est indiquée chez tous les carnivores, lors d'embarras gastrique, d'empoisonnement, dans la maladie des jeunes chiens, contre l'état catarrhal des bronches, etc...

Ergotine. — Extrait d'ergot.

Synonymie : *Ergotinum.* — *Ergotin.*

On désigne actuellement sous le nom d'ergotine diverses préparations pharmaceutiques d'une composition très variable, parce qu'elles renferment en plus ou moins grande proportion les principes solubles et actifs de l'ergot. Il résulte, en effet, des belles et récentes recherches du Dr R. Kobert (1), qui a publié sur le *secale coruntum* le travail le plus complet au point de vue historique, chimique, pharmacologique, toxicologique et thérapeutique, que cette substance a une composition très complexe et qu'elle contient plusieurs alcaloïdes ayant une action physiologique très différente. Ce savant a su isoler du seigle ergoté trois principes actifs qui sont :

1). *L'acide ergotinique* ou sel érotinique (Voir ce mot).

---

(1) Ueber die Bestaudthaile und Wirkungen des Mutterkorns, von Dr R. Kobert. *In Archiw f. exp. Path. und Pharmacologie,* Bd. XVIII, Heft, v. und VI, S. 316-380.

2). L'*acide sphacélinique*, produit résineux, insoluble dans l'eau et les acides dilués, mais soluble dans l'alcool ; il augmente la pression intravasculaire et produit à lui seul les accidents d'ergotisme gangréneux, observés parfois chez l'homme et les animaux ayant consommé de l'ergot particulièrement riche en acide sphacélinique.

3). La *cornutine* ou echoline, soluble dans l'alcool ; elle élève la tension artérielle et provoque les convulsions. Très toxique.

Les ergotines fournies par le commerce comprennent :

1° L'*ergotine extractive*, formée d'un mélange de tous les alcaloïdes contenus dans l'ergot ; c'est une pâte molle, d'un brun rouge, soluble dans l'eau ; c'est cette ergotine qui entre dans la composition des granules Chanteaud ;

2° L'*ergotine de Bonjean*, dénommée ainsi à tort, car ce n'est qu'un extrait aqueux d'ergot de seigle ;

3° L'*ergotine d'Yvon*, ou extrait hydro-alcoolique d'ergot, liqueur d'une couleur ambrée, d'une odeur agréable de viande rôtie, d'une saveur un peu piquante et amère, d'une conservation facile, soluble seulement dans l'alcool. Cette ergotine représente un poids égal de l'ergot et on peut même la concentrer de façon à ce que 1 gramme représente au moins 2 grammes de seigle ergoté (1) ;

4° L'*ergotine de Wiggers*, ou extrait alcoolique ;

5° L'*ergotine cristallisée de Touret*, soluble dans l'alcool, d'une altération facile sous l'influence de l'air ; ses solutions se colorent d'abord en rose, puis en rouge ; c'est un produit très actif.

En raison de l'inconstance de composition des diverses ergotines du commerce, nous croyons qu'il y a avantage à se servir, pour l'injection souscutanée, de la teinture alcoolique qui, préparée dans de bonnes conditions de pureté et d'exactitude, renferme tous les principes utiles de l'ergot naturel. La liqueur alcoolique dont nous nous servons est au $1/5$; on l'obtient en faisant macérer, pendant une dizaine de jours, 20 grammes de poudre d'ergot de seigle dans 100 grammes d'alcool à 60 degrés environ, puis en filtrant le liquide.

Effets physiologiques. — Nous avons essayé expérimentalement l'ergotine de Bonjean ; mais malgré l'injection de fortes doses, nous n'avons jamais rien pu constater de particulier. M. Kaufmann a fait la même remarque.

---

(1) Sur un extrait de seigle ergoté pour injections hypodermiques. *In Archives*, publiées à l'École d'Alfort, 1877, p. 761.

L'ergotine d'Yvon se prête bien aux injections sous-cutanées. M. Nocard a fait avec cet agent quelques expériences sur des chiennes, soit vides, soit prêtes à mettre bas, soit enfin chez lesquelles la parturition était retardée ; la dose injectée fut de 1 gramme environ par 10 kilogrammes de poids vivant. Les effets constatés furent : coliques, hurlements, plaintes, vomissements répétés, efforts expulsifs, contractions de l'appareil utérin, annoncées par l'introduction dans le col de l'utérus, du doigt indicateur, lequel est violemment enserré comme dans un étau ; enfin expulsion du fœtus.

Voici maintenant les résultats de deux expériences faites par M. Kaufmann (1) avec l'ergotinine de Tanret :

Un cochon d'Inde reçoit à huit heures quarante du matin une injection hypodermique de $0^{gr}.001$ de ce produit dissous dans $^1/_2$ centimètre cube d'alcool. Rien d'anormal jusqu'à douze heures. A midi l'animal est sous l'influence d'une vive excitation ; il court dans toutes les directions en poussant de légers cris. A trois heures on le trouve mort. A l'autopsie, on ne trouve aucune lésion du côté de l'estomac, de l'intestin et des reins. La vessie est resserrée et vide. Le poumon offre quelques ecchymoses sous-pleurales. Le cœur est à peu près vide dans les ventricules qui sont durs ; mais il est gorgé d'un sang noir et coagulé dans les oreillettes ; les méninges cérébrales sont un peu hypérémiés. Avant l'injection, le pouls était à 190° et la respiration à 50° ; une heure après l'injection on comptait 196 pulsations et 72 mouvements respiratoires.

A une chienne, pesant environ 10 kilos, on fait à 3 h. 15 une injection sous-dermique de $0^{gr}.004$ d'ergotine de Thouret. Avant l'opération, le pouls est à 106 degrés, la respiration à 18 degrés et la température à 38°.6. Après dix minutes, inquiétude et agitation. A 3 h. 40 pouls à 70 degrés, respiration à 28 degrés, température à 38°.8. A 5 heures pouls à 95 degrés, respiration à 34 degrés, température à 38°.8. On n'a pas pu exactement compter le nombre de mouvements respiratoires à cause des fréquents déplacements de l'animal. Le nez est sec, les muqueuses sont pâles, les pupilles immobiles et dilatées ; la sensibilité est très émoussée. Il est presque impossible d'obtenir une goutte de sang. en piquant l'oreille avec un scalpel. L'ergotine de Tanret constitue donc un produit plus fixe, plus sûr et plus actif que toutes les autres ergotines ; elle n'a qu'un inconvénient, c'est d'être d'un prix élevé.

Avec la *teinture alcoolique d'ergot de seigle*, administrée à dose médicinale, nous n'avons jamais observé aucun phénomène anormal, si ce n'est tous les effets physiologiques et thérapeutiques attribués à l'ergot lui-même, savoir : vomissements chez les carnivores, tristesse, inquiétude, ralentissement du

---

(1) Note communiquée.

pouls, dilatation des pupilles, léger abaissement de la température ; resserrement des artères de la peau, de la vessie, des enveloppes de la portion
postérieure de la moelle, des parois de l'intestin et des muscles, déconges-
tion de ces mêmes parties, excrétion plus fréquente d'urine, contractions des
fibres musculaires du bas-ventre : vessie, rectum, utérus, surtout quand
celui-ci contient un fœtus.

Mais si la dose d'une préparation d'ergot de seigle est trop élevée ou si la
médication ergotée, même à faibles doses, est continuée pendant un certain
temps, on observe les signes suivants, qui caractérisent l'empoisonnement
connu sous le nom d'*ergotisme* : dégoût, perte de l'appétit, assoupissement,
diarrhée, tremblements musculaires, mouvements convulsifs, soit épilepti-
formes, soit tétaniques, anesthésie cutanée, vertiges, station incertaine, démarche vacillante, douleurs locales, tuméfaction de certaines jointures articulaires, abaissement de la température, paralysie du train postérieur, engorgement froid des membres, enfin gangrène sèche des extrémités du corps,
telles que oreilles, queue, langue, parties terminales des membres.

Quelques observateurs, entre autres Trousseau et Boissarie, attribuent à
l'ergotine la propriété de s'accumuler dans l'économie et de produire ainsi,
à la suite de faibles doses trop longtemps continuées, la gangrène d'emblée.

Effets locaux, et doses. — Injectées sous-cutanément, les préparations
d'ergot de seigle donnent lieu à des phénomènes inflammatoires plus ou moins
marqués.

L'extrait de seigle ergoté, en dissolution dans l'eau, donne généralement
lieu à des indurations inflammatoires et parfois à des abcès gangréneux.
M. Nothnagel recommande d'employer une solution bien filtrée, à la dose de
0^{gr}.30 — 0^{gr}.80 d'extrait pour la truie et de 0^{gr}.10 — 0^{gr}.25 pour la chienne,
pour aider la parturition. Ce praticien donne en outre le conseil, en vue
d'empêcher une rapide altération de la solution et la formation de points
gangréneux à l'endroit de l'injection, d'ajouter chaque fois deux gouttes
d'acide phénique pour 15 grammes de solution. Nous recommandons la solution suivante : extrait de seigle ergoté 2^{gr}.50, glycérine et eau distillée, *ana*
7^{gr}.50. La solution alcoolique est toujours irritante, tandis que la solution
aqueuse se décompose rapidement.

Avec l'ergotine d'Yvon, on constate au lieu d'injection une petite tumeur
molle, chaude, sensible, disparaissant en quelques jours ; jamais trace d'eschare. M. Dujardin-Beaumetz, qui a fait dans son service à l'hôpital Saint-
Antoine, de nombreuses injections d'ergotine Yvon de 1 — 3 grammes, n'a
jamais observé d'irritation locale prononcée et toujours les effets thérapeutiques du seigle ergoté. Posologie : pour les grands quadrupèdes 10 — 15 gr.,
pour les moyens animaux 4 grammes et pour les petits animaux 1 — 2 gr.

en solution dans plusieurs fois son volume d'eau. Ces doses peuvent être répétées jusqu'à obtention de l'effet désiré.

L'ergotine de Bonjean se donne aux doses suivantes :

Grands animaux......　　3 — 6 grammes.

Mouton et porc ......　　0^{gr}.30 — 0^{gr}.80

Chien ....　　0^{gr}.10 — 0^{gr}.30

Cette ergotine forme avec l'eau une dissolution d'un beau rouge, limpide et et transparente.

Avec l'ergotinine de Tanret, dissoute dans l'alcool tiède, il se produit une inflammation locale assez vive. Doses : pour les grands animaux 0^{gr}.01 — 0^{gr}.03, pour les moyens 0^{gr}.005 et pour les petits 1 — 2 milligrammes.

L'injection de teinture d'ergot de seigle est quelque peu douloureuse et ne donne lieu qu'à une irritation locale modérée, souvent à une nodosité qui se résorbe ensuite ; jamais il ne survient d'abcès. Voici les doses qu'il convient d'injecter aux divers animaux :

Grands quadrupèdes......................　　10 — 15 grammes.

Correspondant à 2 — 3 grammes de poudre d'ergot de seigle.

Moyens animaux (chèvre, brebis et porc)......　　3 — 4 grammes.

Correspondant à 0^{gr}.60 — 0^{gr}.80 de poudre d'ergot de seigle.

Espèces canine et féline ....　　1 — 2 grammes.

Correspondant à 0^{gr}.20 — 0^{gr}.40 de poudre d'ergot de seigle.

On doit répéter cette dose jusqu'à effet. En passant, nous ferons une remarque : c'est que l'expérience nous a permis de constater que les préparations d'ergot injectées sous la peau, agissent à dose relativement petite, par rapport à celle que nécessite l'ingestion pour produire les mêmes résultats.

Indications thérapeutiques. — L'ergot de seigle est employé de temps immémorial en obstétrique ; ses diverses préparations sont indiquées, comme médicament utérin, toutes les fois qu'il y a paresse de la matrice dans l'acte de l'accouchement normal ; contre le part laborieux par atonie ou inertie de la matrice et lorsqu'on veut provoquer l'expulsion d'un fœtus mort. Mais avant d'employer cet agent si utile et si merveilleux dans ses effets, il convient de s'assurer qu'aucun obstacle maternel ou fœtal ne s'oppose à la sortie régulière du petit être, car faute de cette précaution l'on peut voir surgir des accidents imprévus, tels que asphyxie du fœtus, déchirure du sac utéro-vaginal suivie d'une hémorrhagie rapidement mortelle.

On peut aussi recourir aux injections sous-cutanées d'ergotine ou de teinture d'ergot dans le cas de non-délivrance, lors de métrite ou d'hydrométrie, surtout quand la rétention des enveloppes fœtales remonte déjà à plusieurs jours ; on provoque ainsi l'évacuation des lambeaux de placenta plus ou moins ramollis ou décomposés, ainsi que du sang et autres produits épanchés dans la cavité utérine. Nous donnons le conseil d'employer les injections sous-cutanées concurremment avec des injections intra-utérines détersives, astringentes ou désinfectantes (1 et 2). Mais cette médication n'est indiquée que si le col de l'utérus n'est pas encore revenu sur lui-même et qu'il se trouve suffisamment dilaté, car le fermeture prématurée du col peut faire courir certains dangers à la femelle, par suite de la décomposition des débris de placenta enfermés dans la matrice, d'une infection putride ou septique.

Mais l'ergot de seigle, en raison de l'anémie qu'il exerce sur le système circulatoire, produit aussi une action hémostatique et, à ce titre, les injections hypodermiques de cet agent conviennent contre les diverses hémorrhagies, soit puerpérales, soit d'autre nature : anévrisme, congestion cérébrale, entérorragie ou tranchées rouges, hématurie. L'action antihémorragique est rapide, car elle se fait généralement sentir au bout de 10-20 minutes. Nous nous contenterons de citer les deux observations suivantes :

1° Il s'agit d'une gore, appartenant à un fermier des environs de Mondoubleau et venant de faire ses petits dans la nuit du 25 au 26 juin 1883 ; le lendemain matin de bonne heure on l'a trouvée malade, épuisée et perdant le sang à flots par la vulve. Nous constatons que le fond du canal vaginal est le siège d'une déchirure assez étendue, d'où le sang coule avec abondance. L'anima. est couché sur la litière et ne bouge plus ; la respiration est accélérée, haletante ; les battements du cœur sont faibles et les muqueuses apparentes très pâles ; il y a une grande faiblesse, preuve que la truie avait perdu beaucoup de sang par cette espèce de saignée accidentelle, produite on ne sait trop comment. Nous prescrivons immédiatement des injections dans le vagin avec de l'eau froide et pratiquons séance tenante, à la face interne de la cuisse, une injection sous-cutanée avec de la teinture de seigle ergoté (5 grammes). L'hémorragie s'arrête au bout d'un quart d'heure environ. Prescription de sulfate de strychnine et d'arséniate de fer. Rétablissement en moins de trois jours;

2ª Vache appartenant à un fermier de Sargé, affectée d'une hémorragie post-partum, à la suite d'un part très laborieux. Bien que la plus grande partie du délivre soit encore dans la matrice, le sang s'échappe abondamment

---

(1) Voir notre Mémoire sur les injections intra-utérines et leurs indications dans les suites de part, couronné par la Société centrale de Médecine vétérinaire. I. Recueil, 1878, p. 211 et 322.

(2) Voir notre travail : De l'avortement épizootique chez les juments percheronnes, couronné par la Société des agriculteurs de France, 1880.

du fond de sa cavité, absolument comme par un vaisseau béant. Nous procédons rapidement à la délivrance, avec tous les ménagements possibles, puis nous pratiquons successivement deux injections sous-cutanées de teinture d'ergot (8 grammes chaque fois) et des injections intra-utérines d'eau fraîche. Sous l'influence de ce traitement hémostatique, qui a pour but de modérer l'afflux du sang vers l'utérus et de faire contracter le muscle utérin, la perte sanguine s'arrêta au bout de douze minutes environ. Le jour suivant, nous extrayons de l'utérus un énorme caillot de sang. Lavage des voies génitales avec eau phéniquée. Guérison très rapide. Nous ferons remarquer que les métrorragies spontanées sont rares chez nos femelles domestiques, tandis que les métrorragies traumatiques sont beaucoup plus fréquentes.

Comme moyen excitateur du système nerveux, les préparations d'ergot ou d'ergotine constituent un adjuvant de la strychnine et sont indiquées contre le tétanos, la rétention d'urine (d'ordre paralytique), etc. En médecine humaine on a obtenu quelques succès dans le traitement du tétanos à l'aide d'injections sous-cutanées d'ergotine; on doit employer celle-ci concurremment avec la médication chloralique.

L'ergotine peut être employée à la dose de 25 grains (1 grain $= 0^{gr}.05$), en injection sous-cutanée contre la fièvre vitulaire; l'injection doit être répétée toutes les six heures (1 et 2).

Esérine.

L'esérine est l'un des alcaloïdes de la fève de Calabar. Le sulfate d'esérine, en raison de sa plus grande solubilité dans l'eau, est seul employé en médecine-vétérinaire; ce sel cristallise difficilement à cause de son extrême déliquescence. On le trouve dans le commerce de la droguerie sous deux aspects différents : tantôt sous forme de paillettes incolores ou ayant une teinte plus ou moins rosée, tantôt sous celle d'une poudre grisâtre, constituée par des cristaux très fins qui ne tardent pas à s'agglutiner et à former ensuite une masse pâteuse. Pour obtenir le sulfate d'esérine à l'état pulvérulent, on réduit en poudre dans un mortier chauffé celui qui est en paillettes. Nous considérons le premier comme un produit plus fixe et aussi plus actif. La solution de sulfate d'esérine, au contact de l'air et de la lumière, prend une coloration rouge-violet plus ou moins intense, par suite de la transformation de l'esérine en rubrésérine, substance beaucoup moins active et douée de pro-

---

(1) Extrait d'un travail sur la fièvre vitulaire, par M. Cox, vétérinaire au 5e dragons de la garde. *In The veterinary journal*, janvier 1884.

(2) Article sur la fièvre vitulaire, par M. Rob. Glass, de Glascow. *In Veterinary*

priétés irritantes. Aussi les solutions de sulfate d'ésérine ne doivent-elles être préparées qu'au moment du besoin.

Le salicylate de physotigmine est soluble dans 150 parties d'eau et 12 parties d'alcool; les solutions de ce sel sont jaunes, mais deviennent rouges sous l'influence de la lumière.

Le bromhydrate d'ésérine constitue des masses fibreuses, généralement teintées de jaune-rougeâtre, non déliquescentes et très solubles dans l'eau.

Effets physiologiques. — Quand on instille de 1-3 gouttes d'une solution d'ésérine au $^1/_{100}$ dans l'œil d'un animal ou de l'homme, il se produit un resserrement très prononcé de la pupille, encore appelé *myose*. L'effet myotique se manifeste au bout de trente minutes environ chez les solipèdes, et après dix minutes chez les carnassiers; il est peu prononcé chez les oiseaux, les grenouilles et les poissons. Le resserrement pupillaire est localisé à l'œil dans lequel l'instillation a été faite et varie en durée suivant les espèces animales, ordinairement de 3-40 heures; la pupille se trouve réduite parfois à un point à peine perceptible. Quand la myose est produite, on peut la faire disparaître à volonté par des instillations d'atropine. Ce dernier alcaloïde fait disparaître la myose produite par l'ésérine, tandis que celle-ci fait disparaître la mydriase produite par l'atropine (Kaufmann).

L'alcaloïde de la fève de Calabar, après son absorption, a pour action physiologique de provoquer une hypersécrétion intestinale et des contractions péristaltiques des fibres musculaires du tube digestif. Le sulfate d'ésérine, injecté sous la peau du cheval à la dose de 6—10 centigrammes, suivant la taille, provoque rapidement (au bout de vingt-cinq minutes), les phénomènes suivants : inquiétude, contraction des pupilles, frémissements des muscles olé-crâniens et rotuliens, contractions passagères des muscles extenseurs des membres postérieurs, de la titubation, une respiration plus active et un peu plus anxieuse, des bâillements, souvent de la salivation, ralentissement du pouls et des battements du cœur, transpiration cutanée plus active, enfin et surtout une augmentation très accusée du mouvement péristaltique de l'intestin. Cette suractivité du travail digestif, d'une durée d'au moins une heure, se traduit par des signes de coliques et de bruyants borborygmes, bientôt suivis de copieuses évacuations de gaz et de matières fécales, fermes d'abord, plus ou moins ramollies ensuite et enfin presque liquides.

L'ésérine diminue aussi l'excitabilité des nerfs moteurs spinaux à leur terminaison dans les muscles, ce qui se traduit par la faiblesse musculaire d'abord, et, si l'on force trop la dose, par l'abolition des mouvements de locomotion; c'est une action paralysante sur le système nerveux central d'abord, puis sur les nerfs périphériques.

A dose toxique, il y a de l'inquiétude, une excitation générale, des yeux étincelants, la perte de l'appétit, une injection des vaisseaux superficiels, de la salivation, des tremblements musculaires de l'arrière-train, de bruyants borborygmes, une respiration très accélérée et stercoreuse, des efforts expulsifs violents et réitérés, une démarche vacillante, des contractions tétaniques partielles, une dilatation des pupilles, une paralysie et une prostration générales et la mort par asphyxie. Celle-ci arrive plus ou moins vite suivant la dose injectée. Une dose de $0^{gr}.20 — 0^{gr}.30$ commence à être toxique pour un cheval de taille moyenne. Pareille dose injectée dans une veine ou dans la trachée a une action presque foudroyante ; la mort a lieu dans l'espace d'une demi-heure environ, si le cheval est de petite taille. M. Friedberger (1) détermina un empoisonnement, mortel après quatre jours, en injectant à un vieux cheval poussif, pesant environ 300 kilogrammes, mais jouissant d'une bonne santé, 1 gramme de physostigmine. On avait constaté que cet animal, avant les expériences, s'était vidé treize fois en quarante-trois heures et avait pendant ce laps de temps expulsé cinquante-quatre livres et demie de crottins d'un aspect normal. Une première injection de $0^{gr}.05$ faite à ce solipède amena dans l'espace de vingt-quatre heures, l'expulsion de vingt-sept livres un tiers de crottins. Mais une nouvelle injection de 1 gramme d'ésérine, faite vingt et une heure après la première, produisit des signes alarmants. Cinquante minutes après l'injection eut lieu la première défécation, qui se renouvela ensuite trente-huit fois en trois heures vingt minutes ; la quantité de crottins ainsi rejetés se monta à 39 livres, soit 40 pour 100 de plus que précédemment en vingt-quatre heures. Les premières matières fécales expulsées étaient bien moulées, tandis que les suivantes furent ramollies et puis liquides. Leur évacuation était toujours précédée de signes de coliques.

L'injection intra-veineuse agit déjà au bout de 2—3 minutes, tandis que par l'injection sous-cutanée l'effet ne se produit qu'après vingt, trente et même quarante minutes. La première, en raison de la rapidité et de l'énergie de son action, ne doit être pratiquée que dans les cas graves et pressés et il ne faut pas dépasser la dose de $0^{gr}.05$ par injection intra-veineuse.

Effets locaux. — Doses. — La solution aqueuse de sulfate d'ésérine ne produit aucun accident local ; le lieu de l'injection est chaud, douloureux et le siège d'une sueur profuse. Il n'en est plus ainsi quand la solution est préparée depuis quelque temps déjà et qu'elle s'est altérée au contact de l'air ; en ce cas la solution acquiert des propriétés locales plus ou moins irritantes, cela dépend de la pureté du sel d'ésérine employé, de la nature de la solution, de l'âge de celle-ci, etc. Tantôt on n'observe qu'une hyperémie locale insignifiante ; d'autres fois il se forme un gonflement œdémateux plus ou moins

---

(1) *Ueber Colik, Müncher Bericht*, 1884, p. 68.

prononcé, lequel peut se résorber dans l'espace de 12 — 24 heures, ou bien laisser un noyau induré, ou enfin se terminer par obcédation.

Ainsi une solution de sulfate d'ésérine, préparée depuis deux mois et injectée à l'encolure d'une jument d'expériences, donna d'abord lieu, au bout de vingt-quatre heures seulement, à un fort engorgement, puis à un volumineux abcès, dont la guérison exigea près d'un mois.

Les cristaux de sulfate d'ésérine sont très hygrométriques et ont l'inconvénient de devenir déliquescents sous l'influence de l'air et de la lumière; au bout de quelque temps ils se transforment en une pâte molle, rougeâtre, dont les solutions aqueuses jouissent de propriétés un peu irritantes De là l'indication pour le praticien de se servir de sulfate d'ésérine fraichement préparé ou toujours soigneusement conservé à l'abri de l'air, soit dans des flacons bouchés à l'émeri ou lutés à la cire, soit sous forme de granules dosés à 5 milligrammes, afin d'empêcher l'altération rapide du médicament.

La dose hypodermique de cet alcaloïde est :

Pour les grands quadrupèdes......... 5 – 10 centigrammes.
   On peut même injecter d'un seul coup de $0^{gr}.10$ à $0^{gr}.15$ à de forts chevaux ou bœufs.

Pour les moyens.................... 1—2 centigrammes.
Pour le chien...................... $0^{gr}.001$—$0^{gr}.003$.
Pour le chat...................... $0^{gr}.0005$ — $0^{gr}.001$.

En solution dans l'eau. Cette dose peut être renouvelée plusieurs fois par jour, vu l'élimination rapide de cet alcaloïde.

Lindgvist a constaté expérimentalement que la dose thérapeutique de sulfate d'ésérine à injecter d'un seul coup équivaut à $0^{gr}.01$ de ce sel dissous dans 1 gramme d'eau distillée et cela par 42 kilogrammes de poids vif. C'est là également la dose maxima pour le plus fort chien. Le chat succombe avec une dose de 0.005 et le chien ordinaire avec 0.006 — 0.008.

A l'autopsie des animaux morts par l'ésérine, on trouve toujours le gros intestin pâle, resserré et dur; la vessie est vide et revenue sur elle-même; la matrice est contractée.

Antagonisme. — Il y a une action antagoniste entre l'ésérine et l'atropine. En effet, l'ésérine augmente toutes les sécrétions (salivaire, intestinale, biliaire et sudoripare), relève l'excitabilité nerveuse réflexe, tétanise le tube gastro-intestinal, surtout le gros colon, la vessie et l'utérus, ralentit le pouls et le cœur et resserre la pupille par instillation, tandis qu'elle la dilate après absorption. L'atropine, au contraire, tarit toutes les sécrétions, diminue l'excitabilité réflexe, paralyse l'estomac, l'intestin et la vessie, accélère le cœur et dilate la pupille après instillation et après absorption.

L'ésérine et la pilocarpine agissent aussi de la même manière sur plusieurs fonctions; toutes deux augmentent les diverses sécrétions; mais la pilocarpine est sous ce rapport plus active que l'ésérine. Tandis que celle-ci anémie l'intestin, par contre la pilocarpine le congestionne et augmente ses mouvements péristaltiques.

Emploi thérapeutique. — Les médecins anglais emploient, depuis nombre d'années déjà, l'ésérine dans le cas de constipation opiniâtre, et Schæffer cite plusieurs observations dans lesquelles il a employé avec succès l'extrait de fève de Calabar contre l'atonie intestinale (1).

M. Dickerhoff, professeur à l'École vétérinaire de Berlin eut l'heureuse idée d'appliquer les merveilleux effets de l'ésérine pour combattre différents états pathologiques de l'appareil intestinal, toujours si meurtrières chez le cheval. Ainsi il conseille vivement l'usage de cet agent médicamenteux contre les coliques, caractérisées par une accumulation de matières alimentaires dans le canal gastro-intestinal et alors que celui-ci, par suite d'une paresse ou d'une paralysie de ses parois, n'a plus la force de les chasser plus loin. C'est ce qui a lieu lors de dyspepsie chronique, d'indigestion stomacale chez le cheval et les ruminants, de surcharge alimentaire du gros côlon, d'engouement du feuillet, d'indigestion laiteuse de la caillette chez les jeunes ruminants, d'indigestion par le méconium, d'indigestion avec hypéresthésie de la muqueuse stomacale chez le chien. M. Dickerhoff recommande de ne jamais employer l'ésérine lors d'indigestion chronique, alors que les aliments sont plus ou moins desséchés et durcis; on risquerait de provoquer une déchirure en un point du réservoir digestif (2 et 3).

Le professeur Frœhner, sur les indications de M. Dickerhoff, a essayé le sulfate d'ésérine sur un cheval atteint d'indigestion, revêtant un caractère grave. Une première injection de $0^{gr}.04$, qui est la dose minimum indiquée pour l'espèce équine par le professeur de l'École vétérinaire de Berlin, étant restée sans effet bien appréciable sur la musculature du boyau, une deuxième injection de $0^{gr}.08$ fut pratiquée vingt heures après la première Le résultat fut merveilleux; déjà une demi-heure après, de copieuses évacuations eurent lieu par l'anus et, dès ce moment, se déclara une amélioration très sensible (4). Enhardi par les bons résultats obtenus chez le cheval

---

(1) *Klinische Wochenschrift aus Berlin*, décembre 1880, p. 109 : Physostigminum ist ém vorzügliches Heilmittel bei Kolich, Ueberfütterungund dyspepsie.

(2) *Wochenschrift für Thierheilkunde und Viehzucht*, septembre 1882.

(3) *Einige Bemerkungen über die Amvendung des physostigmin, Adam's Wochen schrift*, p. 113 à 197.

(4) *Repertorium der Thierheilkunde*, 1883, 3 tes. Heft, p. 177.

M. Frochner expérimenta le même médicament sur un basset déjà âgé et affecté de cropostasie ou constipation. Une première injection, de $^{gr}.001$ d'ésérine, n'ayant produit aucun effet, il injecta deux heures plus tard $0^{gr}.0025$. Le chien, sous l'influence de vigoureux efforts expulsifs, rejeta une assez grande quantité d'excréments durcis et répandant une mauvaise odeur. La guérison fut définitive et le sujet sortit aussitôt de l'infirmerie. La dose de 1 milligramme, qui est presque la dose maxima chez l'homme, s'est donc montrée trop faible chez le chien en question, d'où il résulte qu'il faut admettre comme dose minima pour l'espèce canine, 2 milligrammes.

Au mois de décembre 1882, M. Nocard a appelé l'attention des membres de la Société centrale sur le traitement des coliques intestinales du cheval par le sulfate d'ésérine. Il cite notamment plusieurs cas de congestion intestinale guéris par l'injection sous-cutanée de sulfate d'ésérine, conjointement avec une saignée assez copieuse (1), M. Jungers (2) a fait des recherches comparatives sur l'action de la pilocarpine et celle de la physostigmine. Il a constaté qu'en injectant la même dose de cette substance ($0^{gr}.08 - 0^{gr}.10$), à des chevaux et à des bêtes bovines affectés d'indigestion, les évacuations fécales avaient déjà lieu au bout de 2 — 3 heures chez les premiers, tandis qu'elles ne se produisaient qu'au bout de cinq heures chez les seconds, en sorte que la maladie disparaissait plus vite chez le cheval que chez le bœuf. C'est pourquoi il conseille de préférer la pilocarpine à la physotigmine pour traiter les diverses maladies du système digestif : indigestion simple, surcharge alimentaire, irrumination, etc.

Lindgvist (3) a fait des expériences sur la valeur thérapeutique de la physostigmine chez des sujets sains et malades et il est arrivé aux mêmes résultats que M. Dickerhoff.

M. Möller conseille l'emploi de l'ésérine contre la constipation et lors de paresse du tube digestif.

M. Peters (4), dans une note, passe en revue tous les médicaments qui ont été préconisés contre les diverses espèces de coliques et il y expose leur action thérapeutique contre ce groupe d'affections. Il considère l'ésérine, introduit dans la thérapeutique vétérinaire par M. Dickerhoff, comme le meilleur remède contre la rétention des matières fécales. L'action de cet agent est rapide; son emploi par la méthode sous-cutanée est non seulement des plus commodes, mais est devenu très pratique, circonstance qui a puissamment con-

---

(1) *Voir Bulletin de la Soc. cent. de méd. vétér*, 28 décembre 1882.
(2) *Pilocarpin und physostigmin, Thierarzt*, 1883, p. 280.
(3) *Ueber subcutane Verrendung des schwefels, Physostigmins bei Krankheiten der digestions organe der Hausthiere, Tidsschrift für Veterinär-medicin*, 1883, p. 233.
(4) *Ueber die Behandlung der Colick, Adam's Wochenschrift*, n° 50.

tribué à faire baisser le prix élevé de l'ésérine. C'est en raison de la grande consommation que fait aujourd'hui de ce produit la médecine vétérinaire, que la droguerie est arrivée à permettre au praticien d'acquérir ce précieux médicament à raison d'environ 12 francs le gramme, tandis qu'auparavant on payait la même quantité une vingtaine de francs au moins.

M. Cagny a pratiqué sur une vache flamande, affectée d'indigestion du feuillet, si fréquente et toujours fort graves chez les ruminants, deux injections successives de sulfate d'ésérine (0^{gr}.10 pour chaque injection). Le lendemain matin la guérison était presque achevée et l'appétit revenu avec la rumination; plus de météorisme; ramollissement de la tumeur dure constatée dans le flanc gauche (1), enfin dans la nuit expulsion fréquente de matières fécales sèches et dures.

Depuis, M. Cadiot, répétiteur à l'École d'Alfort, s'est appliqué à contrôler l'action thérapeutique de l'ésérine et il cite nombre de cas de coliques très graves (indigestion ou congestion intestinale), où ce produit chimique a procuré les deux tiers des guérisons (2).

Il résulte d'une statistique, faite à l'École vétérinaire de Berlin, qu'on y a traité depuis le 1er septembre 1881 au 1er septembre 1883, 264 chevaux atteints de coliques; de ce nombre 171 ont été soignés exclusivement par des rjections sous-cutanées d'ésérine et il en est mort 32 atteints de maladies par elles-mêmes incurables, telles que ruptures de l'estomac et du gros côlon, volvulus, invagination, etc. Ces résultats sont magnifiques et prouvent indubitablement que l'ésérine constitue une vraie panacée contre les coliques de nos animaux.

M. Chellon, dans le cas d'indigestion, a eu de bons résultats avec les njections intraveineuses de physostigmine et des résultats négatifs en employant les injections sous-cutanées; mais d'autres praticiens américains, qui ont eu aussi des insuccès, attribuent cela à l'impureté du médicament (3).

D'après MM. Haas et Tempe, les injections sous-cutanées d'ésérine sont de la plus grande utilité contre l'inactivité des viscères digestifs (4).

Le professeur Feser (5), après de nombreuses expériences faites sur diverses espèces animales, en résume ainsi les résultats :

---

(1) Note sur les avantages de la méthode hypodermique pour l'administration des médicaments. *In Bulletin de la Soc. centr. de méd. vét.*, 1883, p. 200.

(2) Application de l'ésérine à la thérapeutique vétérinaire. *In Archives d'Alfort*, 1884, p. 681.

(3) *American vet. Review*, mai 1884. (Société vétérinaire du Connecticut.)

(4) Der Gesundheitszustand der Hanskiere. *In Elsass-Lothringen*, von Zundel, 1885, p. 92.

(5) Zur Wirkung und Anwendung des physostigminum sulfuricum, beim Pferde und Rinde.

1° A côté des signes généraux produits par l'ésérine, il a constaté, chez les bêtes bovines, une toux courte, et chez le taureau une grande excitation des organes génitaux, consistant en des érections fréquentes et des pollutions spontanées. Il existait en même temps une myose. La sécrétion laiteuse parut plutôt augmentée que diminuée ;

2° L'emploi de l'ésérine, à titre de médication purgative, est fort à recommander chez tous les ruminants ;

3° La dose normale pour le cheval adulte est de 10 centigrammes. A la place d'injecter l'ésérine sous la peau, il recommande d'introduire le médicament dans le gros intestin ou dans la panse au moyen de l'entérotomie ;

4° Les bêtes bovines supportent des doses relativement élevées ; on peut leur injecter sans inconvénient $0^{gr}.001$ par kilogramme de poids vivant, d'où il suit que, pour une vache pesant 200 kilogs, il faudra injecter $0^{gr}.20$ de sulfate d'ésérine. L'injection sous-cutanée de $0^{gr}.03$ reste sans effet ; $0^{gr}.06$ produisent des effets sensibles ; $0^{gr}.10$ ont une action thérapeutique suffisante ; $0^{gr}.15 — 0^{gr}.17$ entraînent une violente purgation ; enfin avec $0^{gr}.30$ l'effet se manifeste déjà au bout de cinq minutes sous forme de coliques, de dyspnée, de contractions musculaires, d'efforts expulsifs, etc. ;

5° Administrée par la bouche, l'ésérine agit à dose relativement petite chez les ruminants ; $0^{gr}.16$ purgent modérément ; $0^{gr}.28$ purgent fortement ; $0^{gr}.67$ produisent de violentes coliques, etc. ;

6° Les doses normales pour l'injection hypodermique sont : pour les bêtes bovines de petite race, $0^{gr}.10$ dans 2 grammes d'eau et de $0^{gr}.20 — 0^{gr}.30$ pour celles de grande taille ;

7° Il ne convient de recourir à une deuxième injection que cinq à six heures après la première et qu'autant que celle-ci ne produit pas d'effets sensibles.

M. Klemm (4) qui a traité quarante-six cas de coliques chez le cheval par des injections sous-dermiques d'ésérine, conclut que ce médicament est un excellent eccoprotique, que le côlon et le rectum sont les seules parties du tube digestif qu'il concourt à vider, tandis qu'il est sans action sur l'estomac, l'intestin grêle et le cœcum. L'ésérine est le meilleur remède contre les indigestions du côlon, mais à la dose de 15 à 20 centigrammes. Si besoin est, pareille dose peut de nouveau être injectée après quatre heures, et, chez des sujets de grande taille et vigoureux, on peut sans inconvénient répéter une troisième, une quatrième et même une cinquième injection. Seulement il ne faut pas oublier de donner aux chevaux des boissons à discrétion afin d'apaiser la soif engendrée par une transpiration et une diarrhée artificielles·

---

(1) Ueber Eserin-Wirkung bei der Colichder Pferde, *Adam's Wochenschrift*, 1884, p. 277.

L'injection sous-cutanée d'ésérine n'est pas contre-indiquée lors d'entérite, affection dans laquelle cet alcaloïde entraîne une grande diminution du nombre des pulsations (de 80 à 36 par minute). Notre confrère a obtenu encore la guérison, dans l'espace d'une heure, de trois chevaux empoisonnés par du pain moisi.

Pour notre compte, nous n'avons qu'à nous louer de l'emploi de l'ésérine dans le traitement des diverses coliques du cheval. Lors de congestion intestinale, nous pratiquons d'abord une forte saignée, puis une injection sous-cutanée de sulfate d'ésérine. Dans tous les cas, nous ne négligeons jamais les moyens adjuvants : frictions irritantes sur les parois abdominales, lavements mucilagineux, promenade, etc.

Nous avons constaté qu'en recourant, dès le début, à cette médication, on a toujours beaucoup de chances de prévenir les volvulus, les étranglements, les embolies, les déchirures, etc., complications si redoutables et habituellement mortelles.

En agissant comme nous venons de le dire, le praticien vétérinaire a pour but :

1° De combattre la paralysie des nerfs moteurs du système intestinal, notamment des plexus nerveux situés sur la muqueuse et qui correspondent avec le grand sympathique et le nerf vague ;

2° De provoquer les contractions péristaltiques plus ou moins suspendues de l'intestin et chargées physiologiquement de chasser d'avant en arrière les matières alimentaires ;

3° Enfin de ramener à leur travail normal les sécrétions des glandes annexées à l'appareil digestif, telles que le foie, le pancréas, les glandes de Lieberkühn, etc.

Afin d'éviter des répétitions ennuyeuses, nous nous contenterons de signaler, parmi nos observations, quelques-unes des plus curieuses :

A. — Le fait suivant suffit à lui seul pour démonter les bons effets de l'ésérine lors d'indigestion : le 3 décembre 1883, nous avons eu l'occasion de traiter une jument percheronne, âgée de trois ans, appartenant au fermier H... est atteinte de coliques à son arrivée à Mondoubleau. L'animal était inquiet, se couchait, se relevait et regardait sans cesse son flanc droit comme pour indiquer le siège de ses souffrances ; sa peau était couverte de sueur.

Nous instituons le traitement symptomatique suivant : injections sous-cutanée de 0gr.15 de chlorhydrate de morphine dissous dans 6 grammes d'eau ; frictions révulsives sur les parois du ventre avec un mélange d'essence de térébenthine et d'AzH^3 ; lavements mucilagineux et promenade forcée pour empêcher la jument de se coucher et éviter ainsi des complications intérieures, lesquelles arrivent si fréquemment quand les animaux se débattent et se laissent tomber lourdement sur le sol. Le calme se rétablit rapidement, et le cultivateur, après avoir terminé ses affaires au marché de notre ville, put emmener sa bête en bonne voie de guérison. Mais, les jours suivants, les coliques reparurent, et cela d'une façon intermittente; le solipède ne se vidait presque point, et le malaise devint même si inquiétant que le fermier jugea notre intervention opportune.

Voici ce que nous constatâmes : borborygmes se manifestant irrégulièrement et à de longs intervalles, matières excrémentitielles rares et un peu sèches; la jument gratte incessamment le sol et regarde souvent le ventre. Désirant nous rendre compte du siége de l'indigestion, nous pratiquons l'exploration rectale; la courbure pelvienne du gros côlon nous paraît distendue outre mesure par des fourrages accumulés et un peu tassés dans son sein. Il existe un peu de météorisme à droite. L'animal refuse tout ce qu'on lui présente, paraît abattu et a la tête baissée; le pouls est lent et petit; les membres, les muscles de l'épaule et des fesses sont tremblottants. Nous diagnostiquons une surcharge alimentaire du gros intestin avec pronostic d'une certaine gravité. Nous prescrivons un électuaire composé de : aloès succotrin 30 grammes, sulfate de soude 150 grammes, poudre de noix vomique 10 grammes et miel 400 grammes à faire prendre sans interruption toutes les demi-heures. Lavements émollients. Cette médication entraîna une amélioration momentanée.

Le 9, vers dix heures du matin, on vient nous redemander, les coliques ayant reparu. Dès notre arrivée dans la ferme, nous pratiquons à l'encolure une injection sous-cutanée avec 8 grammes d'une solution de sulfate d'ésérine au $1/_{100}$. Par cette médication, nous avions pour but de lever la contraction spasmodique du viscère intestinal, dont les parois paralysées s'opposaient à la sortie progressive d'aliments mal digérés. Au bout de vingt-cinq minutes, la bête paraît un peu tourmentée; les borborygmes sont maintenant nombreux, bruyants et s'entendent à distance; le lieu de l'injection est chaud, douloureux et le siége d'une abondante sudation locale. Promenade pendant une demi-heure, après une bonne friction irritante sur les parois abdominales. Lors de sa rentrée à l'écurie, la jument avait déjà crotté deux fois dans le chemin; elle a l'air un peu plus gaie, fait quelques vents et prend 3 à 4 litres d'eau blanchie avec un peu de farine d'orge.

Vers cinq heures du soir, nouvelle expulsion de matières fécales ou plutôt d'aliments mal digérés et répandant l'odeur acide de matières en fermentation. Nous faisons une deuxième injection sous-dermique de sulfate d'ésérine comme précédemment, après quoi nous quittâmes la ferme, non sans recommander de donner des boissons laxatives.

Le jour suivant, le fermier vint nous annoncer que sa jument était complètement rétablie; des évacuations alvines nombreuses et abondantes eurent lieu vers minuit, et c'est à partir de ce moment qu'il se produisit une grande amélioration. Pour notre compte, nous n'hésitons point à attribuer cette prompte guérison à l'emploi d'injections sous-cutanées d'ésérine, lesquelles ont seules contribué à réveiller la contractilité des fibres charnues du canal digestif et ont excité le gros côlon à se vider de son contenu. Nous serions arrivé au même but avec l'emploi combiné de la strychnine et d'hyosciamine ou d'atropine. Dans les cas graves, le praticien fera bien de recourir à des alcaloïdes, concurremment avec l'injection sous-cutanée d'ésérine.

B. — Chez un énorme cheval percheron, mesurant 1^m.72 de taille et atteint de coliques depuis plusieurs heures, une seule injection de 0^{gr}.15 de sulfate d'ésérine suffit pour en obtenir la rapide guérison alors que le traitement usuel par les breuvages ne fut suivi d'aucune amélioration.

C. — Nous avons, en ces derniers temps, guéri un cas de congestion intestinale fort grave, survenue à la suite d'une course rapide pendant laquelle le cheval a eu à essuyer une pluie d'averse. Le malade se laissait tomber à terre, se roulait avec violence, se relevait et n'avait presque pas un instant de calme; les muqueuses apparentes étaient fortement injectées, les naseaux dilatés, la respiration et la circulation accélérées. Nous pratiquons d'abord une saignée de quatre litres, puis une injection hypodermique de 0^{gr}.10 de sulfate d'ésérine du côté droit de l'encolure; friction irritante sur les parois abdominales avec un mélange d'essence de térébenthine, d'AzH^3 et quelques gouttes d'huile de croton; lavements froids et promenade dans les moments de répit. Il s'ensuivit une légère amélioration. Une heure après, nouvelle injection de 0^{gr}.10 d'alcaloïde. Les évacuations ne commencèrent que deux heures plus tard, mais furent nombreuses. Dans la soirée, le rétablissement fut complet.

Dans deux autres cas, où nous n'avons pu employer l'ésérine, faute de n'avoir pu en trouver chez le pharmacien et d'en être nous-même dégarni, l'entérite fut suivie de mort au bout de six à sept heures, et cela nonobstant le traitement dosimétrique institué.

Au mois d'août dernier, nous avons injecté à un cheval entier, de race percheronne, atteint de violentes coliques et menacé d'une entérite suraiguë, 8 centigrammes de sulfate d'ésérine dans 6 grammes d'eau. L'effet a été très rapide, car, vingt-cinq minutes après l'injection, le malade commença à faire des vents et se vida onze fois presque coup sur coup. Les matières étaient d'abord bien moulées, puis ramollies et enfin liquides et expulsées à la suite d'épreintes douloureuses. La guérison fut rapide. En ce cas, l'ésérine, en arrêtant l'exsudation congestive, en provoquant la contraction des capillaires de l'intestin, en rétablissant la sécrétion intestinale et en suractivant les mouvements péristaltiques du tube digestif a forcément amené la résolution du mal.

D. — Il s'agit d'une chèvre appartenant à un ouvrier tanneur de notre ville et affectée d'une indigestion gazeuse. On nous apprend que cet animal, après avoir mangé une grande quantité de jeunes feuilles de vignes, est tombé subitement très malade. Nous le trouvons couché sur le côté droit, dans un coin de la cour ; il reste immobile pendant notre rapide examen ; la tête, soulevée, retombe sur le sol ; la respiration est râlante ; grande prostration des forces. Évidemment il y a menace d'asphyxie par l'énorme ballonnement du ventre d'abord et puis de l'action stupéfiante exercée par le gaz sulfhydrique sur le fluide sanguin et les centres nerveux. Nous pratiquons séance tenante la ponction du rumen, dans lequel nous laissons à demeure la canule du trocart, afin de ne pas entraver la sortie continuelle des gaz nouvellement formés. Deux injections sous-cutanées, l'une de $0^{gr}.02$ de sulfate d'ésérine dans 5 grammes d'eau et l'autre de $0^{gr}.004$ de sulfate de strychnine, à titre d'incitant vital. Après cela, nous quittons cette chèvre avec la conviction qu'elle ne resterait pas longtemps vivante, et c'est à notre grande stupéfaction que nous la trouvons sur les jambes et à peu près rétablie environ deux heures après notre intervention.

A la foire de carême de la présente année, un cultivateur nous présente une vache qu'il voulait vendre au marché et laquelle était arrivée malade à Mondoubleau. La tête est baissée ; il y a des tremblements généraux et de la salivation. Le flanc gauche est un peu dur à la pression ; inappétence et irrumination. Nous pratiquons immédiatement une injection sous-cutanée de $0^{gr}.08$ de sulfate d'ésérine et administrons un lavement avec de l'eau de savon. La vache est mise à l'écurie, et, une heure plus tard, il existe un mieux si sensible que le fermier a pu mener sa bête sur le champ de foire, où elle a été ensuite vendue.

Nous avons aussi essayé le sulfate d'ésérine sur un petit chien basset, déjà malade depuis plus d'un jour et que l'on considérait comme perdu. Il y avait inappétence complète, tristesse, frissons, démarche lente et chancelante, ventre dur à la pression, défécations nulles et température à $40°.5$. Nous diagnostiquons une constipation opiniâtre, laquelle céda à deux injections sous-cutanées de sulfate d'ésérine faites à un intervalle de cinq heures ; lavements émollients. Ce traitement provoqua l'expulsion de crottes sèches et dures, absolument comme si on les avait cuites au four. Le lendemain, l'appétit était revenu ; le chien était gai et se trouvait guéri.

Nous conseillons vivement l'emploi de l'ésérine contre *l'indigestion par le méconium*. On sait que le fœtus à terme, après sa naissance, a les intestins remplis d'une matière résineuse noire appelée méconium et que l'évacuation de ce produit excrémentitiel est provoqué par la préhension du premier lait de la mère ou *colostrum*, dont les propriétés laxatives sont chimiquement démontrées. Mais il arrive souvent que l'expulsion normale du méconium soit entravée par une cause quelconque; alors la matière fécale adhère à la muqueuse du tube digestif ou forme dans le côlon des espèces de pelotes assez volumineuses. Dans ces conditions, la rétention du méconium occasionne une constipation souvent grave, d'autant plus sérieuse que les sujets sont plus jeunes; cette constipation se dénote par des signes de coliques plus ou moins intenses. Il faut, dans ce cas, favoriser l'évacuation du méconium par les moyens les mieux appropriés, d'autant plus que les nouveau-nés, n'ayant guère de résistance à opposer à la maladie, sont vite emportés par celle-ci. En voici un fait tont récent :

Au mois de mai dernier, nous sommes appelé en toute hâte chez un cultivateur d'Arville à l'effet de traiter un poulain âgé seulement de trois jours, lequel se mourait. Nous arrivons auprès du malade vers sept heures du soir. Un empirique, consulté bien avant nous, avait dit que le poulain manquait de sang et qu'il était perdu. Le petit animal est étendu dans un boxe et donnant à peine signe de vie; il tourne souvent la tête vers le ventre et fait des efforts expulsifs pour se débarrasser du méconium. On est obligé de lui aider à se relever, mais il se recouche presque aussitôt et refuse de téter sa mère. Le pouls est petit, accéléré et la respiration gênée. L'abattement est profond. Le cas était grave, d'autant plus qu'une entérite vient souvent compliquer le mal et hâter la mort. Nous pratiquons une injection hypodermique de $0^{gr}.005$ de sulfate d'ésérine ; frictions légèrement irritantes sur le ventre, lesquelles tourmentent un peu le patient; lavements mucilagineux fréquents, qui sont rendus presque aussitôt; administration par la bouche d'un petit opiat composé de : sulfate de strychnine 3 centigrammes, atropine 2 centigrammes, miel 100 grammes et farine q. s. Nous quittons le malade deux heures après notre arrivée, non sans compter sur une issue fatale, d'autant plus que le poulain était malade depuis une dizaine d'heures déjà et que le méconium finit par former dans le gros côlon de grosses pelotes dures ou bizoards qui obstruent le canal intestinal et deviennent alors difficiles à chasser. Quelques jours après, le fermier vint nous faire savoir que le poulain était rétabli et que l'amélioration s'était déclarée vers minuit.

Il arrive fréquemment que les très jeunes solipèdes atteints de coliques produites par la rétention anormale du méconium sont plongés dans une telle prostration, qu'il est impossible de leur faire avaler quoi que ce soit et que les lavements ne sont plus gardés un seul instant. En ce cas, l'injection hypodermique de sulfate d'ésérine est la seule planche de salut qui reste au praticien. La dose sous-cutanée d'ésérine varie de $0^{gr}.04$ à $0^{gr}.01$ suivant l'âge des poulains ou des veaux.

L'emploi sous-cutané de l'ésérine donne aussi de bons résultats contre l'indigestion laiteuse de caillette chez les jeunes ruminants à la mamelle.

L'ésérine n'est pas une panacée contre les coliques ; elle ne guérit que ce qui est susceptible d'être guéri ; elle se montre impuissante quand il existe un obstacle invincible, quand les aliments sont tassés et desséchés, quand il y a une forte obstruction d'une partie quelconque du réservoir gastro-intestinal. Citons un exemple :

Nous avons eu l'occasion de traiter, en 1884, une vache de taille moyenne, vide et malade depuis trois jours déjà ; la fermière avait négligé de nous faire appeler de suite parce qu'elle pensait que ce ne serait rien ; maintenant elle redoutait une paralysie. A notre arrivée, nous constatons les signes suivants : la bête est triste et profondément abattue ; son regard est anxieux ; la colonne vertébrale est très sensible ; la peau est comme collée aux dernières côtes ; le poil est terne et hérissé et les yeux enfoncés dans les orbites. Il y a irrumination et absence complète d'appétit. La vache a beaucoup de difficulté à se tenir debout ; l'arrière-train est vacillant. Le rumen ne paraît pas dur à la pression ; le ventre est cependant tendu et l'oreille ne perçoit que de rares mouvements péristaltiques. L'exploration du flanc gauche semble douloureuse et détermine des gémissements sourds. Pas de météorisme. Il y a une constipation opiniâtre ; la sécrétion laiteuse est à peu près supprimée et la température égale 38°5.

Nous diagnostiquons une indigestion très grave du feuillet, que nous essayons de combattre avec des injections sous-dermiques de sulfate d'ésérine. Nous pratiquons jusqu'à trois injections quotidiennes et en portant progressivement la dose à $0^{gr}.15$; de plus, nous ordonnons toutes les deux heures un breuvage composé d'une décoction de mucilage de graine de lin, d'aloès succotrin 10 grammes et NaO, SO^3, 30 grammes. Lavements fréquents. Sous l'influence de ce traitement, continué pendant trois jours consécutifs, notre malade rejette à plusieurs reprises des excréments noirs et secs. Mais il ne survient aucune autre amélioration dans la symptomatologie ; au contraire, l'épuisement va sans cesse en progressant ; une paralysie générale se déclare. Considérant la bête comme irrévocablement perdue, nous conseillons au propriétaire de la faire sacrifier. A la nécropsie, nous trouvons le feuillet volumineux, très dur et rempli d'aliments secs, formant entre les lames de l'organe des espèces de gâteaux durcis et auxquels adhère, sous forme de lamelles blanches, l'épithélium de la muqueuse.

A propos de cette observation, nous ferons remarquer que les contractions de la couche musculaire du tube digestif déterminées par l'ésérine, quoique violentes, surtout si la dose injectée est élevée, ne sont cependant pas brusques et saccadées, mais lentes. C'est pourquoi nous pensons que, contrairement à l'opinion émise par M. Dickerhoff, il n'y a pas lieu de craindre que ces contractions entraînent une rupture des parois d'un viscère digestif. Et, en supposant que cet accident fût possible, on pourrait sûrement l'éviter en n'employant que des doses relativement petites, mais souvent répétées. De cette façon, les effets de cet alcaloïde seront moins rapides et moins intenses, mais elles auront plus de durée et aussi plus d'efficacité que leur énergie momentanée.

Le fait suivant donne la preuve de ce que nous venons de dire.

Le 1er décembre dernier, nous avons pratiqué à une assez forte jument percheronne, atteinte d'un indigestion chronique du gros côlon et mal soignée par un empirique depuis une dizaine de jours, une injection sous-cutanée de 0gr.08 de sulfate d'ésérine. Sous l'influence des effets de cet alcaloïde, la malade, qui, auparavant, n'avait que des souffrances légères et intermittentes, eut des coliques très violentes pendant neuf heures consécutives, et cela sans discontinuer; les évacuations étaient d'abord nombreuses et les efforts expulsifs parfois si forts que le rectum se renversait en partie. L'injection avait été faite à une heure et demie de l'après-dînée, et le calme ne reparut que vers onze heures du soir. Mais l'indigestion ne fut point guérie, l'injection d'ésérine ayant seulement vidé l'intestin grêle, tandis que le gros côlon restait volumineux et bondé d'aliments un peu secs et tassés. Aussi, le jour suivant, on vit réapparaître des coliques sourdes et intermittentes. Cinq nouvelles injections de sulfate d'ésérine, chacune de 0gr.04 et faites toutes les quatre heures, amenèrent finalement la sortie des matières accumulées dans le grand côlon ; avec cela diète, boissons laxatives, frictions irritantes et promenades.

D'après M. Lydtin (1), les résultats obtenus dans le grand-duché de Bade confirment l'efficacité de l'ésérine contre les diverses indigestions de nos animaux domestiques. Mais, assez souvent, l'on est obligé de recourir, au bout d'une demi-heure ou d'une heure, à une deuxième, parfois à une troisième injection de 0gr.08 de ce médicament tout en n'excluant pas l'emploi des autres moyens, tels que frictions irritantes sur les parois abdominales, boissons laxatives, lavements, etc.

En résumé, l'ésérine a donc reçu, en médecine vétérinaire, de nombreuses applications :

1o Comme anémiant intestinal dans les inflammations congestives de l'intestin ;

2o Comme tonique du tube digestif lors d'atonie de cet organe ;

______

(1) Note communiquée.

3° Comme *hypersécrétoire* dans les cas de constipation opiniâtre ;

4° Enfin comme *excitant* des contractions intestinales lors de paralysie des parois des viscères digestifs et quand il s'agit de provoquer l'expulsion de corps étrangers, tels que des bézoards, des calculs, lesquels peuvent obstruer la lumière du conduit.

L'ésérine a encore été employée en injections sous-cutanées contre le tétanos parce qu'elle paralyse les nerfs moteurs et amène la résolution musculaire. La dose d'alcaloïde pour chaque injection doit être petite ($0^{gr}.002$ chez les petits animaux et $0^{gr}.005$ à $0^{gr}.01$ chez les grands).

Notre confrère, M. Delamarre a essayé le sulfate d'ésérine, à la dose de 15 centigrammes, concurremment avec une forte saignée, contre la fièvre vitulaire. La guérison a été rapide (1). — M. Colson préconise aussi cette méthode thérapeutique ; la dose de sulfate d'ésérine à injecter est de 10 centigrammes et il convient de répéter celle-ci trois heures après la 1re injection, jusqu'à amélioration sensible (2).

Éther sulfurique.

Ce produit pharmacologique est soluble dans 9 parties d'eau ; dans l'alcool il se dissout en toute proportion.

Effets locaux. — L'injection sous-cutanée d'éther donne lieu à la formation d'un gonflement plus ou moins crépitant, douloureux, très chaud, lequel devient le siège d'une légère exsudation séreuse ; il est rapidement remplacé par un œdème assez volumineux lequel exige un certain temps pour se dissiper. Rarement l'on voit ces phénomènes locaux donner lieu à un abcès.

L'éther agit d'abord comme un léger irritant, puis comme un stupéfiant local. Aussi voit-on, quelques moments après une injection sous-cutanée d'éther, la sensibilité diminuer dans la région, sans s'éteindre cependant entièrement. Constatons en passant que l'action anesthésique locale de l'éther est bien moins prononcée que celle du chloroforme, ce dernier étant moins volatil.

Si l'éther est injectée dans les tissus enflammés ou à un animal qui a de la fièvre, l'injection est suivie de la formation d'une tumeur emphysémateuse plus ou moins développée, qui est le résultat de la volatilisation de cet agent dans les cloisons celluleuses, car il faut se rappeler que l'éther bout à 36 de-

---

(1) Voir *Bulletin de la Soc. centr. de méd. vét.*, 1880, p. 201.

(2) *Bulletin du comité consultatif des épizooties de la Belgique*, par M. Wehenkel, 1er trimestre 1884.

grès et qu'à l'état de vapeur il occupe un volume deux mille fois plus grand qu'à l'état liquide. Le plus souvent cette saillie disparait d'elle-même; parfois cependant elle dégénère en abcès ou kyste.

Doses. — 1-10 grammes et plus encore, suivant la taille des animaux, pour obtenir des effets stimulants. L'action de l'éther étant éminemment passagère, les injections doivent être répétées et à intervalles rapprochés (une demi-heure par exemple) pour entretenir les phénomènes d'excitation.

Comme moyen anesthésique général, l'injection hypodermique d'éther n'est pas à conseiller, parce qu'il faut des doses beaucoup trop considérables et que, pour produire l'insensibilité générale, il est préférable de recourir à l'éthérisation ou à un autre moyen.

Emploi thérapeutique. — Outre que la méthode hypodermique emploie quelquefois l'éther comme dissolvant de certains médicaments, celui-ci peut recevoir les mêmes applications thérapeutiques que le chloroforme (voir chloroforme).

Comme excitant et analeptique, l'éther se montre utile pour combattre l'adynamie sous toutes ses formes, le coma et le collapsus accompagnant certaines maladies aiguës graves et les empoisonnements; il concourt alors à ramener la chaleur presque éteinte, à relever le pouls et à exciter les fonctions respiratoires.

Nous avons pratiqué l'an dernier trois injections sous-cutanées successives d'éther, chacune de 1 gramme, à un beau et bon boule-dogue, de moyenne taille, qu'on avait retiré quasi mourant d'un trou rempli d'eau, dans lequel il était accidentellement tombé. Nous pouvons dire que notre médication a contribué à réveiller un mort, C'est un moyen précieux, à essayer dans tous les cas d'asphyxie, notamment chez les animaux nouveau-nés, frappés de mort apparente à la suite d'une parturition laborieuse.

A titre d'antispasmodique, l'introduction sous-dermique d'éther permet de combattre les coliques spasmodiques, les tremblements musculaires, les convulsions (8-10 grammes pour le cheval).

Il s'agit d'un porc, âgé de quatre mois, castré trois semaines auparavant et affecté de convulsions ou plutôt d'une méningite assez fréquente chez ces animaux. Bien que le malade fût considéré comme perdu, M. Lauvent, de Bar-le-Duc, lui fit une injection de 2 grammes d'éther ; immédiatement après il s'agita plus fortement et tomba sur le flanc. Le lendemain notre confrère recevait une lettre du propriétaire, lui annonçant la guérison radicale du sujet (1).

Le même confrère (2) a obtenu un résultat vraiment surprenant à l'aide

---

(1 et 2) Notes communiquées.

d'injections sous-cutanées d'éther. Voici du reste la narration succincte du fait. Le 5 août 1884, M. Laurent est appelé en toute hâte, par un télégramme, à H..., distant de 18 kilomètres du lieu de sa résidence, chez un marchand de vins, pour donner ses soins à un fort cheval, âgé de 12 ans, taille 1^{m}70 qui, depuis la veille, est plongé dans un état de torpeur et ne mange plus. Le malade tient la tête basse ; celle-ci touche les genoux et retombe aussitôt qu'elle est levée ; les membres sont tremblotants et les genoux vacillent au moindre mouvement de déplacement ; les crins de la queue et de la crinière s'arrachent à la moindre traction ; le pénis, sorti complètement de son fourreau, est pendant ; les reins sont raides et inflexibes, la peau froide, les muqueuses apparentes complètement décolorées, la bouche sèche et pâteuse, le pouls imperceptible et l'artère glosso-faciale presque introuvable ; les battements en sont petits et très lents. Température non mentionnée, mais probablement baissée. Tous ces symptômes indiquaient de l'épuisement, une faiblesse profonde et une grande prostration des forces. Notre confrère apprend alors que ce solipède, à la taille élevée, à large poitrine et aux muscles puissants, est très énergique et intrépide au travail ; il est toujours le premier à l'œuvre et on l'emploie toutes les fois qu'on ne peut démarrer une chargée avec d'autres chevaux, c'est-à-dire quand il s'agit de donner un vigoureux coup de collier pour enlever un lourd fardeau. La veille même il avait beaucoup travaillé et il est rentré à l'écurie dans l'état qu'on sait. Il fallait instituer une médication rapide et active. Se souvenant de la thèse de Mlle Zénaïde Ocounhoff (1) sur les effets des injections sous-cutanées d'éther, M. Laurent a recours à ce mode de traitement. Mais il n'a pas de seringue Pravaz sur lui. Alors il emprunte celle du médecin de la localité, lequel lui donne en même temps de l'éther. Il injecte séance tenante 4 grammes d'éther sulfurique sous la peau, de chaque côté de l'encolure et il prie son ami (le docteur) de répéter à sa place les injections, le soir et le lendemain matin, notre confrère, en raison de la grande distance, ne pouvant voir le sujet que dans la soirée du deuxième jour. Une grande et agréable surprise l'attendait, car, à la place d'un moribond, il retrouvait un cheval qui cherchait à manger, relevait maintenant aisément la tête, avait un pouls meilleur, une respiration plus régulière et plus profonde, des muqueuses apparentes moins pâles. En un mot, il y avait du mieux et ce résultat avait été obtenu avec 16 gr. d'éther, administrés trois fois et par la méthode sous-cutanée, car, lors de sa seconde visite, notre confrère pratiqua une nouvelle injection de 4 grammes d'éther. Le reste du traitement consista dans l'administration de granules l'arséniate de fer et de sulfate de strychnine ; boissons farineuses. La verge

____

(1) Du rôle physiologique de l'éther sulfurique et de son emploi en injections sous-cutanées comme médicament excito-stimulant, Paris, 1877.

s'étant fortement gonflée, on y fit des mouchetures. Le 8, l'amélioration continuait son chemin ; le sujet mangeait et buvait tout ce qu'on lui donnait ; il ne titubait plus ; la tête était maintenue relevée ; les conjonctives avaient repris une teinte rosée. Régime : avoine verte et blé en gerbes, environ 10 kilos par jour ; mêmes boissons. Tous les signes alarmants s'en allèrent progressivement et tout rentra dans l'ordre physiologique. Le 21 du même mois, le cheval reprenait son travail, mangeant 15 litres d'avoine et 5 kilos de foin. La verge ne rentra complètement dans le fourreau que vers le 28 août.

Nous avons obtenu plusieurs guérisons semblables dans lesquelles l'action diffusible de l'éther a été vraiment remarquable.

Comme analgésique, l'éther peut être injecté sous-cutanément dans le cas de tétanos localisé, de trismus, par exemple, en vue d'obtenir la détente des muscles contractés.

Nous recommandons aussi les injections sous-cutanées d'éther comme moyen dérivatif : boiteries diverses, inflammations locales, pneumonie, pleurésie, etc., en ce dernier cas il faut multiplier les injections sur toute la surface inférieure de la poitrine et sur le poitrail, afin de déterminer le gonflement œdémateux général de cette région.

Comme moyen anesthésique, lors de tétanos généralisé, le praticien pourra employer l'éther en injection intra-veineuse, selon les conseils de MM. Aubry (1) et Bugniet (2), à la dose de 5-6 grammes chaque fois. En tout cas, il faudrait être très prudent dans l'emploi de l'éther par cette méthode, car, à dose supérieure à celle précédemment indiquée, on risquerait des accidents d'asphyxie graves.

En résumé, les applications thérapeutiques de l'éther sont restreintes, et comme anesthésique, il convient de donner la préférence au chloroforme.

H

Haschisch (TEINTURE DE).

M. Roell s'en est servi avec succès dans plusieurs cas de tétanos ; il l'administrait à l'intérieur comme agent hypnotique.

Il y aurait lieu d'essayer hypodermiquement la teinture de haschisch.

Teinture de haschisch.........	10 grammes.
Eau distillée................	20 —

---

(1) *Recueil de Médecine vétérinaire*, 1867, p. 65.
(2) *Recueil de Médecine vétérinaire*, 1869, p. 895.

De cette solution, qui produit parfois de petits abcès, on pourrait injecter chaque fois de 1 — 5 grammes, suivant la taille des sujets. Les injections peuvent être répétées suivant le besoin.

Hyosciamine.

On distingue deux modifications d'hyosciamine :

1° L'alcaloïde pur ou cristallisé, qui se présente sous forme d'aiguilles soyeuses blanches d'une saveur âcre et désagréable, très peu solubles dans l'eau froide, mais se dissolvant bien dans l'alcool ;

2° La base amorphe constituée par un liquide brunâtre, à consistance sirupeuse et d'une énergie d'action trois fois moindre que l'hyosciamine cristallisée.

C'est un puissant narcotique, un agent très utile contre le spasme.

Les effets physiologiques produits par l'hyosciamine sont identiques à ceux de l'atropine (voir ce mot). A dose thérapeutique on constate les faits suivants : diminution de la pression sanguine et du nombre des pulsations, dilatation prononcée des pupilles, légers tremblements musculaires, évacuations excrémentitielles rendues plus faciles et plus fréquentes. A dose élevée, il y a accélération du pouls et effet narcotique. Toutefois ce médicament ne produit pas d'intermittences, ni d'arrêt du cœur, ni de convulsions.

Les *effets locaux* sont nuls ; l'hyosciamine n'a aucune action sur les éléments qu'elle touche.

Élimination rapide par les reins.

L'hyosciamine ne donne aux mêmes doses que l'atropine.

Selon Amagat il y aurait antagonisme partiel avec l'ésérine.

Emploi thérapeutique. — L'hyosciamine est le roi des antispasmodiques. En agissant directement sur le système cérébro-spinal, elle convient particuculièrement pour modérer les phénomènes d'excitation cérébrale, notamment l'agitation délirante qui accompagne certaines névroses graves, tétanos, chorée, vertige, épilepsie, coliques nerveuses, toux douloureuse, fièvre vitulaire, maladie qui, d'après les récentes recherches de M. Violet, ne paraît être qu'une affection purement congestive des centres nerveux et non une fièvre de nature purpérale, entérite, néphrite, etc...

L'hyosciamine, concurremment avec la strychnine, est indiquée contre les diverses sortes d'indigestions dues à une surcharge alimentaire, à un embarras quelconque, maladies si fréquentes et si meurtrières chez nos grands quadrupèdes. Ce médicament agit en relâchant les fibres musculaires, tandis que la strychnine a pour effet de relâcher les fibres circulaires longitudinales. En dilatant les sphincters, ces deux substances concourent à lever l'obstacle mécanique d'où proviennent les coliques et à prévenir de nombreuses et graves complications.

I

Des injections sous-cutanées à effet local.

Cette méthode, due au docteur Luton (1), de Reims, consiste dans l'injection de solutions médicamenteuses lesquelles, au lieu d'être absorbées, épuisent surtout leurs effets sur place. Elle a déjà rendu à la médecine humaine d'importants services, procuré de belles guérisons, résultats que la thérapeutique vétérinaire doit savoir mettre à profit.

Dans une de ses chroniques du *Recueil*, M. H. Bouley a appelé l'attention des praticiens sur les applications que pouvait recevoir dans notre médecine la méthode des injections sous-cutanées à effet local.

M. Roell, dans son *Arzneimittellehre*, parle incidemment des avantages que la chirurgie vétérinaire peut retirer de l'injection de certains médicaments au sein des néoplasies, de toutes sortes de tumeurs développées superficiellement, injection par laquelle on se propose de détruire leurs éléments histologiques.

Depuis, divers praticiens vétérinaires ont fait usage d'injections sous-cutanées à effet purement local ; leurs noms se trouvent indiqués et leurs observations rapportées dans l'étude que nous faisons de chaque médicament en particulier.

L'instrumentation et le procédé opératoire sont absolument les mêmes que pour les injections hypodermiques à effet général. Cependant la manière de pratiquer la ponction varie suivant qu'on veut injecter le liquide médicamenteux sous la peau ou bien qu'on la porte dans l'intimité des tissus, c'est-à-dire directement au sein d'une tumeur plus ou moins volumineuse. Dans le premier cas, où l'on recherche un effet *révulsif*, *dérivatif* ou *substitutif*, l'injection se fait comme par la méthode ordinaire. Mais quand il s'agit d'introduire la solution médicamenteuse au sein d'une tumeur ou d'un organe quelconque, afin d'en modifier la nature pathologique ou d'y déterminer un changement quelconque, on opère un peu différemment ; l'injection, en pareil cas, prend le nom de *tissulaire*, d'*interstitielle* ou de *parenchymateuse*. A cet effet, après avoir poussé l'aiguille à la profondeur voulue, on a soin de démonter la seringue, afin de s'assurer s'il ne s'écoule rien par la canule,

---

(1) *Traité des injections sous-cutanées à effet local*, Paris, 1875, et *Études de thérapeutique générale et spéciale*, Paris, 1882, pages 232 et suivantes.

auquel cas la ponction devient également exploratrice. En se servant d'une canule suffisamment large, on peut aussi faire agir la seringue par aspiration, à la façon de l'instrument Dieulafoy. Puis, les choses étant de nouveau à leur place, on peut ne faire qu'une seule injection ou bien plusieurs, autant qu'on juge à propos, en ayant soin de faire celles-ci dans différents points, afin de baigner en quelque sorte la partie malade dans le liquide injecté. Il est à remarquer que pour ce genre d'injection, il faut ordinairement une aiguille plus longue que pour la voie sous-cutanée, parfois même fort longue, afin de pouvoir porter l'injection aussi loin que possible.

La nature de la solution médicamenteuse à employer varie suivant l'effet qu'on se propose d'obtenir. Recherche-t-on un simple effet irritatif, une action fluxionnante par hyperesthésie, on pourra recourir à l'eau pure, à l'alcool plus ou moins concentré, au chloroforme, à l'éther, à la teinture d'iode étendue d'eau, à l'huile de croton, à l'eau salée, etc... Mais si l'on veut aller plus loin, si l'on veut savoir la formation d'un phlegmon, d'un kyste, d'un abcès, d'une mortification locale, d'une fonte gangréneuse, on peut se servir de teinture d'iode plus ou moins pure, de créosote, d'acide phénique, d'essence de térébenthine, d'iodure de potassium, de teinture de cantharides, de perchlorure de fer plus ou moins dilué, de rubrésérine, de nitrate d'argent, de bichromate de potasse, de chlorure de zinc et des caustiques en général.

Tandis que dans la pratique des injections hypodermiques immédiatement absorbables et diffusibles, on se préoccupe d'éviter les phénomènes locaux, par contre, dans les injections sous-cutanées à effet local, on cherche à provoquer intentionnellement un travail morbide subissant l'une ou l'autre des terminaisons de l'inflammation, mais en ayant soin de le surveiller, de le modérer, et d'en amener la rapide guérison. Nous ne croyons pas devoir nous arrêter sur le traitement que peuvent exiger ces accidents topiques : cela est suffisamment connu de tous les praticiens.

Nous allons successivement exposer les diverses indications des injections sous-cutanées à effet purement local.

a. — Les injections irritantes simples ont donné de merveilleux résultats en médecine humaine pour combattre des douleurs bien localisées, des points névralgiques et rhumatismaux. En vétérinaire aussi on a déjà obtenu quelques résultats avec ces sortes d'injections, surtout contre les diverses boiteries des animaux domestiques : boiteries récentes, anciennes ou rhumatismales, efforts tendineux et articulaires, écarts dus à une synovite de la gaine du coraco-radial, etc... Ici s'ouvre une parenthèse curieuse à propos du traitement des boiteries de l'épaule notamment ; nous avons vu parfois les narcotiques laisser en place, tandis que l'injection de 1 à 2 grammes d'essence de térébenthine ou d'éther les guérissait. Nous allons plus loin et nous dirons qu'une injection d'eau salée produit le même effet ; ceci a du reste été constaté à la clinique de Stuttgard, par M. Hahn (de Colmar) et d'autres encore. Est-ce le médicament narcotique ou irritant qui agit, ou est-ce la réaction locale qui joue le principal rôle ?

b. — Les injections hypodermiques irritantes sont indiquées contre les inflammations locales, telles que les ophthalmies aiguës et même chroniques, adénites subaiguës, ostéites circonscrites (suros, éparvin, forme courbe), pneumonies, pleurésies, etc.; dans tous ces cas l'injection sous-cutanée agit comme un substitutif, comme un dérivatif à la fois rapide et énergique ; elle remplace avantageusement les sétons et les trochisques, les applications révulsives de toutes sortes, parfois même la cautérisation, moyens thérapeutiques qui laissent trop souvent des traces plus ou moins apparentes.

c. — Les hypertrophies glandulaires sont susceptibles d'une résorption intégrale, même sans suppuration, à l'aide d'injections iodiques interstitielles et même simplement sous-cutanées. Parmi ces productions morbides, nous distinguerons surtout le goitre, qui est le résultat d'un accroissement de volume, d'une hypertrophie de la glande thyroïde. Bien qu'ayant été observé chez la plupart de nos animaux domestiques, le goitre est cependant rare chez ceux-ci ; il peut être fibreux ou kystique. A l'article iode, nous avons eu soin de rapporter deux guérisons obtenues, l'une chez un chien et l'autre chez un dromadaire, lesquels étaient affectés d'un goitre. Si par hasard il arrivait que le goitre fût hématique, il faudrait remplacer l'iode par un médicament à la fois caustique et hémostatique, notamment à l'injection de 5—10 grammes d'une solution de perchlorure de fer dilué (au quart). Cette injection entraîne une réaction inflammatoire et la disparition du kyste par voie de suppuration. En pareil cas, la fonte purulente est la seule terminaison à rechercher.

d. — Nous pensons que les injections parenchymateuses doivent être utilisées pour combattre les diverses néoplasies pathologiques, communément désignées sous le nom de tumeurs, que celles-ci soient petites ou volumineuses, développées dans l'intérieur des organes ou dans le tissu cellulaire périphérique ; il suffit qu'elles soient accessibles à nos moyens d'investigation. Comme il est difficile, sinon impossible, d'obtenir la résorption de tissus pathologiques organisés, nous pensons avec M. le docteur Luton, qu'il est préférable de les détruire sur place, en provoquant leur atrophie ou leur mortification et cela par voie de ramollissement, d'ulcération ou de fonte ichoreuse, en un mot par une inflammation suppurative. On transforme ainsi les tumeurs en phlegmons aigus, on détermine dans leur sein des foyers de suppuration, puis on facilite l'évacuation des produits sanieux ou mortifiés.

L'expérience a démontré que les injections interstitielles sont d'autant mieux supportées que les solutions sont plus concentrées.

L'influence que les néoplasies exercent sur la santé varie suivant l'importance de l'organe qui en est le siège et suivant leur nature. Certaines tumeurs peuvent gêner la locomotion des animaux ; d'autres donnent lieu à des hémorrhagies continuelles ; il en est enfin qui, par leur volume excessif, peuvent obstruer certaines cavités naturelles, gêner leurs fonctions, entrainer une anémie consécutive et symptomatique. Parmi ces tumeurs nous mentionnerons : le fibrôme, le lipôme, le sarcôme, l'adénôme, l'éponge phlegmoneuse, kysteuse ou indurée, etc... Les tumeurs les plus redoutables sont celles qui se rattachent à une prédisposition morbide ou diathésique et qui ont une tendance à se multiplier, à se généraliser, à se reproduire sur place, quand on les a détruites ; de ce nombre sont le carcincôme et le mélanôme.

Nous sommes convaincu que l'injection interstitielle, plus ou moins caustique, avec un des médicaments précédemment indiqués, permettra souvent au vétérinaire de détruire radicalement l'une ou l'autre de ces tumeurs, surtout quand leur siège et leur isolement rendent facile l'emploi de cette médication. Et ce procédé nous paraît plus rationnel et d'un résultat plus sûr que n'importe quel autre moyen chirurgical.

e. — L'emploi d'injections sous-cutanées antivirulentes (iode, acide phénique) dans le traitement des tumeurs charbonneuses, constitue encore une application de la méthode de M. Luton. Ces injections, outre leur vertu parasiticide, engendrent une certaine irritation locale, une espèce d'excitation révulsive, qui favorise la résorption de la tumeur charbonneuse, dont la guérison a lieu sans perte de substance.

Nous pensons même que des injections antiseptiques, faites dans le tissu des phlegmons consécutifs à l'inoculation caudale du virus péripneumonique, permettraient au praticien de borner la gravité des complications (œdème) et de prévenir les accidents gangréneux et septicémiques. C'est à ceux de nos confrères, exerçant dans les pays où la péripneumonie règne à l'état enzootique, qu'il appartient de vérifier par l'expérimentation directe, la justesse de notre assertion. Déjà, un distingué confrère, M. Rossignol de Melun, a obtenu de bons résultats avec l'injection sous-cutanée de teinture d'iode (Voyez ce mot).

f. — Les diverses tumeurs kystiques (hygroma, capelet, etc...), la plupart des épanchements séreux qui se forment dans les gaines tendineuses et peu être même articulaires (hydarthroses), enfin l'hydrocèle sont susceptibles d'une rapide guérison, par l'injection au sein du kyste d'une solution plus ou moins irritante (alcool concentré ou teinture d'iode étendue d'eau au tiers). Pas n'est besoin de vider le kyste, quand la matière contenue dans celui-ci est encore fluide. Le principe du traitement est basé sur ce fait, c'est que l'évacuation préalable du liquide enkysté n'est pas une condition de succès.

Le liquide enfermé dans la poche séreuse acquiert ainsi des propriétés telles, qu'au lieu d'être réduit à l'exosmose, il devient endosmotique. On provoque dans le sein de la tumeur des modifications locales telles, qu'il en résulte une résorption graduelle et du contenu et du contenant. Mais si le contenu kystique est à demi solide, il faudrait recourir, soit à une injection de sulfate de zinc (1 gramme dissous dans 10 grammes d'alcool étendu d'eau, solution dont on injecte depuis un jusqu'à plusieurs grammes), soit à une injection de chlorure de zinc (10 grammes dissous dans 20 grammes d'eau, solution dont on n'injecte qu'une petite quantité. On obtient ainsi une suppuration circonscrite et finalement de la disparition de la tumeur enkystée ou kystique. Faisons remarquer que le chlorure de zinc est peut-être le caustique qui convient le mieux en injection interstitielle et en pareil cas ; du reste on peut aisément graduer son énergie par une dilution expérimentalement calculée.

g. — Il y a déjà quelques années que M. H. Bouley (1), parlant dans une de ses chroniques des bons résultats obtenus par le docteur Luton, de Reims, dans le traitement de la hernie ombilicale chez de jeunes enfants, à l'aide d'injections sous-dermiques d'une solution concentrée de sel marin, attirait l'attention des vétérinaires sur l'application possible de cette méthode aux exomphales, si fréquentes chez les jeunes sujets. Mais ce procédé n'a encore guère été expérimenté, si nous en jugeons par la grande rareté des faits consignés dans les publications vétérinaires. (Voir ALCOOL, SODIUM, RUBRÉSÉRINE.)

Cela vient uniquement des difficultés que rencontre le praticien à faire des expériences d'ordre thérapeutique sur des animaux appartenant à autrui. Disons qu'à notre avis l'injection sous-cutanée irritante convient fort bien pour le traitement des hernies ombilicales congénitales. L'eau salée et l'alcool ordinaire se sont jusqu'à présent montrés inefficaces, l'irritation physiologique et locale qu'ils produisent étant insuffisante pour déterminer l'obturation complète du sac herniaire. C'est qu'il ne suffit pas de déterminer une simple œdématie du tissu cellulaire péri-herniaire pour entraîner la guérison du mal, vu qu'après la résorption de l'inflammation locale, engendrée par l'introduction sous-cutanée d'un liquide plus ou moins irritant, la hernie

---

(1) *Recueil de médecine vétérinaire*, juillet 1878.

reparaît avec ses caractères primitifs. Il faut aller plus loin, il faut absolument que l'inflammation artificielle du sac herniaire, et qui sert à contenir l'intestin hernié dans l'abdomen, se transforme en phlegmon, puis en abcès, qu'il se produise même une eschare circonscrite. On a ainsi pour but de provoquer la formation d'un tissu fibreux de nouvelle formation d'une espèce de plastron, formé par le tissu cellulaire enflammé, lequel bouche entièrement l'orifice de la hernie. Et la cure se trouve obtenue sans la moindre lésion locale apparente, sans que ce genre de traitement expose à aucun danger.

De ce qui précède il résulte que, pour obtenir la rétraction et l'obturation de l'ouverture ombilicale et par conséquent la disparition de la hernie, il faut recourir à une solution médicamenteuse plus irritante que l'eau salée ou l'alcool étendu, notamment à l'injection sous-cutanée d'alcool concentré, de créosote, de bichromate de potasse, de rubrésérine, de nitrate d'argent (au $1/20$ et même au $1/10$), de chlorure de zinc, etc... C'est à l'expérimentation de déterminer l'agent médicinal qui convient le mieux pour remplir efficacement ce but. Suivant le volume de la hernie, on fait une ou plusieurs injections autour de l'anneau herniaire et presque au contact de son bord circulaire. Si la hernie est petite, il suffira de faire une bonne injection au centre de la tumeur, après avoir déterminé préalablement une certaine inflammation du tissu cellulaire péri-herniaire, afin de faciliter l'injection hypodermique en cet endroit et d'éviter que le liquide irritant injecté tombe dans la cavité péritonéale, circonstance qui pourrait amener de graves accidents, surtout une péritonite promptement mortelle. A cet effet, on ferait faire d'abord une simple application vésicante avec une petite quantité de pommade de bichromate de potasse ($0^{gr}.50$ pour 25 grammes d'axonge ; on fait ensuite l'injection irritante deux ou trois jours après. Mais si la hernie est volumineuse, si l'orifice ombilical est large, on fera, outre l'injection centrale, 2, 3, 4 injections médicamenteuses, espacées autour de l'ombilic. Nous croyons devoir attribuer plus d'efficacité à l'injection centrale qu'aux injections adjacentes.

L'injection sous-cutanée irritante, appliquée à la curation de la hernie ombilicale, est certainement une méthode de traitement à la fois simple, expéditive, bon marché et qui n'exposera pas aux accidents qu'entraînent trop fréquemment l'emploi topique d'acides concentrés ou de pommades escharotiques et les opérations chirurgicales. Nous pensons que toute hernie réductible comporte un pareil mode de traitement, lequel constituera un grand progrès dans le traitement des hernies.

Telles sont les applications thérapeutiques susceptibles d'être réalisées par la méthode hypodermique à effet local. Nous avons l'espoir qu'elles se multiplieront avec le temps, à mesure que les praticiens vétérinaires pourront *de visu* se convaincre de l'excellence d'une méthode chirurgicale, à la fois simple, rationnelle, conservatrice et progressive.

Injections sous-cutanées de substances purgatives.

Ces sortes d'injections ont été préconisées en médecine humaine par le Dr Luton, de Reims, soit pour produire un effet laxatif, soit pour arrêter les vomissements de nature essentielle ou symptomatique (1). D'après les constatations de ce médecin, il suffit d'injecter sous la peau une dose relativement minime d'un agent réputé plus ou moins purgatif, pour exercer sur le tube digestif une action dérivative, variable en intensité suivant l'idiosyncrasie des individus et pour exciter le mouvement péristaltique de ce conduit excrémentitiel.

L'action purgative produite dans ces conditions a pour cause :

1° Une impression tactile sur la muqueuse de l'intestin, entraînant une hypérémie plus ou moins prononcée de cette membrane, par suite de l'absorption de la substance purgative injectée et puis éliminée par l'acte sécrétoire ;

2° Une réaction musculaire plus ou moins vive.

L'injection d'une faible dose produit une simple excitation des mouvement péristaltiques de l'intestin, tandis qu'une forte dose occasionne une irritation de la muqueuse intestinale et par suite de la diarrhée.

Les injections sous-cutanées purgatives pourraient aussi recevoir quelques applications dans la thérapeutique vétérinaire, surtout chez les petits animaux. Ainsi une injection hypodermique de 10 centigrammes de sulfate de soude, dissous dans 2 gr. d'eau distillée, faite par le Dr Luton à un petit chien griffon, a provoqué du malaise et plusieurs selles molles et colorées (2).

MM. Vulpian et Corville (3) ont constaté qu'en injectant à un chien 10 centigrammes de sulfate de magnésie, dissous dans un gramme d'eau distillée, ils obtenaient un effet purgatif réel. De plus ils ont pu voir par la nécropsie qu'il y avait tendance à un catarrhe intestinal, indiqué par la différence des matières nouvellement formées et qu'un bouchon de matières sèches avait seul retenues. Ces expérimentateurs attribuaient les effets produits à l'action topique du sel magnésien, éliminé en nature par la muqueuse intestinale.

---

(1) *Bulletin de la Société médicale de Reims*, n° 12.
(2) Luton : Etudes de thérapeutique gén. et spéc., Paris, 1882, p. 222.
(3) *Bulletin de la Société de biologie*, 1874.

Une injection aqueuse d'aloès succotrin (2 grammes d'une solution au $^1/_{10}$), faite par nous à un fort chien de chasse, atteint de constipation, fut suivie d'un effet laxatif assez prononcé. Aucune trace d'accident local.

A un fort chien danois, atteint de dartres généralisées et souvent cons-tipé, nous avons fait une injection expérimentale d'une solution de colocyn-thine (0.08 dans 8 gr. d'eau); 3-4 heures après le sujet eut une diarrhée séreuse, qui disparut ensuite. Le principe du *cucumis colocynthis* constitue pour le porc et tous les animaux carnivores un excellent purgatif, tandis qu'il reste sans effet, même à haute dose, quand il est administré aux her-bivores.

M. Hiller (1) a essayé hypodermiquement un grand nombre de substances purgatives, parmi lesquelles nous citerons l'aloïne, la colocynthine, la citrul-line, l'extrait de la coloquinte, l'élatérine, l'acide cathartique, la leptandrine, l'évonymine et la baptisine. Cet auteur, en se basant sur ses propres expé-riences, croit qu'il est préférable d'administrer les purgatifs par la bouche et non par la voie sous-cutanée, qui ne doit être réservée que pour les cas où leur administration interne est contre-indiquée.

D'après M. Kaufmann (2) le podophyllin purge quelle que soit la voie d'ad-ministration que l'on choisit pour obtenir son absorption. Pour l'injection sous-cutanée, on dissout $0^{gr}.05 — 0^{gr}.15$ d'extrait résineux dans 5 grammes d'eau, avec addition de quelques gouttes d'ammoniaque, puis l'on injecte un gramme de cette solution et l'on renouvelle l'injection plusieurs fois si cela est nécessaire. La purgation se produit au bout de 5-8 heures.

D'après les résultats qui précèdent, il y a donc lieu d'essayer sur nos ani-maux domestiques les injections sous-dermiques avec des substances purga-tives, soit pour combattre la constipation, soit pour réveiller les mouve-ments péristaltiques du système intestinal. Ces injections sont notamment à conseiller chez les poulains et veaux nouveau-nés, lesquels sont assez sou-vent constipés par la rétention du méconium. Il est à noter que cette cons-tipation devient souvent grave chez ceux qui, pour une cause quelconque, sont privés du colostrum, c'est-à-dire du premier lait de la mère, lequel jouit par lui-même de propriétés éminemment laxatives.

Nous appelons sur cet intéressant sujet toute l'attention de nos con-frères.

Iode (Teinture d').

Effets physiologiques. — On constate les signes suivants : Appétit plus vif, digestion plus active, léger mouvement fébrile, augmentation de vigueur

---

(1) *Zeitsch. f. Klin. med.* Berlin, 1882, p. 481-497.
(2) *Précis de thérapeutique vétérinaire*, Paris, 1886, p. 502.

et de la plupart des sécrétions, sueurs partielles, propriétés fondantes et résolutions, action antiputride très prononcée. — A dose un peu élevée, il y a du malaise, des frissons, de l'abattement, des coliques, de la diarrhée, des vomissements chez les carnassiers, etc... Cet empoisonnement s'appelle iodisme.

L'injection d'eau iodée ou de teinture d'iode, étendue de beaucoup d'eau, ne produit pas d'accidents locaux, tandis que cette même teinture pure ou étendue de 4-5 parties d'eau se montre irritante et produit un gonflement plus ou moins considérable, se terminant souvent par abcédation. C'est en raison du mode d'action de l'iode, en solution concentrée, que les injections sous-dermiques à base de ce médicament doivent être rangées au nombre de celles qui ont pour but un effet local.

Emploi thérapeutique. — Les injections sous-cutanées d'eau iodée ou de teinture d'iode étendue d'eau ont été employées contre les maladies charbonneuses. C'est Davaine qui le premier conseilla ces sortes d'injections contre les diverses formes du charbon, car il avait démontré expérimentalement que, de tous les médicaments réputés antiseptiques, l'iode doit être considéré comme l'anti-charbonneux par excellence, puisqu'il suffit de $^1/_{12000}$ d'iode pour détruire la virulence des bactéries dans un liquide charbonneux (1).

Dans son étude sur les agents désinfectants, le Dr Koch, de Berlin, place l'iode au premier rang, parmi tous ceux qui ont la propriété d'arrêter le développement des bactéries dans les liquides de culture.

Tandis que, d'après les recherches de Krajeswki, l'iode (1 : 7200) détruit le virus bactérien au bout d'une heure de contact, l'acide phénique, par contre, ne donne le même résultat que dans la proportion de 1 : 80.

Les importants travaux de Davaine n'ont cependant pas été perdus et ses conseils ont été mis en pratique, avec des succès divers, par nombre de médecins et de vétérinaires, au nombre desquels nous citerons : Stanis-Cézard (2), Jaillot, Collot, Chipault, Verneuil, Raimbert, Remy, Labbée, Auger, Coulons, etc...

Bien qu'il soit permis d'espérer que la vaccination préventive, devenue une mesure obligatoire surtout dans les localités où les maladies charbonneuses sévissent épizootiquement, rendra fort rares ces désastreuses maladies, il est certain qu'il y aura toujours des cas isolés de charbon chez les bestiaux, par suite de l'ignorance et de l'incurie des gens de la campagne. En ce cas la conduite du vétérinaire sera toute tracée.

---

(1) Mémoires à l'Académie des sciences, 1869.
(2) Mémoire couronné par l'Académie des sciences, in *Recueil de médecine vétérinaire*, 1874, p. 584, 664 et 909.

Supposons qu'il s'agisse du charbon symptomatique ou bactérien, caractérisé par la formation de lésions extérieures immédiates (tumeurs œdémateuses, emphysémateuses et crépitantes), lesquelles ont une telle valeur étiologique qu'elles ne laissent guère de doute sur la nature des accidents qui suivront et dont ils sont les signes précurseurs. L'on sait aujourd'hui que chacune de ces tumeurs est le réceptacle de l'agent parasitaire qui, s'il n'est pas combattu immédiatement, entraîne rapidement une infection générale et puis la mort. Partant de cette donnée que le charbon symptomatique est une maladie parasitaire d'abord localisée, on a cherché à prévenir la pullulation des bactéries, en les détruisant sur place à l'aide des antiseptiques. A cet effet, on fera dans la tumeur charbonneuse des injections sous-cutanées iodées, dont le nombre doit toujours être proportionné à son volume, soit de 5-10 injections, chacune de 1-5 gr. de la solution iodique suivant la taille des animaux, de façon à baigner la méchante grosseur dans le liquide anticharbonneux, à circonscrire ainsi son étendue et à délimiter l'œdème qui l'entoure. Ces injections sont répétées plusieurs fois par jour et pendant plusieurs jours, sans s'inquiéter de la marche du mal, que celui-ci rétrograde ou qu'il progresse. On doit employer une solution d'iode ioduré au $^1/_{200}$ et même au $^1/_{100}$ dans les cas graves. L'addition d'une petite quantité d'iodure de potassium (1-2 grammes) a pour but de rendre l'iode plus soluble dans l'eau, d'empêcher sa précipation et partant la formation d'acide iodhydrique, qui est irritant. Dans les cas pressés, on formulera la solution avec la teinture d'iode, qui est au $^1/_{12}$.

Ces injections ne produisent ni phlegmon, ni abcès.

Il ne faut pas oublier que le traitement local d'une tumeur charbonneuse doit commencer le plus tôt possible, même quand elle paraît seulement suspecte, afin d'éviter l'introduction des bactéries dans le sang et par conséquent la transformation d'une maladie d'abord locale en une maladie générale. L'expérience a démontré que si la médication iodée est appliquée en temps utile, elle permet d'enrayer l'affection dans l'espace de 1-3 jours.

L'iode exerce sur l'empoisonnement charbonneux une action spécifique, en neutralisant ou en tuant les ferments morbiliques, d'abord localisés dans le tissu cellulaire plus ou moins congestionné par leur présence. Bien que M. le Dr Déclat doute que l'absorption du liquide antivirulent ait lieu dans les tissus œdématiés (1), nous sommes convaincu que ce liquide imbibe les tissus de la tumeur charbonneuse, qu'il y pénètre par diffusion et va exercer son action médicamenteuse sur tous les microbes qui y sont emprisonnés, d'où une guérison rapide et radicale. Les faits cliniques viennent du reste corroborer notre assertion.

____

(1) Voir journal du Dr Déclat : *La Médecine des ferments*, n° 23, 1880.

Mais la méthode antiseptique par l'iode appliqué localement est insuffisante et inefficace lorsque, par suite des progrès du mal, il existe une infection générale de l'économie par les bactéries ou leurs spores. Il en est de même lors de fièvre charbonneuse ou sang de rate, variété de charbon à marche beaucoup plus rapide, parfois foudroyante et engendrée par la bactéridie, laquelle, par le fait de sa rapide multiplication, vit aux dépens de l'oxygène du sang, provoque ainsi la décomposition du fluide vital qui est rendu noir et poisseux, amène l'asphyxie de tous les tissus vivants et une espèce de fermentation *ante-mortem*, en un mot des désordres organiques rapidement mortels. Disons que le succès dépend toujours de l'opportunité du traitement d'une médication convenable. En effet, comme dans la fièvre charbonneuse il se déclare une perturbation en quelque sorte foudroyante, eh bien, foudroyante aussi doit être l'action médicamenteuse. Il est indispensable de modifier presque d'un seul coup la crase sanguine, en tuant d'emblée les microphytes, afin de prévenir ou d'arrêter le mouvement de décomposition résultant de l'infection charbonneuse, de chasser ainsi la mort.

Nous devons encore mentionner qu'en cas d'incertitude dans le diagnostic d'une maladie charbonneuse, le vétérinaire peut toujours pratiquer des inoculations expérimentales ou encore recourir à l'examen micrographique d'une toute petite quantité de sang soustraite dans ce but expérimental à l'individu suspect.

Ces moyens d'investigation, encore peu usités dans la pratique vétérinaire, permettent de déterminer avec sûreté et une grande précision la nature du trouble morbide existant, ce qui permet au praticien d'agir de suite, et cela non-seulement dans l'intérêt du malade, mais aussi dans celui de son propriétaire.

En résumé, le traitement interne des affections charbonneuses plus ou moins généralisées comporte plusieurs indications qu'il est nécessaire de remplir simultanément :

1° Il faut réveiller et soutenir, au moyen d'un sel de strychnine, la vitalité de l'organisme si rapidement abaissée sous l'influence adynamique de l'intoxication charbonneuse ;

2° Il faut abaisser rapidement la température morbide, engendrée par l'empoisonnement charbonneux, de façon à rendre le sang impropre à la multiplication des parasites ;

3° Enfin il faut combattre directement l'agent morbide fortuitement introduit dans l'économie, chercher à neutraliser le poison charbonneux, à détruire la cause du mal et cela par l'institution d'une médication parasiticide, antidotique et antivirulente.

On aura recours de préférence à l'iode, administré *intus et extra*, c'est-à-dire sous forme de boissons ($^1/_{1000}$), de fumigations dans le local habité par le malade et d'injections sous-cutanées nombreuses et fréquentes, faites sur divers points de la surface du corps (solution au $^1/_{200}$ et même au $^1/_{100}$).

On pourra sans inconvénient administrer de 1 — 8 grammes d'iode, suivant la taille des animaux, dans l'espace de vingt-quatre heures.

Le docteur Van der Heyden (1) rapporte avoir fait dans les Indes quelques expériences sur le traitement de la peste bovine à l'aide d'injections intra-veineuses iodées, à raison de 15 — 20 milligrammes d'eau iodique par kilo-gramme de poids vif. Quatre bisons affectés de typhus furent ainsi rapidement guéris ; huit autres succombèrent malgré la médication antiviru-lente instituée. Mais le médecin hollandais précité présume que la proportion d'iode employée dans la solution était trop faible.

Un autre buffle, également atteint du typhus, après avoir été soumis à ce traitement, parut radicalement guéri ; néanmoins il succomba à la terrible maladie cinq jours après.

M. Trasbot a obtenu un bon résultat de l'emploi de la teinture d'iode (solu-tion au $^1/_{12}$) dans le traitement de l'engorgement gangréneux consécutif à la castration. Dès le second jour de ce traitement, l'engorgement resta station-naire ; au bout de quarante-huit heures, il commença à diminuer ; enfin la guérison fut complète au bout de huit jours (2).

A l'exemple de ce qui se fait aujourd'hui contre la pustule maligne de l'homme et cela souvent avec succès, M. H. Rossignol a eu l'idée d'injecter la teinture d'iode pure sous la peau de la région caudale, afin de limiter d'abord la progression de l'engorgement qui complique si fréquemment l'ino-culation du contage de la péripneumonie, puis d'en obtenir la rapide guéri-son. La peau de la queue des bêtes bovines étant très épaisse et résistante, notre confrère, dans le but de faciliter la pratique des injections sous-cuta-nées en cet endroit, donne le conseil de faire tout autour de la limite extrême de l'engorgement une couronne de ponctions, soit avec la pointe d'un bis-touri à serpette, soit avec un cautère à pointe fine et pénétrante. Ce dernier procédé lui paraît devoir être préféré, parce que les plaies résultant de la cautérisation au fer rouge ne se ferment pas par première intention et per-mettent ainsi de recourir à de nouvelles injections, si celles-ci deviennent nécessaires. Après avoir pratiqué une dizaine de pointes de feu, dirigées de

---

(1) Traitement des maladies contagieuses : *Jahresbericht über die Leistungen auf dem Gebiete der veterinär. medicin*, Berlin, 1883, p. 5.

(2) Traitement de la gangrène traumatique par les injections sous-cutanées et les applications extérieures de teinture d'iode. *In Recueil de médec. vétér. (Bulletin de la Soc. cent. de méd. vét.)*, 1885, p. 89.

haut en bas et parallèlement à l'axe de la queue, on introduit nécessairement dans chacune d'elles l'aiguille de la seringue Pravaz et l'on y injecte depuis un demi jusqu'à 1 et même 2 centimètres cubes de teinture d'iode.

On conjure de cette façon les effets désastreux et si souvent consécutifs à l'inoculation préventive du virus péripneumonique (1).

Nous avons essayé cette année avec beaucoup de succès les injections sous-cutanées de teinture d'iode pour combattre les suites souvent si graves de la morsure de la vipère commune ou aspic. Le traitement, esssayé sur cinq chiens dont l'un nous a été amené 26 heures après l'inoculation, a consisté dans l'injection dans divers points de l'engorgement inflammatoire d'une solution composée de $0^g.50$ — 1 gramme (suivant la taille) de teinture d'iode et de 5 centimètres cubes d'eau distillée, avec addition d'un peu d'iodure de potassium. En cas de besoin, nous avons renouvelé ces injections au bout de 10-12 heures, puis nous hâtions la disparition de l'œdème spécifique à l'aide de mouchetures, afin de donner écoulement à la sérosité jaunâtre accumulée dans les tissus enflés. De cette façon, nous avons toujours arrêté rapidement les progrès de l'empoisonnement, conjuré les accidents de gangrène locale et obtenu la guérison complète vers le quatrième jour. Nous recommandons ce genre de médication contre toutes les plaies envenimées.

On a découvert, il y a déjà quelques années, que dans les cadavres en putréfaction se formaient des alcaloïdes spéciaux appelés *ptomaïnes* et jouissant d'une grande puissance toxique. Or, les récentes recherches de M. Villiers, communiquées à l'Académie des sciences, semblent prouver que ces poisons ne se forment pas seulement dans le corps après la mort, mais qu'ils prennent naissance déjà pendant la vie, dans certaines maladies (choléra nostras) et contribuent alors à empoisonner le malade. Si donc il est vrai que certaines affections se terminent par un empoisonnement dont la source est dans la maladie elle-même, on est en droit de se demander s'il ne sera pas possible d'empêcher la mort au moyen d'un contre-poison administré d'une façon continue, jusqu'à ce que la cause productive de l'intoxication soit détruite : « *Sublata causa, tollitur effectus* ». C'est l'iode qui convient peut-être le mieux pour arriver à ce but, parce que les alcaloïdes mis en présence de ce médicament forment un composé insoluble, devenant dès lors une matière inerte pour l'organisme.

Mais on a fait avec l'iode d'autres tentatives sur le terrain de la thérapeutique ; on l'a notamment employé sous forme d'injections à effet local.

---

(1) Des injections sous-cutanées de teinture d'iode comme moyen d'éviter le développement des engorgements qui succèdent assez souvent à l'inoculation de la péripneumonie dans la région caudale. Voir *Bulletin de la Soc. de méd. vét. prat. In Presse vétérinaire*, 1885, p. 56.

Observation de M. Bizard, vétérinaire militaire (1). — Il s'agit d'un chien braque, âgé de cinq mois, appartenant à un officier du 7ᵉ dragons et affecté d'un goitre héréditaire. Le cou présentait une tumeur bilobée, de la grosseur d'une pomme. Le 7 décembre, injection dans le sein même de chaque lobe du goitre de 1 gramme de teinture d'iode. Le lendemain on constate un œdème indolent et assez prononcé, lequel disparaît dans l'espace de quatre jours. M. Bizard perd ensuite le sujet de vue pendant quelque mois. On ne le lui représente que le 21 mars suivant. Le goitre paraît avoir un peu diminué et est devenu plus induré. Ce jour-là on renouvelle l'injection, mais dans le tissu cellulaire sous-jacent à la peau de la tumeur, au niveau de chacun des corps thyroïdes. Peu après, apparition d'un fort œdème, chaud et douloureux, lequel, vers le sixième jour, se termine par un abcès. L'animal est un peu triste et a perdu de son appétit. Puis l'engorgement se résorbe petit à petit et la tumeur va en diminuant graduellement jusqu'à disparition complète.

Observation de M. Johne (2). — Un dromadaire, âgé de un an et demi, était affecté d'un goitre kysteux, gros comme la moitié de la tête d'un homme, lequel, en comprimant la trachée, occasionnait une grande gène de la respiration. Le docteur Johne songea à utiliser les injections parenchymateuses de teinture d'iode. A cet effet, il ponctionna d'abord, de chaque côté, la tumeur à l'aide d'un trocart; cette ponction donna issue à une certaine quantité de sérosité jaunâtre et albumineuse. Malgré cela le volume de la tumeur ne s'étant guère réduit, ce praticien injecta, avec une seringue de Pravaz et par les deux ponctions déjà faites, environ 2 grammes d'un mélange à parties égales de teinture d'iode et d'eau. Ces injections irritantes furent suivies d'un gonflement douloureux du goitre, lequel disparut au bout de quelques jours et devint de moins en moins prononcé avec les injections ultérieures. Enfin on injecta dans chaque point précédemment ponctionné 1 gramme de teinture d'iode pure. A la suite de ce traitement la tumeur s'était finalement réduite de moitié et il est probable qu'on eût obtenu sa guérison complète si l'animal n'avait pas été vendu et que la médication aurait pu être continuée.

La teinture d'iode injectée sous-cutanément constitue encore la base d'une nouvelle méthode de révulsion, susceptible de rendre de grands services dans le traitement des dilatations synoviales, articulaires et tendineuses : molettes, vessigons, efforts de tendons, etc. Ainsi M. Chassaing (3), vétérinaire à

---

(1) Archives vétérinaires d'Alfort, 1878, nᵒ 11.

(2) Bericht über das veterinärwesen in Sachsen für 1881, angezeigt in der œsterreichischen. Vierteljahresschrift für veterinärkunde, Bd. 58.

(3) Note communiquée.

Pamiers, n'a eu qu'à se louer de l'emploi de ce moyen de traitement. Il a recours à des injections, soit de teinture d'iode pure, soit étendue de un demi ou des deux tiers d'eau, avec addition d'un peu d'iodure de potassium, dans le but d'empêcher la précipitation de l'iode métallique et d'assurer la limpidité du mélange. Notre confrère méridional n'a employé la teinture d'iode pure que pour les efforts de tendons et les molettes indurées, à la dose de 2 à 3 grammes, en deux piqûres; il en résulte un fort engorgement et le malade peut reprendre rapidement son service.

Pour les efforts de tendons, il faut déposer le médicament aussi près que possible du point malade, et pour les distensions synoviales à proximité du mal. Si l'hydarthrose présente un grand volume, on peut même pratiquer plusieurs injections sur toute sa périphérie et une autre vers son centre. Il cite notamment plusieurs guérisons opérées sur des chevaux d'officiers qui, à la suite d'une course forcée, furent affectés de molettes, lesquelles les rendirent fortement boiteux; 4 grammes d'un mélange à parties égales de teinture d'iode et d'eau furent injectés dans le tissu conjonctif sous-cutané, de façon à entourer chaque molette d'une espèce de bandage contentif; les animaux purent parfaitement faire les grandes manœuvres.

Une ânesse, atteinte d'un effort tendineux, fut radicalement guérie par l'injection sous-dermique, en plusieurs points, de 1 gramme de teinture d'iode pure. Il est à noter que l'engorgement du membre, consécutif à l'injection médicamenteuse, peut persister assez longtemps, parfois pendant deux mois (1).

Nous avons essayé le traitement ci-dessus mentionné contre un effort tendineux d'un membre antérieur chez un cheval âgé de douze ans et contre le vessigon rotulien chez un jeune poulain; les résultats ont été complètement nuls. Nous préférons de beaucoup, en pareils cas, recourir d'abord à une application vésicante et dérivative, puis, si besoin est et selon les indications, soit à l'application du feu en pointes fines ou pénétrantes, soit à l'injection au sein de l'hydarthrose d'une solution iodée.

Nous avons fait avec succès, il y a quelques mois, une injection iodée (1 centimètre cube de teinture d'iode avec autant d'eau et q. s. d'iodure de potassium) dans l'intérieur d'un kyste, gros comme un œuf de pigeon, développé sur le dos d'un cheval de gendarme, par suite des frottements répétés d'une selle mal ajustée, tumeur qui avait résisté à la ponction simple et à l'application d'une pommade vésicante. Il se développa un engorgement dur, gros comme un œuf de poule, qui disparut progressivement dans l'espace

---

(1) Rapport de M. Nocard sur le concours de thérapeutique. *In Bulletin de la Soc. centr. de méd. vét.*, 1884, p. 275.

d'un mois, entraînant avec lui la résolution complète du kyste. Pendant ce temps le solipède fut monté en couverture.

Iodoforme.

Ce composé iodique, formé par la combinaison de l'iode avec de l'alcool, renferme 94.4 pour 100 d'iode; il est presque insoluble dans l'eau ($1/3000$), soluble dans l'olcool ($1/50$), l'éther ($1/6$), les corps gras et les huiles ($1/50$).

Effets physiologiques.— Anesthésique local et général, Moleschortt, Binz, Rossbach, Rummer, Hogyes ont obtenu, avec de faibles doses (5—10 centigrammes, chez les chiens et les lapins), une légère diminution des mouvements respiratoires et un ralentissement notable des battements du cœur (de 140—108) et une augmentation de l'appétit. A dose un peu forte, l'iodoforme produit de l'anorexie, des nausées, des vomissements, de la diarrhée, des convulsions, etc. Chez le chien, la dose de 2 grammes entraine la mort par arrêt paralytique du cœur et des poumons et en provoquant la dégénérescence graisseuse du foie, de la rate, du pancréas, du cœur et des muscles.

Effets locaux. — L'iodoforme a sur les préparations iodiques le grand avantage de ne produire à petite dose aucune irritation locale ; tout au plus remarque-t-on parfois des indurations insignifiantes. Mais l'injection d'une assez grande quantité   cet agent produit toujours du gonflement, non suivi d'abcédation (1).

L'iodoforme se donne aux mêmes doses que l'iode, en le dissolvant dans l'alcool, la glycérine ou l'huile d'amandes douces.

Emploi thérapeutique. — L'iodoforme, possédant les mêmes propriétés que l'iode et les iodures alcalins sur la circulation et la nutrition, pouvait être utilisé dans les mêmes cas, intérieurement et extérieurement : goître, scrofule, maladies cancéreuses, engorgements ganglionnaires, arthrites anciennes, etc.

Sous la forme pulvérulente, l'iodoforme enlève la douleur, hâte la cicatrisation des plaies : blessures traumatiques, plaies chirurgicales, ulcérations de mauvaise nature, ecthymas, crapaud, etc.

En raison de ses propriétés calmantes, l'iodoforme est indiqué dans les affections chroniques des bronches.

L'iodoforme s'est montré impuissant à tuer le virus bactérien.

---

(1) Expériences faites sur les animaux par Binz et Högyes. *In Archiv für exp. Path. und Pharmacologie*, 1878, p. 309 et 1879, p. 228.

L

Laurier-Cerise (HYDROLAT DE) (Calmant).

L'eau de laurier-cerise de la pharmacopée allemande contient $\frac{1}{1000}$ d'acide cianhydrique pur, tandis que celle de la pharmacopée française n'en contient que la moitié, c'est-à-dire 5 centigrammes par 100 grammes d'eau.

L'action locale de l'eau distillée de laurier-cerise n'est pas irritante ; si parfois elle donne lieu à de légers accidents locaux, ceux-ci [doivent alors être attribués à son acidité par suite de son oxydation au contact de l'air et de la lumière.

C'est un médicament sédatif et antispasmodique, indiqué contre les palpitations cardiaques, la toux nerveuse, la bronchite, le lombago, etc...

<pre>
Dose : 10 à 20 grammes pour les grands animaux ⎫ suivant
             5   —   pour les moyens   —   ⎬ la taille.
       0.50 à 2   —   pour le chien   ⎭
</pre>

L'eau de laurier-cerise est souvent utilisée comme véhicule pour les solutions hypodermiques ; avec les sels de morphine, par exemple, elle donne des solutions parfaitement limpides et d'une conservation indéfinie.

M

Bichlorure de mercure.

Le sublimé corrosif est soluble dans 6 parties d'eau froide, très soluble dans l'alcool, l'éther et la glycérine ($^{7.50}/_{100}$).

Introduit sous la peau, ce sel détermine un engorgement considérable du tissu cellulaire sous-cutané et du système lymphatique de la région. En raison de sa violente action escharotique, il importe de n'employer ce sel qu'avec beaucoup de circonspection et d'en surveiller les effets locaux et généraux.

Dans le tissu cellulaire, 5 — 10 centigrammes sont généralement suffisants pour déterminer la mort de petits quadrupèdes. La dose de $0^{gr}.25$ est léthale pour le cheval.

La dose thérapeutique à injecter d'un seul coup est de :

<pre>
$0^{gr}.03$ à $0^{gr}.05$ pour les grands animaux.
0   002   0   005 pour les moyens   —
0   001 .... pour le chien.
</pre>

Afin d'avoir le moins d'accidents locaux possibles, il est bon de faire dissoudre le bichlorure dans un véhicule composé de 3 parties d'eau distillée, et 1 partie de glycérine.

Emploi thérapeutique. — Contre le vertige, les maladies cutanées rebelles, telles que l'eczéma, l'impétigo, les dartres, etc.

MM. Arloing, Cornevin et Thomas ont démontré que la solution de sublimé, dans la proportion de $^1/_{5000}$, était encore antivirulente. — M. Krajewski a constaté expérimentalement que le sublimé corrosif, dans la proportion de 1 : 800 d'eau, détruit le virus bactérien dans l'espace de 2 — 4 minutes. Il conseille l'emploi de ce médicament en injections sous-cutanées contre les tumeurs charbonneuses (1).

Morphine et ses sels (Narcotiques).

Les composés de morphine les plus usités sont :

Le chlorhydrate de morphine. — Le sulfate de morphine. — L'acétate de morphine.— Le nitrate de morphine.— Le tartrate de morphine.— Le bromhydrate de morphine.

De tous ces sels de morphine, le plus usité est l'hydrochlorate de morphine, à cause de sa facile solubilité dans l'eau ($^1/_{25}$).

Principaux effets physiologiques. — L'injection sous-cutanée de morphine produit des nausées et des vomissements réitérés chez les carnivores, quand elle est faite immédiatement ou peu de temps après le repas (2 à 3 centigrammes chez le chien), et, chez tous les animaux, une action dépressive sur le système nerveux, suivie d'un assoupissement plus ou profond. Mais si l'absorption de la morphine fait dormir, elle exalte d'abord la sensibilité générale, car, dans son action on peut distinguer deux périodes bien caractérisés : 1° une période d'excitation, consistant dans des désorbres cérébraux et des convulsions tétaniques, causées par une exagération de l'excitabilité du pouvoir réflexe de la moelle (2) ; 2° une période de prostration, d'insensibilité ou de sommeil narcotique.

Période d'excitation. — Les injections sous-cutanées de morphine sont toujours suivies chez les solipèdes de phénomènes d'excitation plus ou moins prononcés, se manifestant généralement au bout de 25 à 30 minutes et pouvant durer en moyenne d'une demi-heure à deux heures. C'est Claude Bernard qui, dans ses leçons de physiologie expérimentale, a le premier signalé la

---

(1) *Veterinærwesen :* Ueber, désinfection.
(2) La moelle épinière ne subit l'atteinte de la morphine qu'après le cerveau.

manifestation de ces signes d'excitation, produits uniquement par l'action excitante initiale de la morphine (1).

En tout cas, voici ce que l'on constate à la suite d'une injection de 0^{gr}.25 de chlorhydrate de morphine. Les effets de l'injection restent d'abord inappréciables pendant quelque temps, 40 minutes environ. Puis l'animal devient inquiet, il s'agite et gratte le sol avec ses pieds de devant ; ses yeux sont brillants et les muqueuses apparentes plus colorées ; il se manifeste des signes de coliques, pendant lesquelles le sujet se couche et se relève sans cesse ; le ventre est tendu et un peu ballonné ; la queue et les oreilles sont agitées continuellement, la respiration et les battements du cœur sont très accélérés, le pouls est petit et quelquefois imperceptible (ce qui ne doit pas inquiéter) ; il y a élévation de la pression sanguine et de la température, diminution de l'appétit, augmentation de la soif par suite d'une sécheresse de la gorge et de la bouche, difficulté de la déglutition, constipation, démangeaisons, sueurs d'abord localisées en certains points de la peau puis devenant peu à peu générales et plus ou moins abondantes, grande sensibilité au moindre bruit, hennissements répétés, expulsion fréquente d'urine avec ou sans érection. Si le cheval est en liberté, on le voit souvent tourner en cercle, tandis qu'à l'écurie il tire sur sa longe. Ces désordres cérébraux ne doivent pas être considérés comme inquiétants, surtout chez les chevaux de race commune, vu que cette espèce de surexcitation nerveuse ne tarde pas à disparaître. Ce n'est que dans quelques cas exceptionnels que les injections hypodermiques peuvent être suivies de désordres cérébraux pouvant présenter quelque danger. M. Macgillivray a vu deux solipèdes, ayant reçu une injection morphinée, lever la tête, avoir les yeux étincelants et piaffer fortement avec les membres de devant ; cet état a duré de 3 — 4 heures, puis tout a rentré dans le calme. M. Delamotte (2) cite le cas d'un baudet espagnol, atteint de tétanos, qu'il a essayé de traiter avec le chlorhydrate de morphine (1 gramme dissous dans 30 grammes d'eau) introduit sous la peau. Au bout de 20 minutes, l'animal fut pris d'un accès de délire ou de vertige furieux, avec photophobie ; il s'élançait dans la mangeoire, frappait des pieds et était devenu inabordable. Heureusement la mort arriva assez vite pour mettre un terme à ce terrible accès, qui ressemblait fort à un accès rabique. M. Friedberger, professeur à l'École vétérinaire de Munich, a observé des accidents analogues après deux injections de 10 centigrammes de chlorhydrate de morphine chacune.

Nous croyons utile de faire remarquer qu'à part la sécrétion sudorale qui

---

(1) Vogel : *Arzneiwittellehre*, p. 526.
(2) *Revue critique de la thérapeutique du tétanos*, Alger, 1881.

se trouve plus ou moins augmentée chez les animaux, par contre toutes les autres sécrétions sont toujours amoindries ou supprimées. C'est ainsi que sont abolies les sécrétions de toutes les glandes qui versent leurs produits dans le tube gastro-intestinal, ce qui explique l'arrêt de la digestion chez tous les individus morphinisés et la formation facile d'indigestions ou de vomissements chez ceux qui viennent de faire leur repas. Ceci a, du reste, été démontré expérimentalement par Claude Bernard. L'immortel physiologiste a injecté dans le jabot de plusieurs pigeons, auxquels on venait de donner à manger du grain tout leur soûl, une dissolution aqueuse de chlorhydrate de morphine et il a constaté que ceux des oiseaux qui n'avaient point reçu de morphine avaient le jabot complètement vide après quelques heures, tandis que chez les morphinisés le jabot restait plein et dur pendant plusieurs jours.

Période de coma. — Mais la période d'excitation une fois dissipée, celle-ci est toujours suivie d'une période de stupéfaction, caractérisée par la production d'effets narcotiques : c'est le sommeil morphinique. On trouve alors le cheval tranquille ; la tête paraît lourde et est inclinée vers le sol ; les yeux sont à demi-fermés ; il semble dormir debout. Ordinairement l'animal, qui a reçu sous la peau une bonne dose de sel de morphine, se tient constamment couché, et, si on le fait lever, si on l'oblige à marcher, il chancelle, éprouve des vertiges et trébuche presque à chaque pas ; la vue est pervertie et les pupilles sont contractées. Tous les sens sont tellement obscurcis que l'animal morphinisé ne sait plus où il est ; il ne reconnaît plus son maître et n'entend plus la voix qui l'appelle, ni le claquement du fouet ; l'appétit est complètement perdu. Les facultés intellectuelles sont engourdies et la sensibilité générale, sinon abolie, du moins souvent tellement affaiblie ou émoussée, qu'on peut impunément piquer les sujets endormis avec un bistouri aigu sans leur arracher le moindre cri, sans qu'ils manifestent la moindre douleur. On constate aussi quand la dose de morphine n'a pas été trop élevée, que certains animaux sont très sensibles aux bruits ; ainsi il suffit de frapper sur une table ou sur le sol pour réveiller momentanément le chien ; celui-ci cherche alors à fuir dans une autre direction et retombe presque aussitôt dans son sommeil. Certains sujets morphinisés ont des hallucinations, des rêves qu'ils manifestent par des cris spéciaux.

La morphine produit aussi une congestion des muqueuses avec hypersécrétion, ensuite une anémie des muqueuses avec sécheresse. M. Kaufmann a constaté notamment qu'en coupant l'oreille d'un cochon d'Inde morphinisé, elle ne saigne pas et cependant la plaie est fortement rouge.

Au réveil, qui a lieu après deux ou plusieurs heures, même après dix heures, les animaux paraissent lourds et hébétés ; les yeux sont hagards et l'arrière-train à demi-paralysé. Le chien à peur et cherche à se cacher dans un endroit obscur. Dans tous les cas, il faut aux animaux endormis par la morphine environ un jour pour récupérer leur état physiologique.

Il va sans dire qu'il y a d'assez notables variations dans le tableau symptomatique que nous venons de dresser, tant du côté des signes d'excitation que du côté de ceux de stupéfaction. Les effets de la morphine sont, en effet, très variables, suivant la dose d'alcaloïde injectée, l'espèce animale, et, dans chaque espèce, selon l'âge, le tempérament, l'idiosyncrasie, etc.

Effets toxiques de la morphine. — Quand on donne d'emblée une dose trop forte de morphine ou des doses médicinales trop rapprochées, il en résulte un empoisonnement plus ou moins grave, pouvant même entraîner la mort. En voici les symptômes les plus marquants : engourdissement général, obtusion des sens, contraction des pupilles, vertiges, assoupissement comateux ; perte de l'instinct, de l'intelligence et du mouvement; station difficile ou impossible, tremblements musculaires spasmes, convulsions, parfois agitation désordonnée, puis paralysie générale, relâchement des sphincters, expulsion involontaire d'excréments et d'urine ; muqueuses cyanosées, abaissement graduel et rapide de la température, enfin chute sur le sol, sueurs froides et mort par asphyxie.

Nous avons rapidement tué un assez fort cheval en injectant sous la peau 3^{gr}.20 de chlor. de morphine et M. Kaufmann a produit la mort chez une ânesse à la dose de 1^{gr}.80.

Chez l'homme l'usage abusif des injections sous-cutanées de morphine a créé une maladie nouvelle, appelée *morphinomanie* ou *morphinisme*, état morbide aussi dangereux que le *delirium tremens* et caractérisé par la constipation, la perte de l'appétit, un amaigrissement progressif, l'anémie, une somnolence quasi continuelle, la torpeur intellectuelle, une dépression générale des forces, une grande prédisposition aux inflammations graves, enfin le marasme et finalement la mort. C'est que l'homme souffrant s'habitue à la morphine comme il y en a qui s'habituent à prendre de l'alcool; il en est de même de ces fumeurs et mangeurs d'opium, dans les pays orientaux, lesquels s'empoisonnent petit à petit pour le plaisir de dormir et surtout de se procurer des rêves faciles et agréables. A l'époque où Wood préconisa les injections sous-cutanées de morphine dans l'unique but d'endormir la douleur, il ne se doutait pas qu'il mettait dans la main de l'homme malade une arme à deux tranchants, dont l'abus ne peut que hâter sa fin. Nous devons constater qu'en médecine humaine l'emploi de la morphine s'est si généralisé et si étendu, qu'aujourd'hui on la donne bonalement dans presque toutes les maladies et cela à tort et à trave   Il convient de s'élever contre un pareil abus. Si la morphine constitue pour le médecin un bon médicament, ce dernier ne doit en user que dans les cas parfaitement déterminés (1).

En résumé, la morphine agit non seulement sur le système cérébro-spinal, en diminuant graduellement l'élément douleur, mais elle fait encore sentir son action sur les nerfs vaso-moteurs, puisqu'elle ralentit insensiblement le pouls, provoque une abondante exhalations de la sueur et produit un certain abaissement de la température. Nous avons de plus constaté expérimentalement qu'à haute dose, l'emploi de la morphine entraine inévitablement de l'albuminurie et de la glycosurie.

Ainsi, tandis qu'à la dose quotidienne de 1-2 centigrammes injectée sous-cutanément, cet alcaloïde ne donna aucun résultat appréciable, nous obtînmes dans l'urine du sucre et de l'albumine en assez grande abondance, en portant la dose à $0^{gr}.05$; mais ces signes disparurent presqu'aussitôt avec la suppression des injections de morphine. Bien que les sujets d'expériences (chiens) conservaient leur appétit, ils maigrissaient et s'affaiblissaient d'une façon assez sensible.

L'opium a une action stimulante cardio-vasculaire beaucoup plus prononcée que celle de la morphine; il élève le pouls, augmente l'ampleur de ses pulsations et excite en même temps la fonction calorigénésique.

L'action combinée de la morphine et du chloroforme a été constatée presque simultanément par M. Neubaum et Cl. Bernard. La morphine, donnée avant le chloroforme, amène une résolution musculaire profonde; donnée après elle prolonge la narcose chloroformique. Des recherches expérimentales faites à Versailles ont démontré qu'il suffisait d'une injection hypodermiques de $0^{gr}.05$ de morphine donnée après des inhalations de chloroforme pour prolonger pendant quatre heures l'insensibilité (2).

L'injection sous-cutanée de chlorhydrate de morphine, suivie de près d'un lavement de chloral, amène également une résolution musculaire complète (Voir pour plus de détails l'art. CHLORAL).

Le tableau suivant, emprunté au travail de Claude Bernard, permet de se rendre compte rapidement du rang occupé par les six principaux alcaloïdes contenus dans l'opium sous le rapport de leur pouvoir sporifique, convulsivant et toxique.

ACTION HYPNOTIQUE : 1) narcéine-2) morphine 3;) codéine (3).

---

(1) Consulter l'ouvrage du docteur Levinstein : *Die Morphiumsucht, eine monographie nach eigenen Beobachtungen*, Berlin, 1877. — La morphinomanie, édition française, 1880.

(2) *Recueil de médecine vétérinaire*, 1864.

(3) Nous considérons la codéine comme très peu analgésique et soporifique ; elle ne devient toxique pour le chien qu'au-dessus de 15 centigrammes.

Action tétanique : 1) thébaïne ; 2) papavérine ; 3) narcotine ; 4) codéïne 5) morphine ; 6) narcéïne.

Action toxique : 1) thébaïne ; 2) codéïne ; 3) papavérine ; 4) narcéïne ; 5) morphine ; 6) narcotine.

La morphine s'élimine assez vite par les reins et la sueur.

L'élimination commence quelques heures après l'administration et dure plusieurs jours.

L'antagonisme entre la morphine et ses dérivés et l'atropine paraît n'être que problématique. Pour notre compte, nous aurions plus de confiance dans la caféïne ou la strychnine pour combattre l'intoxication par la morphine.

Effets locaux. — A part une douleur très vive, mais purement fugace, à l'endroit de la piqûre, ceux-ci sont à peu près nuls, quand l'injection est bien faite et qu'on se sert d'une solution aqueuse. Dissoute dans de l'alcool même étendu d'eau, la morphine a l'inconvénient de provoquer un certain engorgement local ou bien un petit kyste, lequel se résout tout seul. — Les solutions de chlorhydrate de morphine dans l'eau se troublent rapidement, s'altèrent et deviennent plus ou moins irritantes.

D'après M. Luton, l'eau de laurier-cerise serait non seulement le meilleur dissolvant de la morphine et de l'atropine, mais elle contribuerait encore à favoriser l'absorption, à augmenter l'action narcotique et à conserver la solution pendant plus ou moins longtemps et sans la moindre altération. On a proposé aussi l'emploi, comme véhicule, de glycérine, d'alcool, un mélange de glycérine, d'alcool et d'eau, l'eau salicyliquée à $^2/_{1000}$, une solution légère d'acide phénique, etc...

M. le docteur Eulenbourg (1) dit que l'action calmante de la morphine ne s'exerce pas seulement dans le point où l'injection a été faite, mais encore dans toute la région de la peau desservie par le système nerveux local ; la sensibilité locale se trouve plus ou moins émoussée, amoindrie et même complètement éteinte. Le fait a, du reste, été démontré expérimentalement par M. Hilsmann, sous la direction du professeur Polly (2).

Les disques de Savory et Moore contiennent chacun 1 centigramme de morphine ; ils sont solubles à chaud sans résidu dans quelques gouttes d'eau.

Doses. — Les doses de morphine à injecter sous la peau varient beaucoup ; toutefois on peut les fixer ainsi : doses calmantes : 15 à 30 centigrammes et

---

(1) *Hypodermatische Anwendung der Arvneimittel*, 1875 et 1880.
(2) *Beitræge zur hypoderm.* Inject. des morph., Strassburg, Inaug. diss., 1875.

même au-dessus pour les grands quadrupèdes; 5 à 10 centigrammes pour le porc, la chèvre et le mouton; 1 à 2 centigrammes pour le chien, enfin 5 milligrammes pour le chat. D'une façon générale, il est prudent et sage de ne pas dépasser 1 gramme pour les grands sujets et 8 centigrammes pour l'espèce canine. Comme doses hypnotiques, voir plus loin.

Hertwig admet que la morphine est trois fois plus active que l'opium et qu'ainsi les doses de cet alcaloïde doivent être réduites au tiers de celles de l'opium (1).

Le docteur Levi (2), de Pise, préconise l'emploi de la solution suivante :

Chlorhydrate de morphine.............	1 gramme.
Glycérine...........................	20 —
Aqua distillata.....................	30 —

Chaque gramme de cette solution contient 2 centigrammes de substance active. Dose à injecter et susceptible d'être réitérée suivant le besoin :

Aux solipèdes...............	5	grammes.
— bovidés.................	5 à 8	—
— porcs..................	2	—
— chiens.................	0.50	—

A la Société vétérinaire de l'Ohio, la question de la dose de morphine, propre aux injections sous-cutanées, ayant été soulevée, M. Hellock a dit avoir donné, dans une nuit, 35 grains (1^r.75) en une injection et avoir trouvé le cheval mangeant le matin. Mais la majorité des membres de la réunion ont pensé que la dose doit varier de 3 à 5 grains (15 à 25 centigrammes) (3).

De tous les animaux l'homme est de beaucoup le plus sensible à l'action de la morphine. Il en est de même des jeunes sujets vis-à-vis de ceux qui sont adultes. L'action de la morphine, comme celle de bien d'autres agents médicinaux, présente, en effet, de grandes différences, non seulement d'une espèce à l'autre, mais encore suivant les individus; il y a, sous ce rapport, des tolérances et des intolérances vraiment singulières, dépendantes d'une infinité de conditions individuelles, depuis la plus simple idiosyncrasie jusqu'à la constitution la mieux conformée, depuis la sensibilité la plus vive jusqu'à l'impressionnabilité la plus émoussée. Les enseignements de la médecine expérimentale nous apprennent que certains animaux peuvent sup-

---

(1) *Arrneimittetlchre für Thiercærzte*, 1882.
(2) Delle iniezioni ipodermiche negli animali, lezione, dettata, Pisa, 1875, p. 13.
(3) *American veterinary Review*, février 1884.

porter des doses relativement considérables de morphine et autres alcaloïdes par rapport à leur taille. Il suffira d'invoquer sur ce point l'opinion de Claude Bernard relativement à l'impressionnabilité des animaux : « Ce n'est pas toujours par le poids de l'animal qu'il faut mesurer la dose de poison ou de médicament destiné à produire un effet donné. Un animal de petite taille supportera des doses relativement plus considérables que celles qui tueraient un animal de grande taille (1). »

Ainsi le lapin supporte des doses plus fortes que le chien, et pour produire la mort d'un pigeon adulte, il faut injecter sous la peau de cet oiseau de 8 à 10 centigrammes de morphine.

Le docteur Hermann (2) cite notamment le cas d'une femme des environs de Zurich (Suisse), qui, chaque jour, s'injectait elle-même sous la peau la dose prodigieuse de 1^{gr}.20 de chlorhydrate de morphine.

Le professeur Holzmann (3), de Kazan, a fait quelques expériences sur l'espèce canine, si sensible pourtant à l'action de la morphine, lesquelles fournissent la preuve que certains sujets peuvent supporter sans inconvénient des doses très élevées qui seraient toxiques pour d'autres. Ainsi, une injection de 8 milligrammes de morphium muriaticum, faite à un petit chien, entraîna un sommeil pendant vingt-quatre heures ; pareille dose fit dormir pendant trois heures seulement un dogue, tandis que 10 centigrammes introduits sous la peau d'un chien courant ne produisirent presque pas d'effet. Un autre chien, qui avait subi une injection sous-cutanée de 0^{gr}.125 de chlorhydrate de morphine, s'endormit déjà au bout de quinze minutes et resta plongé dans le sommeil pendant quarante-six heures consécutives, après quoi il mourut. Il est à noter que la température baissa progressivement ; d'abord à 40°.1, elle s'arrêta à 25°.5.

Une injection de 10 centigrammes de chlorhydrate de morphine, faite par nous à un fort chien courant, le fit dormir pendant huit heures consécutives, puis il se réveilla peu à peu.

Un distingué confrère, de Paris, M. Weber (4) a également constaté dans sa longue pratique que certains sujets ont une grande tolérance pour la

---

(1) *Leçons sur les effets des substances toxiques et médicamenteuses*, p. 333.

(2) *Experimentelle toxicologie*, von L. Hermann, p. 373.

(3) *Zur hypodermatischen Arwendung der Arzeneimittel in der Thierheilkunde, von Holzmann, magister der veterinær-medicin, in kasau (Russland), in Oesterr. Monatschrift für Thierheilkunde, von Koch, Vien,* 5ter Sahrgang, 1880, n° 2 *und folgende.*

(4) *Bulletin de la Soc. centr. de méd. vét.*, 1883, p. 310.

morphine, car il a pu injecter à un chien de petite taille jusqu'à 20 centigrammes de cet alcaloïde sans compromettre son existence.

Il résulte des considérations exposées plus haut que la dose toxique de morphine varie dans des limites fort étendues ; aussi il est préférable de débuter par une dose d'abord petite, qu'on aura soin de répéter ou d'élever, lorsque celle-ci ne produit pas l'effet désiré, c'est-à-dire si elle agit trop faiblement. Avec une dose relativement massive, on s'expose parfois à voir surgir des accidents graves, attendu qu'on ne connaît pas d'avance la susceptibilité de l'individu, ni sa résistance au remède.

Usages thérapeutiques. — La morphine est certainement le médicament qui, sous le rapport hypodermique, a été le plus souvent utilisé en médecine vétérinaire. Nous allons exposer successivement ses diverses applications.

Tétanos. — Le tétanos est une de ces graves maladies, mortelles neuf fois sur dix, contre lesquelles on a épuisé tout l'arsenal thérapeutique : éther, chloroforme, opium, morphine, atropine, ergotine, chloral, ésérine et bien d'autres encore ; tous ces agents ont été essayés par nombre de praticiens et administrés de bien des façons, quelquefois avec succès, mais le plus souvent avec un résultat négatif. En attendant qu'on connaisse mieux la nature intime de cet état pathologique et qu'on arrive à lui opposer un médicament spécifique, comme la quinine contre la fièvre intermittente, le mercure contre la syphilis ou le salicylate de soude contre le rhumatisme articulaire aigu, il nous paraît logique pour le praticien d'instituer une médication symptomatique rationelle. Laisser agir dame Nature, rester dans l'expectation, ne recourir à aucun traitement et se borner à de simples soins hygiéniques, ainsi que le propose le professeur Trasbot (1), ce serait proclamer bien haut l'impuissance de la médecine. On ne peut certes pas avoir la prétention de vouloir toujours guérir ; de même, vouloir trop demander à un médicament, c'est lui nuire. Ne rencontre-t-on pas dans la plupart des maladies de ces cas suraigus et foudroyants qui bravent d'emblée toute espèce de médication ? La statistique étant le meilleur procédé à employer pour démontrer la valeur relative des résultats donnés par les injections sous-cutanées médicamenteuses, nous allons résumer les divers cas de tétanos où la morphine a été employée.

Les injections hypodermiques de morphine ont été essayées contre le tétanos par Wehenkel, alors répétiteur à l'École vétérinaire de Cureghem. L'effet obtenu a été plutôt défavorable (2).

---

(1) Mémoire sur le traitement du tétanos. *In Archives* publiées à l'École vétérinaire d'Alfort, 1878, p. 561.
(2) *Annales de méd. vét.* de Belgique, 1866, p. 630.

Stockfleth (1), après avoir pratiqué à une petite chienne de race anglaise une injection sous-dermique de 0^{gr}.013 d'acétate de morphine dans la région de l'épaule, constata qu'au bout de dix minutes déjà les membres étaient devenus moins raides et plus faciles à remuer. La respiration devint aussi plus calme et l'animal s'endormit profondément. Après le réveil, qui eut eu quatre heures plus tard, il se leva tout seul ; la guérison fut très rapide.

Schirlitz (2) fait mention d'une cure semblable, opérée sur un cheval tétanique à l'aide d'injections hypodermiques de morphine, faites à l'encolure. Ayant commencé le traitement avec une dose de 0^{gr}.18 dans 2 grammes d'HO, celle-ci fut ensuite journellement augmentée de 3 centigrammes, sans cependant arriver à dépasser 0^{gr}.36 *pro dosi*. La guérison fut complète au bout de vingt-quatre jours.

Schaefer (3) vante les injections sous-cutanées de morphine contre le trismus et le tétanos ; il pratiquait trois injections par jour dans les masséters et l'encolure, en commençant par 0^{gr}.12, puis en augmentant graduellement la dose jusqu'à 0^{gr}.50. Ce praticien croit devoir préférer l'acétate de morphine au chlorhydrate pour l'usage sous-cutané.

Bræuer (4) a guéri un cas de tétanos traumatique à l'aide d'injections sous-cutanées d'acétate de morphine ; la dose quotidienne injectée était de 0^{gr}.18 dans 20 grammes d'eau distillée. Chaque jour l'amélioration devenait plus manifeste et le cinquième jour le trismus se trouvait combattu.

Hollenbach (5), après quelques jours d'une médication sous-cutanée avec la morphine, a obtenu une notable amélioration chez un cheval affecté de tétanos, mais le mal empira aussitôt.

Cryé (6) a traité avec succès un cas de tétanos chez un cheval par des inections de chlorhydrate de morphine ; la solution employée contenait 1 gramme de cet alcaloïde dans 80 grammes d'eau distillée, dont il injectait chaque fois 5 grammes dans une plaie pratiquée intentionnellement à chaque masséter. Deux injections furent faites le premier jour ; le troisième, les mâchoires purent déjà un peu être écartées. Prescription de 8 grammes par jour de bromure de potassium dans les boissons. Onze jours après le début du traitement, le patient commença à manger, bien que l'encolure et les jambes fussent encore assez raides. Des injections de morphine furent de nouveau pratiquées à l'encolure, à la suite desquelles la guérison devint radicale.

(1) *Bidsschrift for veterinairer, udjivet of prof Brody og Bagge Syttende Rind*, 1869.

(2-3) *Mitth. aus der Thierärzt. Praxis im preuss. Staate*, von Muller u. Roloff 1870-1871.

(4) Thierarzt, 1871.

(5) Thierarzt, 1872.

(6) *Recueil de méd. vét.*, 1873, p. 209.

Deux grammes de morphine et 50 grammes de bromure de potassium furent dépensés.

M. Vernaut (1), vétérinaire à Clamecy, a employé le chlorhydrate de morphine en injections sous-cutanées chez une jument atteinte de tétanos traumatique, à la suite d'une forte contusion de l'orbite gauche. La dose fut de 50 centigrammes dans 15 grammes d'eau à chaque injection. Le premier jour il y eut deux injections à une heure d'intervalle; la troisième et dernière injection fut pratiquée le surlendemain. Le liquide fut poussé à l'aide d'une petite seringue dans trois godets pratiqués sous la peau au moyen d'une aiguille à séton; le premier existait à la joue gauche et les deux autres dans les intervalles costaux. Il y eut une période de sueur et une période de coma. La guérison fut complète au bout de quinze jours. Les injections, pratiquées de chaque côté du thorax, donnèrent lieu à des abcès, lesquels furent ouverts à temps et guérirent sans difficulté.

Schilling (2), avec des injections de 15—80 centigrammes par jour, a obtenu trois guérisons sur quatre cas de tétanos traités par la morphine; l'amélioration fut très rapide et commença par le système musculaire, qui devint de suite plus mou et plus lâche. Une injection de 80 centigrammes faite à l'un de ces chevaux, d'un tempérament très irritable, détermina une vive agitation et une sudation abondante.

Mentionnons encore les observations de Chesneau (3) et de Barrier (4), où la guérison du tétanos n'est imputable qu'aux injections de sels de morphine.

En 1878, nous avons eu l'occasion de traiter une pouliche percheronne, âgée de deux ans et atteinte de tétanos essentiel, par les injections sous-cutanées de chlorhydrate de morphine (solution au $^1/_{50}$). L'amélioration a été tellement grande que vers le septième jour l'animal pouvait être considéré comme à peu près guéri. Mais une crise violente survenue dans la soirée du huitième jour, en l'absence du propriétaire et des gens de la ferme, a déterminé la chute de la bête et ensuite une rapide asphyxie (5).

M. E. Thierry, aujourd'hui directeur de l'École d'agriculture de La Brosse (Yonne), n'a essayé qu'une seule fois l'injection hypodermique de chlorhydrate de morphine chez un cheval atteint de tétanos traumatique, à la suite d'un séton au poitrail. Le sujet est mort (6).

---

(1) Guérison d'un cas de tétanos par les injections sous-cutanées de morphine. *In Recueil de méd. vét.*, 1873, p. 633.

(2) Thierarzt, 1875.

(3) *Journal de méd. vét. milit.*, t. XII, p. 793.

(4) Idem. t. XIII, p. 409.

(5) Rapport annuel sur le service vétérinaire, adressé à M. le Préfet de Loir-et-Cher, 1878.

(6) Note communiquée.

D'après M. Macgillivray, la morphine se montre très efficace contre le tétanos, soit seule, soit associée à l'atropine. Quand on emploie ce dernier mélange, les doses, d'après ce savant praticien anglais, doivent être les suivantes : chlorhydrate de morphine, 15 à 20 centigrammes et atropine 5 centigrammes (1). Divers praticiens, entre autres MM. Schild, Hirch, Furstenberg, Abadie (de Nantes), ont démontré les heureux effets de l'association de la morphine et de l'atropine (voir l'art. ATROPINE).

M. Trasbot dit avoir essayé deux fois les injections sous-cutanées de chlorhydrate de morphine, mais sans le moindre succès (2).

M. Grand, de Brienon, a obtenu une belle guérison d'un cas de tétanos très grave par les injections de morphine faites sous la peau. Pour procéder à ces injections et pour en faciliter la pratique, notre confrère pratiqua avec un bistouri une incision verticale de 2 — 3 centimètres de longueur sur chaque masséter et de chaque côté de l'encolure ; puis à la partie inférieure de chaque incision la peau fut décollée au moyen d'une aiguille à séton ou d'une sonde à spatule sur une longueur de 6 à 7 centimètres, de manière à former un cul-de-sac ou godet dans lequel la solution de morphine était introduite au moyen d'une seringue à javart. Ces incisions et ces décollements, plus difficiles à la joue qu'à l'encolure, étaient douloureuses et mettaient l'animal dans une grande surexcitation, heureusement calmée par la morphine. Les injections durent être faites régulièrement pour éviter le retour de crises violentes. On a commencé dès le premier jour par injecter 1 gramme de chlorhydrate de morphine en solution dans 25 grammes d'eau distillée, puis on a progressivement augmenté la dose, en administrant jusqu'à 3 grammes de sel de morphine en quatre et six injections, dans la même journée. La dose la plus élevée, injectée d'un seul coup, a été de 1^{gr}.25. Dans le cas actuel, M. Grand a injecté, du 10 août au 17 septembre, la quantité prodigieuse de 77 grammes de chlorhydrate de morphine. A partir du 18 septembre, les injections morphinées furent remplacées par le bromure de potassium, administré par la bouche, à raison de 75 grammes par jour. La jument put reprendre son service le 1er novembre de la même année (1878) (3).

M. P. Cagny cite un cas de guérison du tétanos essentiel à marche lente obtenu par le chlorhydrate de morphine, injecté à droite et à gauche de l'encolure. Une seule injection de 10 grammes de la solution au $^1/_{20}$, soit 50 centigrammes, entraîna une amélioration très rapide ; mais il y eut une période d'excitation très violente ; le cheval hennissait et avait une transpira-

---

(1) *The veterinarian*, 1881, n° de mars.
(2) Mém. sur le tétanos. *In Archives* publiées à l'Ecole vét. d'Alfort, 1878.
(3) Voir pour plus de détails le *Journal de méd. vét. et de la zootechnie* publié à l'Ecole vét. de Lyon, 1882, p. 356.

tion extraordinaire. Soins hygiéniques, chaleur, calme complet et émanations constantes d'éther dans l'écurie bien fermée. Guérison.

Dans un autre cas de tétanos à apparition brusque, les injections sous-dermiques de chlorhydrate de morphine (chaque injection de 25 centigr.), restèrent inefficaces. La mort survint après quatre jours de traitement (1).

M. Gérard Feuton, vétérinaire militaire aux Indes anglaises, a publié un long article sur le tétanos traumatique, d'où il résulte que les injections sous-cutanées de morphine lui ont donné de moins bons résultats que les inhalations de chloroforme (2).

M. Stazzi, vétérinaire de la circonscription de Brescia, rapporte que, sur dix cas de tétanos traumatique qu'il eut à traiter sur des chevaux, mulets et ânes, il a eu sept succès. Son traitement a été le suivant : application d'un énorme vésicatoire sur la région spinale, s'étendant du garrot à la croupe ; injection sous-cutanée quotidienne sur le côté gauche de l'encolure d'une solution de chlorhydrate de morphine variant de 30 à 80 centigrammes, selon la taille du malade ; lavement renfermant 15 grammes d'extrait de belladone. L'injection de morphine sous la peau a été répétée jusqu'à ce qu'on ait obtenu une détente complète dans la contraction tétanique des âchoires, ce qui est arrivé du deuxième au troisième jour dans les cas relatés. A partir de ce moment, on a fait prendre chaque jour un électuaire contenant 5 grammes de belladone. Calme absolu et obscurité aussi complète que possible de l'écurie. Il est parfois nécessaire de suspendre l'administration des médicaments pour les reprendre quelques jours après, par suite de la paresse ou de la paralysie des intestins (3).

Voici le tableau analytique de ces divers cas :

1er cas, guérison en 22 jours.
2e — injection de 80 centigr. de chlor. de morphine, guérison plus lente.
3e — très grave et rapidement mortel.
4e — une mule guérie en 15 jours.
5e — convalescence le 12e jour.
6e — guérison le 25e jour.
7e — mort le 7e jour.
8e — étalon âgé de 7 ans, convalescent le 16e jour.
9e — mort le 6e jour.
10e — guérison seulement le 40e jour.

M. Trevisi, vétérinaire du district d'Asalo, a eu également une terminaison heureuse d'un cas de tétanos général très intense, à la suite de l'amputation

---

(1) *Bulletin de la Soc. cent. de méd. vét.*, 1883, p. 202.
(2) *The Veterinary Journal*, 1884.
(3) Sull' uso del chloridrato di morfina et dell' estratto di belladona nella cura del tetano dei solipedi, in la *Clinica veterinaria*, 1883, VI, p. 442.

de l'extrémité de la queue. Il a mis en œuvre la médication suivante : injection hypodermique à l'aide de la seringue de Pravaz d'une solution de 50 centigrammes d'acétate de morphine ; inhalations d'un mélange d'éther et de chloroforme ; frictions avec la pommade de cyanure de potasse sur les masséters, le cou et le long de la colonne vertébrale. Le second jour, même traitement. Le troisième jour, la quantité d'acétate de morphine est portée à 1 gramme ; elle est élevée à 1^{gr}.50 le quatrième jour, à 2 grammes le cinquième et à 2^{gr}.50 le sixième jour. A ce moment, la détente se produit ; on diminue alors la dose. Le lendemain, on se contente de donner 1^{gr}.50 ; le surlendemain, 1 gramme, et l'on cesse la morphine le troisième jour. M. Trevisi insiste beaucoup sur le calme et l'obscurité comme adjuvants des moyens thérapeutiques (1).

C'est encore au chlorhydrate de morphine qu'a eu recours M. Cracas, vétérinaire à Lucera, dans le traitement d'un cheval atteint de tétanos à la suite de la castration. Il a pratiqué les injections sous-cutanées sur les masséters, une de chaque côté, et il a complété l'action de la morphine par des inhalations d'éther et de chloroforme, par des lavements et un calme absolu dans une écurie obscure. Dès le quatrième jour, une grande amélioration était manifeste, et la guérison est arrivée assez promptement (2).

D'après cet aperçu, la morphine a donc procuré d'assez nombreuses guérisons, lesquelles viennent infirmer l'assertion de M. Trasbot, qui, ayant échoué dans deux cas de tétanos avec les injections morphinées, s'est cru autorisé à déclarer *ex-professo* la non-efficacité de celles-ci dans le traitement du tétanos.

En présence de la difficulté qu'on a d'administrer les médicaments par la bouche, les injections hypodermiques sont fort bien indiquées contre le tétanos. Mais la morphine, surtout à dose un peu forte, a l'inconvénient d'exalter souvent la surexcitation nerveuse, de produire des crises terribles et quelquefois mortelles, principalement chez les chevaux sanguins et très irritables ; le praticien devra combiner l'injection sous-cutanée de morphine (3) avec le chloral administré sous forme de lavement. On produit ainsi un sommeil paisible avec résolution complète de la contraction musculaire, laquelle caractérise spécialement le tétanos et la chute du malade sur sa litière. Notons que, dans ces conditions, l'effet narcotique se produit rapidement et

---

(1) Su di un caso di tetano in una cavallo felicementa guarita, in la *Clinica veterinaria*, 1833, VI, p. 447.

(2) Casi di tetano traumatico in nel cavalli seguito da guarigione, in la *Clinica veterinaria*, 1883, VI, p. 450.

(3) Il s'agit principalement dans ce travail de l'emploi du chlorhydrate de morphine, quelle que soit la dénomination employée.

que l'on peut prolonger le sommeil à volonté en pratiquant de nouvelles injections de morphine, à dose plus faible bien entendu et suivies chacune d'un lavement chloralique. On évitera ainsi toute cause d'irritation fâcheuse, susceptible d'amener des spasmes et des accès tétaniques. L'administration combinée de la morphine et du chloral provoquant rapidement le calme et le repos des centres nerveux, au même degré que l'injection intra-veineuse de chloral, on devra, selon nous, préférer de beaucoup le premier procédé au second (1).

N'oublions pas de mentionner qu'en médecine humaine le docteur Demarquay a beaucoup préconisé les injections intramusculaires de morphine contre le tétanos (2), et M. H. Bouley (3) en a conseillé l'emploi contre le tétanos du cheval.

Coliques. — Les injections de morphine ont été fréquemment utilisées pour combattre les violentes douleurs qui caractérisent un certain nombre de maladies de l'abdomen désignées sous le terme générique de coliques. La colique n'est qu'un symptôme consistant dans la tendance qu'ont les animaux à trépigner, à gratter avec les pieds ou à se rouler plus ou moins violemment sur le sol; on l'observe notamment dans la congestion intestinale, l'entérite, la péritonite, le météorisme, les hernies, le volvulus, l'invagination, la néphrite, la cystite, etc. Des mouvements plus ou moins désordonnés s'observent également dans la méningite cérébro-spinale, le vertige furieux, l'immobilité, les convulsions et, en général, dans toutes les affections où l'élément douleur domine.

Il n'est pas inutile de rappeler ici qu'on doit, autant que possible, empêcher les sujets de se livrer à des mouvements plus ou moins violents sous l'influence d'une vive douleur, mouvements désordonnés qui concourent à amener diverses complications.

En cherchant à modérer la souffrance, en produisant artificiellement chez les malades un calme momentané, on les empêche de s'épuiser dans une agitation plus ou moins prolongée, et l'on peut aisément appliquer le traitement que réclame d'urgence chaque manifestation morbide en particulier.

Si les injections hypodermiques de morphine sont employées par bon nombre de vétérinaires pour calmer les souffrances intestinales, souvent si intenses lors de coliques chez le cheval, il importe cependant de savoir distinguer les cas où elles sont réellement utiles. A notre avis, ces sortes d'in-

---

(1) Consulter pour plus de détails l'article *Chloral* de ce traité.

(2) Traitement du tétanos par les injections de morphine portées profondément dans les muscles contracturés, *Union médicale*, t. IX, p. 229.

(3) *Recueil de méd. vét.*, 1872, p. 629.

jections sont toujours contre-indiquées quand une partie quelconque du
conduit intestinal est surchargée d'avoine, de son ou de fourrages plus ou
moins secs et tassés, quand, en un mot, il y a obstruction par une trop
grande quantité de matières alimentaires ingérées ou indigestion ; elles deviennent alors plutôt préjudiciables pour les malades, en arrêtant ou tout au
moins en ralentissant les mouvements péristaltiques de l'intestin. Il ne faut
pas oublier que la morphine, surtout à dose un peu élevée, constipe et
arrête la digestion (Claude Bernard), et qu'ainsi administrée mal à propos
elle concourt à compliquer un mal déjà existant.

Dans tous les cas, il suffit chez les grands quadrupèdes d'injecter de 20 à
30 centigrammes de chlorhydrate de morphine dans 10 à 20 grammes d'eau
distillée pour voir cesser comme par miracle les coliques et l'agitation. En
unissant la morphine à l'atropine, il suffira de prendre 0^{gr}.15 de la première
substance et 5 à 10 centigrammes de la seconde. On répétera les injections
ous les quarts d'heure ou toutes les demi-heures jusqu'à amélioration notable. L'emploi de ce procédé thérapeutique n'exclut pas celui d'autres
moyens secondaires, tels que frictions irritantes sur les parois abdominales,
opiats laxatifs, lavements mucilagineux, etc.

Au nombre des praticiens qui ont vanté les injections sous-cutanées de
morphine contre les coliques, citons : Fearuley (1), qui prescrit de 2—5
grains (10 à 25 centigrammes), dose que ce praticien répète suivant besoin ;
Schæffer (2) qui dit avoir souvent eu recours à des injections de 25 centigrammes d'acétate de morphine, contre les coliques accompagnées de violentes douleurs et cette dose était généralement suffisante pour entraîner du
repos et une amélioration persistante ; Taller (3) (0^{gr}.40 *pro dosi*) ; Furstenberg (4) ; Steffen (5) (1 gramme dans 30 grammes d'eau) ; Bræuer (6),
(0^{gr}.30) contre les coliques franchement nerveuses ou spasmodiques du cheval ; Engel (7), 0^{gr}.10 de morphium aceticum dissous dans 8 grammes d'eau
distillée ; Peters (8), 0^{gr}.40 d'acétate de morphine dans 4 grammes d'eau

---

(1) *The veterinarian*, 1870, t. XLIII.

(2) *Mittheilungen aus Preussen*, 1869-70.

(3-4) *Mittheilungen aus der thierrarzt Praxis in preuss. Staate*, von Muller u.
Roloff, 1870-71.

(5) *Mittheilungen aus der thierärzt. Praxis im preuss. Staate*, von Muller u.
Roloff, 1872-73, p. 173.

(6) *Mittheilungen aus der thierärzt. Praxis im preuss. Staate*, von Muller u.
Roloff, 1872-73, p. 282.

(7) *Thierarzt*, 1872.

(8) *Thierarzt*, 1873.

distillée et répétition de cette dose après deux heures, en cas de persistance des coliques; Johne (1), qui conseille de ne pas dépasser la dose de 0^{gr}.50 d'alcaloïde, surtout dans les cas où le diagnostic n'a pu être exactement établi; Forster (2), dose 0^{gr}.25 d'acétate de morphine dans 40 grammes d'eau distillée ou bien 0^{gr}.12—0^{gr}.20 du même alcaloïde avec 3 centigr. d'atropine contre les coliques nerveuses; cette dose peut être répétée après une demi-heure, si besoin est; Menges (3); Weber (4), 0^{gr}.25; Mollereau (5); Grad (6). Tous ces praticiens ont constaté que les sujets malades tombent dans une espèce de sommeil dont la durée ne dépasse ordinairement pas de 2—6 heures et à la suite duquel ils se réveillent souvent complètement guéris. Cependant, Gutberg a vu un cheval dormir pendant vingt-quatre heures après une injection morphinée de 0^{gr}.25.

Nous avons injecté à une vache vivement coliquée deux doses presque successives de 20 centigrammes de chlorhydrate de morphine chacune; l'effet désiré survint déjà au bout d'une demi-heure, mais la bête resta pendant quelque temps vivement surexcitée. Ainsi que nous l'avons déjà dit, il convient donc d'être prudent dans l'administration de la morphine, la susceptibilité des animaux ne pouvant pas être déterminée, ni connue d'avance.

Le docteur Roell (7), pendant son long séjour comme professeur de clinique à l'École vétérinaire de Vienne (Autriche), a eu maintes fois l'occasion d'employer les injections de morphium muriaticum contre les diverses espèces de coliques et le tétanos généralisé et cela avec beaucoup de succès (dose 0^{gr}.30). Son successeur, par contre, n'a pas eu à se louer de leur emploi (8).

M. Degive, professeur de clinique à l'École vétérinaire de Cureghem (Belgique), a également eu souvent recours aux injections morphinées contre les coliques des solipèdes, sans cependant pouvoir affirmer si ce genre de médication produit un effet plus avantageux que les autres moyens de traitement (9).

Les injections sous-dermiques de morphine, à la dose de 7 à 14 centigr.,

---

(1) *Bericht über das veterinärwesen in Sachsen.*

(2) *Thierarzt*, 1875.

(3) Voir *Gesundheitszustand der Hausthiere in Elsass-Lothringen*, von Zundel, 1880, p. 45.

(4) *Bulletin et Mém. de la Soc. centr. de méd. vét.*, 1885, p. 311.

(5) *Bulletin et Mém. de la Soc. cent. de Méd. vét.*, 1885, p. 312.

(6) Voir *Gesundheitszustand der Hausthiere in Elsass-Lothringen*, von Zundel, 1885, p. 92.

(7) Note communiquée.

(8) *Oesterreichische Vierteljahresschrift für veterinärkunde*, 1880, p. 42.

(9) Note communiquée.

constituent, selon John Allmann, un moyen précieux pour calmer de trop vives souffrances, peu importe leur cause.

D'après M. Macgillivray, l'emploi des injections sous-cutanées de morphine dans les diverses variétés de coliques est, sans exagération, un bien inestimable. Il suffit de 4—6 grains (20—30 centigrammes) de chlorhydrate de morphine pour voir cesser presque instantanément les coliques et l'agitation. L'effet calmant de la morphine persisterait généralement, selon cet éminent praticien, pendant 6—9 heures (1).

M. Adam vante les injections morphinées contre les coliques simples.

M. Lemke conseille l'emploi de la morphine sous-cutanément au début de toute espèce de colique et il considère l'abandon ou le mépris de ce moyen comme une faute grave. Il croit avoir observé :

1° Que la morphine est le meilleur préservatif contre les complications des coliques, telles que déchirures, volvulus, invagination, hernie diaphragmatique, blessures extérieures ;

2° Que la morphine suffit à elle seule pour guérir très rapidement les coliques de nature spasmodique ;

3° Qu'elle agit péristaltiquement ;

4° Qu'elle combat ou modère les contractions intestinales par trop turbulentes ; que son emploi enfin permet au praticien d'établir de bonne heure un pronostic certain (2).

Pour notre compte, loin de considérer, comme Peters, les injections hypodermiques de morphine comme un remède souverain, une espèce de panacée contre toutes les coliques, si nombreuses et si variées pourtant, nous croyons que leur emploi est seulement indiqué dans les coliques de nature congestive : entérite, congestion intestinale, entéralgie, péritonite, coliques par empoisonnement. L'inflammation étant souvent fille de la douleur, il suffira donc de combattre celle-ci pour mieux arriver à vaincre celle-là. Maintes fois, en effet, nous avons vu en pareil cas l'injection sous-cutanée de morphine produire des effets surprenants : le pouls devient plus fréquent et la peau le siège d'une température copieuse ; la respiration, toujours accélérée et gênée par l'arrêt même de la circulation, redevient plus calme et plus régulière ; puis tout à coup le nombre des pulsations baisse, le malade se tranquillise et s'endort pour se réveiller guéri, nous ne dirons pas toujours, mais assez souvent.

Rhumatisme musculaire. — Un autre emploi des sels de morphine par la

---

(1) *The veterinarian*, n° de mars 1881, et *Recueil de méd. vét.*, 1881, p. 257.
(2) Ueber die hypodermatische ansvendung des morphiums bei kolich der Pferde, *Wochenschrifft* 1883, p. 249.

méthode sous-cutanée est celui qu'ont fait divers praticiens contre les boiteries de nature rhumatismale ou névralgique, affectant les membres de nos animaux domestiques, l'épaule du cheval surtout. Cet état morbide, dont les Allemands font une maladie spéciale appelée myalgie ou myodynie, est dû sans aucun doute à une lésion de l'appareil nerveux qui préside à la motilité de la région malade et il est caractérisé surtout par une douleur locale plus ou moins vive, occasionnée par les mouvements qui nécessitent la contraction des muscles malades, d'où résulte une boiterie plus ou moins forte, souvent intermittente ou ambulatoire. La boiterie ou douleur rhumatismale est bien moins fréquente que ne l'admettent pas mal de vétérinaires, lesquels attribuent à un rhumatisme aigu n'importe quelle espèce de claudication. Cela vient de ce que le diagnostic des boiteries est souvent difficile, parce que le praticien se trouve trop souvent dans l'impossibilité de préciser le siège de la lésion qui est cause de l'irrégularité de la marche.

Quoi qu'il en soit, on a cherché à combattre cette affection à l'aide d'injections sous-cutanées médicamenteuses. Ce mode de traitement paraît avoir été indiqué par le professeur Defays, de l'École de Bruxelles (1), puis employé avec des succès réels par divers praticiens, entre autres Furstemberg, Schirlitz (2), Hirsch, Wolff (3), Zundel (4), Abbadie (5) (de Nantes), Mandel, Rattke (6), Schild (7), Cagny (8), etc. Les uns emploient la morphine seule, depuis 15—40 centigrammes; d'autres ont recours à un mélange de 20 centigrammes de morphine et de 5 centigrammes d'atropine (9) dissous dans de l'eau tiède, enfin il en est qui combinent 0^{gr}.25 de morphine avec 50 centigr. de chloral, le tout dissous dans 20 grammes d'eau tiède. Au lieu de faire une seule injection au centre de la région malade, il est préférable, pensons-nons, de pratiquer plusieurs piqûres disposées tout autour du siège du mal. Si la première opération ne produit qu'une amélioration momentanée, on la répète jusqu'à ce que la guérison soit complète.

M. Zundel, en se basant sur son expérience personnelle, dit qu'il n'a jamais obtenu un bon résultat qu'en injectant une dose assez élevée pour

---

(1) *Annales de méd. vét.*, publiées à Bruxelles, 1871, p. 532.

(2) Mittheilungen aus Preussen, von Muller u. Roloff, 1869.

(3) Mittheilungen aus Preussen, von Muller u. Roloff, 1870-71.

(4) Chronique vét. d'Allemagne. *In Recueil de méd. vét.*, 1872, p. 789; dictionnaire de méd., de chirurg. et d'hyg. vét., édition Zundel, t. I, p. 627 et t. III, p. 418.

(5) Note communiquée à M. Zundel en 1871.

(6) Mittheilungen aus der Thierarz Praxis in Preuss. Staate, von Muller u. Roloff, 1870-71.

(7) Note communiquée.

(8) *Bulletin et Mém. de la Soc. centr. de méd. vét.*, 1883, p. 307.

(9) Mittheilungen aus Preussen, 1870-71-72.

produire un commencement d'empoisonnement; il faut rechercher la période d'excitation, quand même cette réaction est forte et, pour certains chevaux, va jusqu'à la furie. A l'École vétérinaire de Munich, on a constaté aussi que l'effet antirhumatismal ne se manifeste qu'au bout de quelques heures et qu'autant que les effets généraux de l'alcaloïde se sont montrés. Notre éminent confrère, dont les essais datent d'assez longtemps, alors qu'il exerçait encore la médecine vétérinaire dans son pays natal à Mulhouse, injectait en deux fois les doses suivantes : 40—50 centigrammes à des chevaux de moyenne taille et de 60—75 centigrammes d'acétate de morphine aux solipèdes les plus forts, le tout dissous dans 15 à 20 grammes d'eau distillée (1).

Un des plus curieux cas de boiterie rhumatismale que nous ayons observés, a rapport à un chien lévrier, de taille moyenne et affecté, par intervalles, d'une boiterie d'un membre postérieur. Cette claudication fut assez tenace ; mais elle céda néanmoins après plusieurs injections de chlorhydrate de morphine ($0^{gr}.02$ dans 4 grammes d'eau).

Dans quelques cas de boiterie franchement rhumatismale chez le cheval, mais remontant déjà à quelque temps, par conséquent de nature chronique, tenaces et souvent rebelles à divers modes de traitement, nous avons obtenu d'excellents résultats par l'emploi combiné d'injections hypodermiques de chlorhydrate de morphine et de douches d'eau fraîche (par exemple, une injection le matin, puis le soir une douche pendant une demi-heure ou réciproquement et cela jusqu'à guérison). M. Boitel, inspecteur général de l'agriculture, a été le témoin oculaire d'une guérison opérée dans ces conditions sur sa propre jument (1881).

M. Carnachon, dans un cas de synovite rhumatismale, a eu recours au traitement suivant : applications émollientes (jarret), salicylate de soude à l'intérieur et boissons nitrées et une injection sous-cutanée de 12 grains de morphine. La guérison survint au bout de deux jours déjà. Puis l'autre jarret fut pris à son tour; même traitement et guérison en deux jours. Peu après rechute, métastase au cerveau et mort par méningite (2).

Superpurgation. — Dans les superpurgations, médicales ou accidentelles, quelquefois très graves et même mortelles, l'injection sous-cutanée de chlorhydrate de morphine donne, d'après M. Macgillivray, des résultats instantanés. Cela est parfaitement vrai, puisque l'usage de cet alcaloïde entraîne de la constipation. Comme exemple, le praticien anglais rapporte qu'ayant été appelé un jour pour traiter une jeune jument à laquelle on avait fait prendre, trente-six heures auparavant, un bol purgatif d'une activité trop forte,

---

(1) Note communiquée.
(2) *The Veterinary Journal*, décembre 1883.

il trouva celle-ci tourmentée, inquiète; la respiration était anxieuse et fréquente; des évacuations épuisantes avaient lieu toutes les 5—20 minutes. A la suite d'une injection d'une solution de chlorhydrate de morphine, il n'y eut plus d'évacuation pendant six heures; en définitive la superpurgation fut arrêtée sur-le-champ (1).

M. Cagny eut l'occasion de visiter un cheval qui, à la suite d'une purgation (600 grammes d'huile de ricin), est atteint de fourbure intense, avec diarrhée infecte et perte complète de l'appétit. Une saignée, des frictions sinapisées et trois injections de chlorhydrate de morphine, chacune de 20 centigrammes, amenèrent la cessation de la diarrhée, le retour de l'appétit et des aplombs réguliers (2).

L'injection de morphine constitue, à nos yeux, un remède héroïque contre la *diarrhée* des jeunes animaux, surtout quand celle-ci est compliquée d'entérite. On constate alors de l'inappétence, pouls accéléré, respiration vite, bouche chaude et sèche, état fébrile, langue couverte d'un enduit fuligineux, douleurs abdominales plus ou moins prononcées et expulsion fréquente d'excréments liquides, parfois sanguinolents, lesquels sont lancés à distance et salissent la queue et les jarrets. Les malades maigrissent à vue d'œil et succombent assez souvent en l'absence d'une médication convenable. Cinq centigrammes d'alcaloïde suffisent pour une injection, qu'on répétera suivant le besoin. De cette façon les coliques sont combattues et le flux diarrhéique finit rapidement par s'arrêter.

Ces sortes d'injections sont également indiquées contre la *dysenterie* des animaux et elles se sont montrées utiles entre les mains de M. Macgillivray contre les *hémorragies post-partum*. Comme exemple, ce praticien rapporte le cas d'une jeune vache qui, après un vélage difficile, eut immédiatement une violente hémorragie utérine; les injections répétées d'une grande quantité d'eau froide n'ayant pas calmé cette perte de sang continue et la bête paraissant exsangue, six grains de chlorhydrate de morphine ($0^{gr}.30$) sont injectés sous la peau et l'hémorragie ne tarda pas à s'arrêter (3).

M. P. Cagny a employé avec succès l'injection sous-cutanée de chlorhydrate de morphine (10 centigrammes) contre une affection de nature purement nerveuse ou spasmodique, désignée par beaucoup de praticiens sous la dénomination de palpitations du cœur, mais qui, en réalité, est due à des *contractions cloniques du diaphragme*, contractions parfois si violentes qu'elles ébranlent tout le corps et qu'on les perçoit alors à distance. Ces contractions

---

(1) Valeur thérapeutique des injections sous-cutanées de morphine. *In The veterinarian* 1881.

(2) *Bulletin et Mém. de la Soc. centr. de méd. vét.*, 1883, p. 308.

(3) *The Veterinary Journal*, août 1884.

se produisent surtout sur des chevaux épuisés par des travaux pénibles, chez certains sujets affectés d'anhématosie à la suite d'une course longue ou rapide, après de violents efforts de tirage. Bien que la gravité de cet état pathologique ne soit qu'apparente, il effraie cependant beaucoup les propriétaires.

Notre confrère de Sens a constaté que l'injection de morphine, après avoir produit un peu d'excitation chez le malade, entraîne le calme et la disparition complète de cette maladie (1). En nous basant sur notre expérience personnelle, nous dirons qu'une à deux injections suffisent généralement pour obtenir ce résultat.

Le professeur Siedamgrotzky préconise les injections d'un sel de morphine contre *l'éclampsie* des chiennes nourrices ; il dit avoir obtenu une guérison dans l'espace d'une heure, sans récidive ; la dose employée fut 2 centigrammes (2).

La morphine a été recommandée par MM. Dammann (3), Peters, Campbell, Carnachon (4), et nous préconisons, à notre tour, l'emploi de ce précieux médicament dans toutes les affections s'accompagnant d'une grande douleur : fourbure aiguë, pleurésie. lymphangite, mammite, influenza, bronchite avec toux quinteuse, efforts ou luxations graves, etc.

M. Carnachon prescrit de fortes doses de morphine, jusqu'à 25 grains ($1^{gr}.25$), quantité qu'il répète dans la journée, s'il le faut. Il cite un exemple de fourbure aiguë qui fut guérie avec deux doses de 25 grains de morphine chacune, séparées par un intervalle de cinq heures. Le cheval fut préalablement déferré et on lui mit les pieds dans de l'eau froide.

M. James, élève au Ontario Veterinary College, observa des symptômes de raideur générale sur un cheval hongre, auquel on avait fait l'opération de la hernie inguinale étranglée. Présageant le tétanos, il lui fit, une heure après l'opération, une injection hypodermique de 3 grains ($0^{gr}.15$) de morphine. La maladie tétanique fut arrêtée, jugulée sur-le-champ (5).

M. Macgillivray nous raconte qu'un jour il fut appelé pour donner des soins pressants à un veau atteint d'une chute du rectum occasionnée par les épreintes d'une violente diarrhée. La longueur de l'intestin hernié mesurait 6 pouces. Une injection sous-cutanée de 3 grains de chlorhydrate de morphine et des lavages antiseptiques lui facilitèrent singulièrement la réduction du rectum, lequel fut ensuite maintenu en place avec trois points de

---

(1) *Bulletin et Mém. de la Soc. centr. de méd. vét.* 1883, p. 447 et suiv.
(2) *Thierarzt,* 1873.
(3) *Thierarzt,* 1873-1874.
(4) *The Veterinary Journal,* décembre 1883.
(5) *American Veterinary Review,* mars 1883.

suture. Ceux-ci tombèrent au bout de dix jours; la guérison fut dès lors complète (1).

M. le docteur Rogers recommande l'emploi sous-dermique de la morphine contre la méningite cérébro-spinale du cheval, laquelle, en Amérique, règne souvent sous forme épizootique. Ce médecin dit qu'il faut réitérer souvent les injections et les pousser jusqu'à ce qu'elles produisent des mouvements automatiques et en même temps une diaphorèse abondante. Il n'a jamais vu survenir un seul cas de mort à la suite de ces injections, à la condition de donner de 40 à 60 grains d'alcaloïde, c'est-à-dire de 2 à 3 grammes dans l'espace de trois à quatre heures (2).

M. Ladagues, vétérinaire à Mézières (Ardennes), a essayé les injections sous-cutanées de morphine, concurremment avec des lavements de chloral, contre la rage, dont étaient affectés un assez grand nombre d'animaux de l'espèce bovine, à la suite de morsures à eux infligées par le chien de la ferme. Il a fait des injections de 10 centigrammes de chlorhydrate de morphine, en solution dans quelques centimètres cubes d'alcool dilué et cela de quart d'heure en quart d'heure jusqu'à atteindre $1^{gr}.20$ de sel. Ce traitement resta sans le moindre succès (3).

En médecine humaine, on a parfois obtenu de bons résultats par les injections morphinées contre les hernies étranglées. Les injections se font au niveau de l'étranglement. Cette médication a d'autant plus de chances de réussir qu'elle est appliquée plus tôt. Si la réduction tarde trop longtemps à s'opérer, si l'injection échoue, on peut toujours tenter l'opération (4). Avis à nos confrères qui sont à même d'expérimenter ce mode de traitement.

Emploi de la morphine comme anesthésique. — Les injections sous-cuta-nées de chlorhydrate de morphine permettent au praticien de réduire la sensibilité générale, de calmer à volonté l'intensité des souffrances qu'endurent les animaux dans certaines maladies ou lors de blessures graves, d'obtenir rapidement la résolution du système musculaire et de faire cesser les mouvements désordonnés auxquels se livrent les grands quadrupèdes sous l'influence de la douleur, de prévenir ainsi des accidents graves et de simplifier, de faciliter les opérations chirurgicales ou obstétricales qui sont souvent fort longues et bien douloureuses. On produit ainsi un sommeil anesthésique plus ou moins profond, local ou général suivant la dose d'alcaloïde injectée et qui

---

(1) *The Veterinary Journal,* ayril 1884.

(2) *Archives vét. d'Alfort,* 1882, p. 217.

(3) Contributions à l'étude de la rage. Observations recueillies sur vingt-sept animaux de l'espèce bovine. *In Recueil de méd. vét.,* 1885, p. 47.

(4) *Recueil de méd. vét.,* 1884, p. 319.

permet de mieux contenir les grands animaux, alors même que ceux-ci sont déjà assujettis à l'aide des moyens contentifs usités dans la pratique ordinaire. Il suffit d'une injection de 40 centigrammes à 1 gramme de chlorhydrate de morphine, suivant la taille, la force et le tempérament des grands animaux, de 3 à 6 centigrammes chez les chiens et de 1 à 2 centigrammes chez le chat pour produire un état de sédation générale, un sommeil narcotique d'une assez longue durée et seul susceptible d'annuler la force musculaire des animaux, dont les mouvements énergiques et les moyens de défense rendent difficiles les manœuvres du chirurgien, peuvent même compromettre sa vie ou entraîner pour les sujets eux-mêmes de graves accidents. En tout cas, l'injection doit être faite au moins deux heures avant l'opération. Car, ainsi que le fait remarquer l'honorable inspecteur général des Écoles vétérinaires, actuellement président de l'Académie des sciences, 1885, les fractures, qui résultent parfois de la position forcée dans laquelle les bêtes couchées sont maintenues, étant bien moins la conséquence de la hauteur de la chute au moment de l'abatage que de l'énergie des contractions musculaires pendant la contention, auraient moins de chances de se produire si la sensibilité atténuée de l'animal le rendait moins impressionnable à la gêne de la contrainte et aux souffrances des opérations. Et, d'autre part, les opérateurs exécuteraient leur œuvre chirurgicale avec plus de sécurité pour eux-mêmes et pour leurs patients (1).

Feu Gerlach, qui fut une illustration du corps vétérinaire enseignant de l'Allemagne, dit que l'on ne devrait plus tolérer la pratique de manœuvres opératoires si les animaux à opérer ne sont pas, au préalable, plongés dans le sommeil narcotique, si aisé à produire au moyen de l'injection sous-cutanée d'une solution de morphium muriaticum (2).

A notre avis, le meilleur procédé d'anesthésie, jusqu'à présent connu, consiste dans l'emploi combiné d'une solution aqueuse de chlorhydrate de morphine, hypodermiquement introduite sous la peau et d'un lavement de chloral. (Voir à l'article CHLORAL.)

Quoi qu'il en soit, le procédé thérapeutique en question est indiqué pour faciliter la réduction des fractures, des luxations, des hernies étranglées, des éventrations, du renversement utéro-vaginal; lors de laparotomie, ablation de tumeurs volumineuses, opérations difficiles faites sur le pied, l'œil ou dans la bouche, accouchements dystociques, opérations obstétricales, application du feu chez les chevaux de race noble et, par conséquent, d'un tem-

---

(1) Des injections sous-cutanées de morphine comme moyen anesthésique et comme procédé d'assujettissement. *In Bulletin de la Soc. centr. de méd. vét.*, 1881, p. 450.

(2) *Allgemeine Therapie*, 1868.

pérament nerveux, castration, trépanation, ténotomie, névrotomie, et, en général, dans la pratique de toutes les opérations difficiles, un peu longues et douloureuses. Faire souffrir inutilement les pauvres bêtes est un crime de lèse-humanité puisque nous avons fait de nos animaux domestiques les compagnons de nos travaux et même les esclaves de nos joies et de nos plaisirs.

Il y a aussi indication d'anesthésier les bestiaux pour calmer les efforts expulsifs par trop violents qui précèdent, accompagnent ou se manifestent après certains accouchements ou avortements et pour faciliter aussi la délivrance artificielle.

En nous basant sur notre modeste expérience, nous pouvons certifier que, dans ces cas, les injections précitées rendent les plus grands services, car, en paralysant dans son action le système cérébro-spinal et en plongeant les parturientes dans un assoupissement plus ou moins profond, on évite, à coup sûr, des accidents puerpéraux graves, terribles et parfois rapidement mortels (1).

M. Macgillivray considère les injections de morphine comme le calmant le plus actif, le plus sûr et le plus prompt contre les efforts expulsifs après le part, lorsque le placenta n'est pas rejeté et que, dans l'intérêt de la mère, il y a nécessité de l'enlever, ou bien encore quand, après la délivrance, les efforts persistent et qu'il y a à craindre notamment un renversement partiel ou total des organes sexuels.'

Les injections morphinées sont encore à conseiller pour désarmer certains chevaux de leur trop grande irritabilité et qui se tourmentent beaucoup à la vue des manœuvres auxquelles on doit les soumettre, se défendent contre ceux qui veulent les approcher ou sont difficiles à ferrer. Il en est de même quand il s'agit d'immobiliser des sujets réputés méchants et annihiler leurs moyens de défense.

De cette façon, on arrive à manier ces bêtes sans trop de mal et sans danger pour soi-même. Non-seulement il convient, par l'emploi d'injections morphinées, de faire bénéficier la pratique d'un moyen rationnel de contention pour tous les grands animaux, mais aussi pour les petits et surtout le chat, lequel, en raison de sa grande agilité, de son extrême souplesse et de ses moyens naturels de défense, est si difficile à manier et à traiter.

M. Abbt (2) conseille vivement l'injection sous-cutanée de morphine comme

---

(1) Gsell : Observation relative à un cas de dystocie fœtale sur une jument. Rupture du vagin pendant le part. Hémorrhagie mortelle. *In Recueil de méd. vét.*, 1877, p. 549.

(2) Morphium aceticum als anästheticum dei Thieren, *Adam's Wochenschrift*, 1884, p. 457.

moyen de faciliter le placement des entraves chez les grands quadrupèdes et pour rendre moins difficiles et moins dangereuses les diverses manœuvres que nécessite l'abatage de chevaux trop irritables, indociles ou méchants. Ce praticien ne castre plus d'étalon sans lui injecter préalablement une certaine dose de morphine sous la peau. La quantité varie nécessairement suivant la taille des sujets : 0ᵍʳ.80 à 1 gramme pour les jeunes chevaux et 1 gramme à 1ᵍʳ.50 pour les étalons faits ou adultes et de forte taille. Le médicament est dissous dans 10 grammes d'eau. L'action anesthésique se manifeste déjà au bout de cinq à huit minutes, et sa durée est fort variable.

En résumé, la morphine est indiquée partout où il y a nécessité de calmer l'excitation nerveuse, d'agir à la fois sur les centres sensitifs et sur les nerfs moteurs.

N

Nitrite d'amyle.

Nous allons relater ici un cas de guérison de tétanos par la nitrite d'amyle, obtenu par M. Johnstone, vétérinaire à Manchester. Il s'agit d'une grosse jument qui, attelée à un omnibus, s'était couronnée aux deux genoux dans une chute accidentelle, au point que la gaîne de l'extensor-métacarpi et même l'articulation du genou se trouvaient lésées. Bien que le cas fût très grave, le praticien anglais institua néanmoins un traitement.

En raison de l'irrégularité, de l'étendue et de la profondeur de la plaie, puis du volume de la tuméfaction locale, M. Johnstone opéra avec l'instrument tranchant la section des lambeaux de la blessure, appliqua un pansement phéniqué et mit le sujet dans un appareil de suspension, improvisé pour la circonstance, afin de le mettre dans l'impossibilité de se coucher. Quelques jours plus tard, la plaie se montra d'un bel aspect, l'écoulement synovial était supprimé, l'appétit bon ; en un mot, tout marchait bien. On continua les pansements phéniqués concurremment avec des douches d'eau froide. Au bout de quinze jours, l'amélioration fut telle, que notre confrère cessa les pansements phéniqués et se contenta de cautériser les bords exubérants de la plaie. Mais, au bout de quelques jours, il remarqua que le sujet, placé dans un boxe, avait une démarche difficile ; ses membres étaient raides, la queue portée horizontalement, les oreilles droites et raides et les mâchoires serrées.

M. Johnstone ordonna d'abord une purgation ; puis, se souvenant d'un cas de guérison du tétanos obtenu par Lavron à l'aide du nitrite d'amyle, il résolut de recourir au même moyen. On commença le 16 août le traitement, lequel consista dans des injections sous-cutanées, faites régulièrement deux fois par jour, d'une solution de nitrite d'amyle, à la dose de 1ᵍʳ.20 d'abord. Le jour suivant, l'état de l'animal empira ; le trismus était tellement prononcé, la contracture des mâchoires si forte, qu'il y avait impossibilité pour la malade de prendre ni aliments solides, ni boissons. La salivation était abondante, la respiration accélérée, le pouls vite, enfin le corps couvert d'une abondante sueur. La dose d'alcaloïde à injecter journellement fut alors portée à 150 centigrammes et même à 2ᵍʳ.10 pendant cinq jours consécutifs. Le 23 août, il se déclara une légère amélioration, qui se continua les jours suivants. La dose quotidienne de nitrite d'amyle fut encore élevée et portée à 2ᵍʳ.40. On continua les injections hypodermiques en diminuant progressivement la dose de médicament jusqu'à la fin d'août, époque vers laquelle la bête fut complètement rétablie (1).

P

Permanganate de potasse.

Formé par la combinaison de l'acide permanganique et de la potasse, ce sel se présente dans le commerce sous forme de paillettes cristallines, d'une couleur brune foncée ; dissoutes dans l'eau, elles communiquent à celle-ci une belle couleur purpurine violacée. Il suffit d'une très petite quantité de ce composé chimique pour colorer en rouge une grande quantité d'eau ; plus soluble dans l'alcool que dans l'eau ($^1/_{16}$). La solution concentrée de permanganate de potasse est très irritante pour les tissus dans lesquels elle est introduite, tandis qu'étendue de beaucoup d'eau (1-2 pour 100), elle devient à peu près inoffensive. Doses à injecter : 5-10 grammes de cette solution pour les grands animaux et 1-2 grammes pour les petits.

Cet agent arrête rapidement la putréfaction des matières organiques qui le désoxydent et le décomposent, fait disparaître leur mauvaise odeur et détruit les infiniment petits. Le permanganate de potasse est employé en lotions sur les plaies fétides et gangréneuses ; en injections vaginales et intra-utérines contre les écoulements odorants, enfin pour désinfecter les instruments et les mains du vétérinaire, après la part, la délivrance artificielle, etc. La solution ordinaire est de 1-2 parties sur 100 parties d'eau.

Un médecin brésilien, M. de Lacerda, recommande, pour combattre l'action du venin des serpents, les injections sous-cutanées avec une solution de permanganate de potasse contenant de 1 — 5 décigrammes de ce sel — cela

---

(1) *The Veterinary Journal*, octobre 1878.

dépend du poids des animaux — sur 10 — 20 grammes d'eau. Il est indiqué de ne préparer la solution qu'au moment de s'en servir. M. de Lacerda cite de nombreux cas de guérison, obtenue même douze heures après la morsure.

Phénate d'ammoniaque.

Ce produit, qui paraît avoir beaucoup plus d'activité que l'acide phénique, a été employé par le Dr Déclat en solution dans l'eau, à la dose de 2 p. 100 chez le cheval, qui suppure facilement et de 3 p. 100 chez le bœuf et le mouton, contre les maladies charbonneuses, la peste bovine, la fièvre typhoïde, les inoculations venimeuses, etc...

Faisons remarquer que M. Marret, vétérinaire dans le Cantal, trouve que ce nouveau médicament a sur l'acide phénique un effet plus certain et plus rapide.

Pilocarpine.

Synonymie : *Pilocarpina. — Pilocarpin.* — $C^{22} H^{16} Az^2 O^4$.

On ne se sert en médecine que des sels de pilocarpine, au nombre de deux :
1° Le chlorhydrate de pilocarpine ;
2° Le nitrate de pilocarpine, soluble dans 8 parties d'eau à 15°.

Les solutions de pilocarpine peuvent se conserver longtemps sans subir aucune altération, mais elles s'affaiblissent à la longue.

Effets physiologiques. — L'instillation dans l'œil de 1 à 2 gouttes d'une solution de pilocarpine ($^1/_{200}$) provoque le resserrement de la pupille ; cette action myotique, qui commence déjà après dix minutes, a une durée d'environ douze heures, après l'absorption de la pilocarpine, on constate : congestion plus ou moins active de la peau ; exagération des sécrétions salivaire sudorale, lacrymale, bronchique, sébacée et intestinale, mais principalement de la salive et de la sueur ; augmentation dans le nombre et la force des battements cardiaques ; élévation initiale de la température, avec abaissement consécutif, toujours en rapport avec le degré de la diaphorèse. L'action de la pilocarpine ne s'exerce pas seulement sur les fibres lisses du cœur, car, d'après les expériences récentes de Massman, elle s'étend aussi aux parois utérines, dont elle provoque les contractions expulsives, au point de produire l'avortement ou l'accouchement. En expérimentant sur les animaux, on constate que les contractions utérines se produisent 5 — 10 minutes après que la salivation a atteint son maximum d'intensité. L'introduction de la pilocarpine par voie sous-cutanée et par injection intra-veineuse, pratiquée par Van der Mey (1),

_____

(1) Journal de méd. de Bruxelles, 1881, p. 118.

chez la lapine, a permis de démontrer que cet agent excite la contractibilité utérine à terme ou pendant le travail. Van der Mey observa des contractions utérines d'abord tétaniques, puis cloniques. Nous avons vu l'injection sous-cutanée, à la dose de 2 centigrammes, entraîner l'avortement chez une chienne. Des contractions péristaltiques de l'intestin se manifestent nettement aussi et précèdent de quelques instants celles de la matrice.

En expérimentant sur nous-même, nous avons constaté que, déjà 5 minutes après une injection de 1 centigramme de nitrate de pilocarpine, nous avons éprouvé de la chaleur de la tête, puis celle-ci s'est progressivement généralisée et a été suivie d'une abondante diurèse. Or, par l'effet de cette grande évaporation, nous avons vu que la température avait baissé de près d'un degré, environ une heure après l'injection. Par contre, il y avait une notable accélération du pouls, qui est monté à 94°.

Von Malkmus, a fait sous la direction du professeur Lustig (1), des essais sur le cheval avec le nitrate de pilocarpine. Une injection sous-cutanée de $0^{gr}.05$ suffit pour provoquer une salivation abondante, mais qui est toujours en rapport direct avec la dose de médicament administré. A la suite d'une injection de $0^{gr}.20$, on peut recueillir environ 1 litre 1/2 de salive. La salivation commence déjà au bout de 5 — 8 minutes et se continue ensuite pendant près de cinq quarts d'heure. A dose plus élevée, on constate du larmoiement et un écoulement séreux par les narines. La température et les pulsations sont augmentées. La pilocarpine administrée pendant plusieurs jours consécutifs rend les excréments plus mous.

Le docteur Ellenberger (2), professeur à l'École vétérinaire de Dresde, a fait plusieurs séries d'expériences sur l'action de la pilocarpine employée sous-cutanément et il a constaté les effets physiologiques suivants :

1° A petite dose ($0^{gr}.05$ — $0^{gr}.15$) la pilocarpine provoque la salivation et le rétrécissement de la pupille ; mais elle est sans la moindre influence sur la transpiration, sur le tube digestif et les glandes annexes. La salive, produite dans ces conditions, est aqueuse, d'un poids spécifique plus léger et contient peu de ferment.

2° A dose plus élevée ($0^{gr}.20$), ses effets sur le canal intestinal deviennent plus manifestes ; il n'y a pas de transpiration à proprement parler, mais une augmentation de l'activité sécrétoire de la muqueuse des voies respiratoires.

3° Ce n'est qu'à très forte dose ($0^{gr}.50$ — $0^{gr}.80$), que la pilocarpine pro-

---

(1) *Zur Wirkung des Pilocarpinum muriaticum beim Pferde*, Hannover, Jahresbericht, 1881-1882.

(2) *Ueber die Wirkungen des pilocarpin bei Pferden*, Berliner, Archiv., 1883, p. 244.

duit une diaphorèse abondante, de beaucoup supérieure à n'importe quel autre agent sudorifique. Sous l'influence d'une pareille dose, l'action exercée par la pilocarpine sur les glandes salivaires est toute différente. La salive devient plus visqueuse et moins filante. Il suit de là que les petites doses n'agissent que sur les nerfs cérébraux, lesquels président à la sécrétion salivaire, tandis qu'à dose élevée la pilocarpine détermine une irritation du système nerveux composant le grand sympathique.

A haute dose aussi, l'influence exercée par la pilocarpine sur l'intestin et les glandes stomacales et intestinales est très prononcée, car la phlegmasie de la muqueuse des voies digestives est dénoncée par des signes de coliques, des défécations fréquentes, d'abord ramollies et puis diarrhéiques. Il y a également une forte hypersécrétion des grosses glandes abdominales, comme le foie et le pancréas, dont les produits de sécrétion sont déversés dans l'intestin. Ainsi, chez un chien atteint de jaunisse et qui avait reçu sous la peau une injection de pilocarpine, M. Kaufmann a vu se former une sécrétion de bile tellement abondante que la rupture de la vésicule biliaire en a été la conséquence.

A forte dose, la pilocarpine agit comme expectorante, augmente l'activité sécrétoire des glandes lacrymales, ainsi que la sécrétion urinaire, laquelle, en vingt-quatre heures, peut augmenter d'environ 50 grammes. Cependant, d'après quelques expérimentateurs, cette même sécrétion serait diminuée notablement pendant la durée des sueurs et de la salivation; l'urine sécrétée pendant cette période d'hypercrisie est plus concentrée, plus dense et chargée d'urates.

Une chose curieuse à noter, c'est qu'à dose élevée la pilocarpine tend à provoquer l'œdème du poumon, état pathologique qui sur les chevaux sains, n'a rien de sérieux, mais peut acquérir de la gravité dans certaines circonstances, surtout chez les sujets dont l'appareil pulmonaire est déjà malade.

Toutes les sécrétions, en général, se trouvant augmentées par l'emploi de la pilocarpine à haute dose, il va sans dire que le poids des animaux doit conséquemment diminuer. Le Dr Ellenberger a constaté expérimentalement que l'injection sous-dermique d'une solution contenant 0^{gr}.50 de pilocarpine entraînait une diminution de 19 kilos 1/2 et de 29 kilos 1/2, si la dose introduite atteignait 0^{gr}.70. Une injection hypodermique de 0^{gr}.05 de nitrate de pilocarpine, que nous avons faite à un chien de taille moyenne et pesant 13 kilos, détermina une rapide diminution de son poids; trois heures après il ne pesait plus que 12 kilos 680. Cette diminution du poids du corps se produit rapidement, dans l'espace de 2 — 4 heures.

L'action de la pilocarpine, donnée à haute dose, sur les diverses sécrétions est probablement le résultat d'une incitation nerveuse, qui s'exerce à la fois sur le système cérébro-spinal et le grand sympathique, parce que le système digestif est placé sous l'influence de ce dernier rameau nerveux. Il faut donc, pour provoquer à la fois l'excrétion de la salive et un flux intestinal, que la pilocarpine excite à la fois les nerfs vaso-moteurs des glandes salivaires et le système nerveux des viscères digestifs, c'est-à-dire le grand sympathique. Il en résulte un fort relâchement des capillaires glandulaires, avec afflux considérable du sang, d'où une sécrétion plus active des glandes. Tout cela paraît résulter d'expériences faites par MM. Siedamkvotzki, Mœller, Eggeling, Malkmus, Ellenberger et Edelmann (1).

Effets toxiques. — En injectant à un chien, de taille moyenne, 8 centigr. de nitrate de pilocarpine, nous avons vu survenir les signes suivants : état de malaise général, faiblesse considérable, nausées et vomissements, battements du cœur très rapides et presque imperceptibles, vue obscurcie, respiration accélérée, signes de coliques, diarrhée. En forçant encore la dose ou en prolongeant trop l'usage de cet alcaloïde, il surviendrait de la prostration, du collapsus et la mort. Il ne faut pas dépasser la dose de 0^{gr}.30 pour les grands quadrupèdes.

Antagonisme. — Une question très importante, étudiée par Sidney, Ringer, Prévost (de Genève), Langley, Morat et Vulpian, c'est celle de l'antagonisme mutuel entre les sels de pilocarpine et l'atropine. Celle-ci fait disparaître les effets produits par la pilocarpine, probablement en vertu d'une affinité supérieure de l'atropine pour les éléments musculaires et nerveux. Toutefois, l'antagonisme est réciproque ; seulement il faut une dose relativement très grande de pilocarpine pour neutraliser les effets d'une petite quantité d'atropine. Si, après avoir immobilisé un chien par une faible dose de curare, afin d'éviter l'action des muscles volontaires, on injecte du chlorhydrate de pilocarpine dans le tissu cellulaire sous-cutané à la dose de 2 centigrammes, on voit apparaître déjà au bout de quelques minutes des mouvements énergiques de l'estomac et de l'intestin grêle ; injecte-t-on alors dans une veine un centigramme de sulfate d'atropine, les mouvements péristaltiques s'arrêtent complètement dans l'espace d'une minute.

Effets locaux et doses. — Les quelques injections sous-cutanées de sels de pilocarpine faites par nous, n'ont jamais donné lieu à des accidents quelconques. La voie hypodermique est le mode d'administration qui convient le mieux pour les sels de pilocarpine.

Les doses à administrer aux divers animaux sont :

(1) Ueber pilocarpin und seine Wirkung, Viener, *Vierteljahresschrift*, Bd. LIX.

Pour les espèces chevaline et bovine.................. $0^{gr}.10$ — $0^{gr}.25.$
Pour l'âne, la brebis et la chèvre (âge adulte).......... $0^{gr}.05.$
Pour le chien................................... $0^{gr}.005$ — $0^{gr}.02.$

En solution dans l'eau distillée.

Indications thérapeutiques. — D'après les recherches du professeur Ellenberger (1), la pilocarpine est indiquée dans tous les cas pathologiques où l'on croit obtenir un effet curatif ou une amélioration par la production d'une abondante sécrétion salivaire ou sudorale, notamment :

a). A titre d'*expectorant*, dans toutes les affections où il y a lieu d'activer la sécrétion de la muqueuse des voies respiratoires et de rendre plus fluides les produits expectorés : angine, laryngite, gourme, bronchite, pneumonie, etc., à l'état aigu et chronique.

b). Comme *évacuant*, contre les diverses coliques d'indigestion. On peut utiliser la pilocarpine comme adjuvant d'autres agents purgatifs. Il faut être prudent dans l'administration de ce médicament à haute dose, parce qu'il tend à produire des contractions spasmodiques.

Von Mœller (2) a constaté que la pilocarpine, en injections hypodermiques, active les contractions des réservoirs gastriques chez les animaux ruminants, les rend plus vives et plus fréquentes. L'action médicamenteuse se fait déjà sentir au bout de 10 — 15 minutes après l'injection et a une durée de près d'une heure. Il conseille l'emploi du nitrate de pilocarpine contre l'irrumination et la paresse du rumen. Du reste Eggeling a souvent utilisé avec succès les injections sous-cutanées de pilocarpine pour combattre les maladies chroniques de la panse et des autres réservoirs gastriques.

La pilocarpine a été employée par M. Nocard (d'Alfort) contre la congestion intestinale du cheval (dose $0^{gr}.25$). Mais, en ce cas, on doit préférer l'ésérine à la pilocarpine, parce qu'elle agit plus vite, plus énergiquement et à plus faible dose.

M. Henninger (3) emploie avec succès le nitrate de pilocarpine contre l'indigestion chez les ruminants, à raison de 10 centigrammes dans 5 grammes d'eau. Cette dose est répétée suivant le besoin.

c). A titre de *sudorifique*, pour favoriser surtout la résorption de certains exsudats pathologiques, notamment lors d'hydrocéphalie, d'hydrothorax, d'ascite, d'hydropisie du péricarde, d'anasarque, etc.

---

(1) Ueber pilocarpin und seine Wirkung, Viener. *Vierteljahnessehrift*, Bd. LIX.
(2) Zur Auwendung des Pilocarpin und Physostigmin in der Thierheilkunde. *Tagblatt der Naturforscher*, 4te Versammelung, p. 226.
(3) Pilocarpinum muriaticum gegen indigestion bei Rinder. *Badische Mitth*, 1884, p. 63

La pilocarpine convient encore dans le cas où il s'agit de provoquer rapidement la diaphorèse, suspendue par suite d'une impression morbide (refroidissement), d'activer la transpiration (affections rhumatismales), etc. On obtiendra la sudation avec une dose relativement moindre de pilocarpine, si l'on a soin d'employer concurremment des frictions sèches ou révulsives sur toute la surface de la peau, en enveloppant le corps des malades dans des couvertures chaudes. A l'exemple des médecins anglais de l'Inde, on pourrait, lors d'empoisonnement par suite de la morsure de reptiles veni-meux, essayer les injections sous-cutanées de nitrate de pilocarpine, à titre de sudorifique et de sialagogue. En produisant une salivation abondante et des sueurs profuses, on favoriserait certainement l'élimination du poison. Notons que la pilocarpine est le roi des diaphorétiques.

d). Les doses élevées de pilocarpine sont contre-indiquées chez les sujets poussifs ou atteints de maladies aiguës du cœur.

e). La pilocarpine ne déterminant qu'un faible resserrement de la pupille, n'est pas à conseiller sous ce rapport.

f). La pilocarpine exerce sur le système nerveux une action sédative spéciale, ce qui a été constaté expérimentalement par M. Labat, professeur à l'École nationale vétérinaire de Toulouse et M. Molet, répétiteur de physiologie dans le même établissement. Il s'agit d'un chien loulou, affecté de rage furieuse et dont les violents accès ont été complètement calmés par une injection sous-cutanée de $0^{gr}.012$ de nitrate de pilocarpine. Il n'y eut ni nausées, ni vomissement et l'animal fut plongé dans un assoupissement prolongé. Cependant, malgré deux autres injections de 6 milligrammes chacune du même alcaloïde, le chien en question ne tarda pas à succomber aux atteintes de la terrible maladie. Dans le cas actuel, la pilocarpine paraît donc avoir exercé une certaine action calmante (1).

Ce n'est que depuis quelques années qu'on connaît le siège pathologique de la rage : on l'avait inutilement cherché jusque-là dans les vaisseaux sanguins, dans le système nerveux, dans le cerveau, dans les poumons, dans les glandes salivaires, sans jamais trouver aucune lésion de ces organes. Nous savons aujourd'hui, grâce aux mémorables recherches de M. Pasteur, que, dans le cas de rage, on trouve toujours à la base du cervelet un liquide, renfermant un microbe, dont l'inoculation expérimentale transmet toujours cette maladie. De tous temps on a essayé de guérir la rage. A côté des substances les plus anodines, on a employé contre cette terrible maladie les

---

(1) Communication à l'Académie de médecine. *In Recueil de méd. vét.*, 1882, p. 663.

plus violents toxiques : morphine, atropine, aconitine, arsenic, chloroforme, curare, etc.

En ces derniers temps, on a vanté les propriétés antirabiques de la pilocarpine. M. Denis-Dumont, chirurgien en chef de l'hôpital de Caen, prétend avoir guéri un homme atteint d'hydrophobie, à la suite d'une morsure à lui infligée par un chien errant prétendu enragé (1). La morsure n'avait été cautérisée que le jour suivant. Le traitement a consisté dans l'administration interne de bromure de potassium, sirop de codéine, chloral et injections hypodermiques de nitrate de pilocarpine, à la dose de 0^{gr}.01, répétées d'abord trois fois par jour, puis deux fois seulement. La guérison fut complète au bout d'une quinzaine de jours. Toute la presse médicale ou politique a rapporté l'histoire de cette cure, qui serait merveilleuse, s'il était parfaitement démontré que le diagnostic fût exact. Or toutes les fois qu'est annoncée la découverte d'une substance pouvant être utile dans le traitement 'de la rage, elle est aussi mise à l'essai à l'École d'Alfort, où les sujets d'expériences ne font pas défaut.

M. Nocard, professeur de clinique, institua dès lors des expériences pour se renseigner sur la valeur thérapeutique de la pilocarpine dans le traitement de la rage canine. A cet effet, il pratiqua chaque jour trois injections sous-cutanées de ce médicament, à la dose de 1-4 centigr. suivant la taille, à une dizaine de chiens, atteints pour la plupart de rage furieuse. Eh bien, aucun des malades n'éprouva la moindre amélioration du fait de cette médication antirabique, laquelle était poursuivie depuis l'entrée des sujets à l'École jusqu'à leur mort. Le même traitement, essayé sur un beau cheval carrossier, qui avait été mordu à la lèvre par un chien enragé, resta également sans succès. M. Nocard injecta à ce solipède de 12 jusqu'à 16 centigrammes de pilocarpine en une seule injection.

M. Paul Gibier, attaché au laboratoire d'anatomie comparée du Muséum, injecta chaque jour, en deux fois, à un rat et à un chat, qui venaient d'être inoculés avec du virus rabique, 5 milligrammes au premier et 1 centigramme au second de chlorhydrate de pilocarpine, injections qui furent continuées jusqu'à la mort; celle-ci arriva avec tous les accidents caractéristiques de l'infection rabique. Les animaux témoins, qui n'avaient subi aucun traitement, moururent en même temps que les premiers et sans présenter des manifestations rabiques plus accentuées. L'inoculation de leur substance nerveuse transmit sûrement le mal à d'autres sujets d'expériences.

Ces faits semblent prouver que la pilocarpine, introduite même à forte dose

---

(1) Communication à l'Académie de médecine, juin 1882. — Voir *Recueil*, 1882, p. 650.

dans l'organisme des animaux enragés, ne détermine aucune sédation des symptômes ou des accès rabiques. On peut toutefois objecter que chez tous ces sujets la maladie était par trop avancée, qu'elle avait entraîné des altérations trop profondes du système nerveux, pour que le terrible mal puisse être vaincu par l'agent thérapeutique. M. Nocard a voulu encore aller au-devant de cette objection, en instituant des injections sous-dermiques de chlorhydrate de pilocarpine dès le début de la période d'incubation.

A cet effet, après avoir inoculé du virus rabique, pris sur un chien mort tout récemment, à des chevreaux mâles âgés d'environ six semaines et les avoir soumis continuellement au traitement antirabique susindiqué, M. Nocard constata que tous ces animaux tombaient néanmoins enragés et que la maladie suivait son évolution naturelle. Des chiens, à qui on avait inoculé à titre de contrôle une parcelle de la substance bulbaire des chevreaux, furent pris de rage (1).

De ce qui précède, on peut donc conclure que la pilocarpine n'a contre la rage aucune action curative prophylactique ou sédative. Les injections de nitrate de pilocarpine ont complètement échoué entre les mains de M. Sée et M. Dujardin-Beaumetz donne la relation de six cas de rage humaine traités sans succès par ce même agent. En résumé, nous ignorons encore le remède spécifique de la rage.

En médecine humaine on a constaté que la pilocarpine et le jaborandi possédaient une grande valeur dans la thérapeutique oculaire et qu'ils agissaient presque comme un spécifique dans certaines maladies des yeux, où le traitement usuel n'avait donné aucun résultat. Il paraît cependant que l'usage prolongé et répété de ces agents contribue à faire développer certaines complications, témoin le fait suivant : Le Dr Landesberg traitait un cheval âgé de 8 ans pour une irido-choroïdite et des opacités du corps vitré à l'aide d'une infusion de feuilles de jaborandi et des injections sous-cutanées de pilocarpine. Le processus morbide fut rapidement arrêté ; le corps vitré redevient transparent. Seulement, au bout d'un mois, il se forma une cataracte complète. Mais il n'est pas démontré que, dans le cas actuel, le développement de la cataracte soit réellement consécutif à la médication employée. Il faut attendre que ce fait soit vérifié en ophthalmologie (2).

En médecine humaine on emploie les injections de pilocarpine dans l'éclampsie et l'urémie, maladie où elles activent l'élimination de l'urée.

Selon quelques essais fructueux les mêmes injections favoriseraient la pousse des poils et des crins, même dans les endroits accidentellement dénudés (3).

---

(1) *Archives vétérinaires d'Alfort*, 1882, p. 641.
(2) *Philadelphie Medical Times*, 29 juillet 1883.
(3) Schüller : Expérimentations avec la pilocarpine sur les animaux. *In Archif f. Exp. path. u. pharm.*, 1879, Bd. XI, p. 88.

Potassium (IODURE DE).

Le bromure de potassium, convenablement étendu d'eau ($^1/_{80}$), agit comme un léger irritant. On constate un peu d'enflure au point d'injection, laquelle disparaît rapidement ; parfois cependant il se forme un abcès, ce qui doit être attribué à une prédisposition individuelle. Mais en solution concentrée (au $^1/_5$ ou au $^1/_3$), ce médicament produit toujours des accidents locaux, tels que phlegmons, kystes, abcès, eschares.

Nous avons eu l'occasion, en 1884, d'essayer les injections interstitielles de cet agent, en vue d'obtenir la résolution rapide d'une énorme tumeur, de nature fibreuse, développée dans la région inguinale d'une grosse jument percheronne, entre la glande mammaire gauche et le plat de la cuisse. Cette production pathologique était apparue sans cause connue ; d'abord du volume d'une noix, elle avait rapidement grossi, au point de gêner considérablement la marche de l'animal. A notre première visite, nous avons trouvé cette tumeur indolente, du volume des deux poings réunis d'un homme et sans œdème périphérique. La bête avait beaucoup de peine à marcher ; par moments même, l'appui sur le membre abdominal gauche était impossible, par suite d'une vive souffrance dans la région malade. Ayant eu connaissance des recherches de M. le Dr Luton sur l'emploi des injections souscutanées à effet local, l'idée nous vint de les mettre à contribution dans le cas actuel. Nous injectâmes séance tenante au centre de la tumeur la solution suivante :

$$\text{Iodure de potassium.............} \quad \text{2 grammes.}$$
$$\text{HO distillée....................} \quad \text{4} \quad —$$

A la suite de cette injection, la tumeur devint le siège d'une vive inflammation ; il se forma tout autour de la grosseur un engorgement œdémateux, lequel envahit la mamelle gauche, s'étendit sous le ventre, dans le pli de l'aine et remonta ensuite vers le périnée. La tumeur était devenue très chaude et sensible au moindre contact, l'exploration difficile et douloureuse. Fièvre de réaction générale, mais de courte durée. Nous pratiquâmes une saignée de trois litres, des mouchetures dans les parties œdématiées, afin de donner issue à la sérosité épanchée dans les tissus. Frictions de pommade camphrée sur la tumeur. Boissons laxatives et diurétiques. Les jours suivants, il se forma à l'endroit de l'injection un vaste point fluctuant qui, après avoir été ponctionné, laissa écouler des débris sanguinolents et putrides et une abondante suppuration. Tous ces produits morbides provenaient de la tumeur fibreuse, enflammée et ramollie par voie de gangrène locale. Injections fréquentes d'une décoction d'écorce de chêne phéniquée. Au bout de quelques jours, il se forma un pus louable et de bonne nature. Les signes de putridité n'existaient plus. La néoplasie disparut totalement ; au bout de cinq semaines il ne restait plus aucune trace de son existence.

Nous avons obtenu un résultat semblable :

1° Contre une énorme tumeur développée dans la région inguinale d'un cheval, à la suite de la castration pratiquée par un empirique ;

2° Contre un volumineux squirrhe de la région de l'épaule chez un cheval entier, engendré par les frottements répétés d'un collier mal ajusté ;

3° Contre un lymphadénome existant dans la région parotidienne droite d'une jument bretonne.

On voit donc que la solution d'iodure de potassium concentrée permet au praticien d'obtenir, par voie de mortification, la guérison de bien des néoplasies. On peut, du reste, utiliser les effets topiques et irritants de bien d'autres médicaments.

Q

La Quinine et ses sels.

Le chlorhydrate de quinine paraît être celui des sels que l'on doit préférer pour les injections sous-cutanées ; il est soluble dans 25 parties d'HO froide.

Effets locaux. — Introduit en solution sous la peau, la quinine produit une irritation fort vive, donnant le plus souvent lieu à des indurations longtemps persistantes, à des abcès, à des ulcérations avec névrose du tissu cellulaire et même à des eschares gangréneuses.

Les solutions concentrées de sulfate de quinine surtout produisent par leur acidité une inflammation locale et divers accidents. Il est vrai que ceux-ci peuvent être évités, mais à la condition de n'employer que des solutions très diluées ; seulement celles-ci présentent à leur tour l'inconvénient de nécessiter des injections multiples. La voie sous-cutanée ne constitue donc pas un bon moyen d'administration pour la quinine et ses sels, que l'on devra donner de préférence, toutes les fois que cela se peut, par la voie stomacale soit sous la forme pilulaire ($0^{gr}.01$ pour les petits et $0^{gr}.05$ pour les grands sujets), soit incorporé à un électuaire. Les injections sous-cutanées ne doivent être pratiquées que dans les cas urgents et quand il y a impossibilité d'administrer les sels de quinine par la voie gastrique ou rectale.

D'une manière générale, on doit être très circonspect dans l'emploi des injections hypodermiques de quinine ou de ses sels.

La dose hypodermique à injecter est :

Pour les grands quadrupèdes......... $0^{gr}.10 — 0^{gr}.25.$
—   moyens animaux........... $0^{gr}.05 — 0^{gr}.10.$
—   petits   —   .... $0^{gr}.02 — 0^{gr}.05.$

On pourra employer l'une des solutions suivantes :

(A)   Sulfate de quinine.................. 1 gramme.
           Eau distillée .... 10 —
           HO de Rabel............,........ 1 —

On peut remplacer l'eau de Rabel par 50 centigrammes d'acide tartrique.

(B)   Chlorhydrate de quinine............. 1 gramme.
           Eau distillée .... 10 —
           Acide chlorhydrique................ 0.5 centigrammes.

Dose : 0.50 — 1 gramme pour les petits animaux et de 2 — 5 grammes pour les grands.

Emploi thérapeutique. — La quinine et ses sels sont indiqués à titre de *remède antiphlogistique*, contre les maladies aiguës, c'est-à-dire accompagnées d'une fièvre plus ou moins intense. On peut s'en servir aussi pour modérer la fièvre qui accompagne toujours les opérations chirurgicales de quelque importance. Nous devons cependant signaler que les sels de quinine sont aujourd'hui relativement peu employés comme antifébriles. On préfère généralement à la médication quinique le traitement défervescent, constitué par l'administration simultanée de l'aconitine, de la digitaline et de l'arséniate de strychnine.

Les sels de quinine sont encore employés comme *antipériodiques* pour combattre les fièvres pernicieuses et spécifiques, ainsi comme *antiputrides* et *antifermentescibles* contre les maladies infectieuses : fièvre typhoïde du cheval, septicémie, pyohémie, etc... (1).

R

Rubrésérine.

La solution de sulfate d'ésérine, au contact de l'air et de la lumière, prend une coloration rouge violet plus ou moins intense ; cela vient de la transformation de l'ésérine en rubrésérine, produit beaucoup moins actif et d'une absorption difficile, mais ayant acquis par cette transformation même des

---

(1) Gsell : De la jugulation dosimétrique des maladies aiguës. *In Répertoire universel de médecine dosimétrique,* 1885, p. 385 et suiv.

propriétés locales très irritantes (voir ÉSÉRINE). Or, cette action topique mérite d'être utilisée par le praticien dans bien des cas où il s'agit de provoquer une inflammation locale dérivative, révulsive ou obturatrice (voir INJECTIONS SOUS-CUTANÉES A EFFET LOCAL).

Nous avons eu l'occasion, en ces derniers temps, d'essayer l'injection sous-cutanée d'une solution de sulfate d'ésérine de vieille date contre la hernie ombilicale dont étaient affectés un poulain et deux pouliches, âgés de 2 — 8 mois. Si nous n'avons obtenu qu'une guérison, cela tient à notre avis à l'instabilité de la solution employée, les propriétés irritantes de celles-ci devant nécessairement varier selon la provenance de l'ésérine, son degré d'impureté, l'âge de la solution employée, la manière dont celle-ci a été conservée, etc. Tout cela nous explique la variété des résultats locaux que nous avons obtenus. Voici maintenant quelques-unes de nos observations :

I. — Poulain mâle, âgé de trois mois et dont la région ombilicale présente une petite grosseur, très visible à l'œil. Après examen, nous constatons que c'est une hernie ombilicale congénitale, facilement réductible, mais se reproduisant dès que nous cessons la compression. L'extrémité de l'index s'introduit sans effort dans l'orifice de l'anneau herniaire, lequel après la naissance ne s'était pas assez vite resserré pour empêcher une tumeur de se manifester. La peau de la région ombilicale, ainsi que le tissu cellulaire sous-péritonéal, sont un peu épaissis par suite d'une application vésicante faite par un empirique peu de temps avant. Pour obtenir la cure radicale de celle-ci, nous conçûmes l'idée de recourir à un nouveau procédé de traitement, basé sur la production artificielle d'une inflammation locale, ayant pour but de provoquer le resserrement de l'anneau herniaire et de boucher complètement l'ouverture des parois abdominales par un tissu fibreux intermédiaire, afin d'empêcher ensuite la sortie de l'intestin. Nous injectâmes au centre de l'ombilic 5 centimètres cubes d'une solution de sulfate d'ésérine au $^1/_{100}$ et préparée depuis quatre mois. C'était le reste d'une solution alcaloïdique dont nous nous étions servi auparavant contre un cas de coliques chez une jument. Le flacon qui renfermait cette solution avait été débouché de temps à autre, afin d'altérer plus profondément le liquide et d'augmenter ainsi ses propriétés irritantes. Il se produisit les jours suivants un œdème prononcé, qui enveloppa tout le sac herniaire et le dissimula; l'intestin se trouva chassé dans l'abdomen et maintenu dans cette cavité par l'engorgement local, espèce de bandage contentif qui fut l'effet direct de l'action du liquide injecté sur le tissu cellulaire péri-herniaire. La piqûre devint le point de départ d'un gros abcès, lequel fut ouvert, au bout de neuf jours, à l'aide d'une lancette et fournit un pus franchement phlegmoneux. La base de l'abcès, c'est-à-dire le trou herniaire, était comblé par un tissu de nouvelle formation, d'aspect fibreux, espèce de plastron dur au toucher. On ne sentait plus la hernie. Soins de propreté. La cicatrisation de l'abcès fut assez longue ; elle exigea une dizaine de jours. La hernie disparut totalement et ne se reproduisit plus après la cicatrisation de l'abcès et la résolution de l'œdème. Au bout d'un mois tout se trouvait guéri (septembre 1884). Ajoutons qu'à la suite de l'injection, nous n'avons observé sur ce poulain aucun des effets physiologiques qu'entraîne une solution d'ésérine fraîchement préparée, et la dose était pourtant plus que suffisante, toxique même si la solution avait été active. Aussi concluons-nous de toutes nos expériences que les solutions vieillies de sulfate d'ésérine ont à peu près perdu toute leur activité.

II. — Il s'agit d'une pouliche, âgée de huit mois et atteinte d'une omphalocèle chronique, grosse comme un œuf d'oie et dont le diamètre ne mesurait pas moins de 5 centimètres. Les trois doigts de la main d'un homme s'y introduisaient facilement dans l'orifice de l'anneau ombilical. Afin de déterminer l'oblitération de celui-ci et la disparition du sac herniaire, nous fîmes sur le contour de la hernie trois injections d'une solution de rubrésérine au $1/_{100}$, chacune de 2 centimètres cubes. Il se fit une tuméfaction notable au niveau de chaque piqûre et la fluxion empiéta largement sur le champ de l'anneau herniaire. Mais cette fois il ne se forma pas de phlegmon et il n'y eut point d'abcès ; de plus, en pressant le centre de l'engorgement ombilical, nous sentions très distinctement la présence de l'intestin grêle, lequel continuait de passer à travers l'anneau herniaire, un peu rétréci momentanément par l'inflammation de la poche sous-ventrale. Au bout de trois semaines environ, c'est-à-dire après la disparition de l'œdème ombilical, la tumeur herniaire existait encore ; elle n'avait même pas diminué de volume. Seulement, à l'endroit de chaque injection persistait une petite tumeur indurée, dont la résorption complète exigea plusieurs semaines encore (juillet 1885).

III. — Chez une autre pouliche, âgée de trois mois et affectée d'une exomphale ordinaire, l'injection sous-cutanée de 2 grammes de la précédente solution de rubrésérine au centre de la hernie, produisit un résultat analogue ; il se forma bien un engorgement local, mais qui ne tourna pas à la suppuration. La hernie persista.

En somme l'injection sous-cutanée d'une solution de rubrésérine ne convient pas pour obtenir avec un succès constant la cure radicale de la hernie ombilicale chez de jeunes poulains, en raison de la variabilité de ses effets locaux. L'ésérine, employée dans la première observation, nous a été fournie par la maison Renault et Pelliot, de Paris, tandis que celle utilisée dans les deux autres cas est sortie de la droguerie Fromage, de Paris également. Cette dernière nous a paru bien plus pure et plus active que la première. Nous continuerons néanmoins nos essais.

M. Degive (1) a essayé les injections sous-cutanées médicamenteuses contre la hernie ombilicale, mais sans grand succès. Il préconise, soit l'emploi de la pommade de bichromate de potasse (2 grammes pour 15 grammes d'axonge), soit la ligature élastique maintenue en place par le passage à travers le sac herniaire d'une ou plusieurs chevilles en fer. Ce procédé chirurgical nous a toujours donné d'excellents résultats, peu importe le volume de la hernie.

S

Sodium (CHLORURE DE).

SYNONYMIE : *Natrium chloratum*. — Kochsalz.— NaCl.

Principaux effets physiologiques. — L'injection sous-cutanée d'eau salée (solution saturée à froid) d'environ 10 — 20 centilitres agit surtout localement, car elle entraine dans la région opérée un gonflement œdémateux plus ou moins prononcé, chaud au toucher et assez douloureux. Dans certains cas, cet engorgement se résorbe rapidement sans déterminer aucune complication ; mais le plus souvent il se termine par voie d'abcédation. Après la ponction de l'abcès, la guérison des désordres locaux a lieu promptement. Nous ferons observer que l'inflammation locale est bien plus intense quand on se sert d'une solution *non filtrée*, car bien souvent un lambeau de peau est détaché par l'ulcération et alors il reste une cicatrice, peu ou point apparente, il est vrai. Il convient donc de ne se servir que de solutions filtrées. La dose à injecter varie de 10 à 20 grammes.

Indications thérapeutiques. — L'injection sous-cutanée d'eau salée mérite d'être employée comme moyen dérivatif, révulsif ou résolutif. Nous allons examiner les divers cas où elle peut rendre au praticien des services qu'il chercherait vainement d'obtenir par d'autres procédés de traitement.

M. Beau (2), aujourd'hui vétérinaire en premier au 17e régiment d'artillerie, est le premier, que nous sachions, qui ait songé à employer les injections sous-cutanées à effet local préconisées dans la médecine de l'homme par M. le Dr Luton, dans le but de guérir les boiteries ayant leur siège à l'épaule, et cela en provoquant directement sous la peau de la région une inflammation substitutive. Auparavant on n'avait généralement recours, en

---

(1) Recherches sur la thérapeutique de la hernie ombilicale chez le cheval et le chien. *In Annales de méd. vét. belge*, 1884, p. 511.

(2) Voir le rapport annuel de notre confrère militaire sur le traitement des boiteries de l'épaule chez le cheval par des injections sous-cutanées, dans lequel se trouvent consignées de nombreuses observations relatives à cette manière de traiter.

pareil cas, qu'à des applications vésicantes au moyen de feux liquides. Notre confrère, avec l'aide de M. Bizard, alors aide-vétérinaire, a guéri bon nombre de claudications, à siège douteux, à l'aide d'injections hypodermiques d'eau saturée de sel marin. Les premiers essais ont commencé en 1878, époque à laquelle il se trouvait en garnison à Paris (au 2ᵉ dragons). Par le service spécial de plantons que les chevaux étaient appelés à fournir, il y eut alors dans le régiment d'assez nombreux cas de boiterie, procédant de la région de l'épaule et dus pour la plupart à une synovite de la gaîne du coraco-radial, maladie dont il a pu établir les lésions dans trois cas. La boiterie qu'elle entraîne ne se guérit qu'à la condition de maintenir le malade dans l'immobilité ; le repos doit même être prolongé après la guérison plus ou moins longtemps, suivant que la boiterie était plus ou moins ancienne. Depuis cette époque M. Beau se sert toujours de cette méthode thérapeutique avec beaucoup de succès. Nous allons résumer ici quelques-unes des cures ainsi opérées (1).

I. — Le cheval *Ignoble*, hongre, âgé de 6 ans, de race de la Plata, est mis indisponible le 18 octobre 1877 pour boiterie de l'épaule droite ; après l'application de plusieurs vésicants, sa boiterie ne s'amende pas d'une manière sensible. Le 13 novembre on fait une injection avec 10 grammes d'une solution de sel marin saturée et *non filtrée*. Dans la journée on remarque un gonflement assez prononcé et une chaleur bien appréciable au toucher. Le lendemain 14, il y a une tuméfaction plus prononcée, œdémateuse, chaude et très sensible à la pointe de l'épaule et à la partie supérieure du bras ; il y a une grande gêne dans les mouvements de l'épaule. Le 15, l'engorgement s'étend et gagne la région pectorale ; il y a un peu de fièvre de réaction. Le 17 on trouve au niveau de la piqûre un point plus chaud et plus tendu, qui indique l'existence d'un abcès ; on ponctionne le lendemain et il s'écoule un pus blanc-jaunâtre, mêlé à une partie du liquide injecté. Le 19 un lambeau de peau se détache et il reste une plaie de 4 — 5 centimètres de diamètre qui, lavée avec un peu de teinture d'aloès, se cicatrise rapidement. Le 25, la plaie est presque guérie, l'engorgement a disparu et la boiterie est moins prononcée. Le mieux continue les jours suivants. Le 12 décembre le cheval se trouve rétabli et reprend définitivement son service.

Nous croyons que la petite mortification, qui s'est produite, tient à ce que pour ce premier essai on avait omis de filtrer la solution.

II. — La jument *Aménité*, âgée de 15 ans, est indisponible du 24 juillet au 10 août 1877, puis du 12 au 29 décembre de la même année pour des

---

(1) Communication écrite.

boiteries de l'épaule gauche, qui disparaissent à la suite d'applications vésicantes. Elle entre de nouveau à l'infirmerie le 17 janvier 1878 pour la même
affection. Dans la matinée du 19 du même mois, on fait une injection de
20 grammes d'eau saturée de sel marin et filtrée, en même temps qu'un massage ayant pour but de répartir le liquide sur une plus grande surface. Le
soir, la poche formée par le liquide injecté est distendue et forme saillie ; il
y a augmentation de chaleur et une douleur assez vive, mais pas de réaction
fébrile. Le 20, la poche a les mêmes caractères, seulement il se montre un
peu d'engorgement vers la partie déclive ; la boiterie est la même. Le 27,
l'engorgement a augmenté et la partie se dessine moins bien. Le 27, on remarque un point saillant à la pointe de l'épaule, un peu au-dessous de la piqûre d'injection et le lendemain on ponctionne un petit abcès, qui donne un
pus épais, blanc, crémeux. La boiterie a sensiblement diminué. Le 1ᵉʳ février,
l'ouverture faite s'est fermée spontanément ; le 9, la bête reprend son service et ne retombe plus boiteuse.

III. — La jument *Faction* a été deux fois indisponible en 1877 pour boiteries
dont le siège n'est pas connu. Le 10 mai 1878 elle boite de nouveau et son examen fait diagnostiquer une boiterie de l'épaule droite. On fait des frictions au
liniment ammoniacal, puis à la teinture de cantharides sans obtenir la guérison de la claudication. Le matin du 27 juin, on injecte 16 grammes d'une
solution de sel marin saturée à froid et filtrée. Les premiers phénomènes
sont ceux d'une phlegmasie locale, comme dans le cas précédent. Les jours
suivants, il y a un œdème très étendu et une gêne très prononcée dans les
mouvements du membre. Le 1ᵉʳ juillet, il s'est formé au niveau de la poche
liquide un petit abcès que l'on ouvre pour éviter l'amincissement de la peau
et d'où il sort à peu près 25 centilitres d'un liquide trouble et renfermant
du pus dilué. Le 6, l'engorgement a presque disparu et ne persiste qu'un peu
à l'avant-bras ; les mouvements du membre deviennent plus libres, mais la
boiterie persiste encore au bout d'un mois et on peut considérer ce cas
comme un insuccès.

IV. — La jument *Giroflée*, appartenant à un capitaine, se met à boiter subitement le 30 mars, après avoir franchi une série d'obstacles et, en l'exa-
minant, on constate une sensibilité anormale dans la région de l'épaule
gauche. Après avoir traité la boiterie sans succès par le feu anglais, on fait
le 27 avril une injection sous-cutanée à la pointe de l'épaule, avec 18 centilitres d'eau saturée de sel marin à froid et filtrée. Il se forme en deux jours
un engorgement considérable, chaud, pâteux et fort douloureux. Six ou sept
jours après l'injection, il y a eu un petit abcès sous-cutané, que l'on ponctionne comme dans les deux cas précédents et la cicatrisation dure de

5 — 6 jours. Le huitième jour, l'engorgement commence à disparaître et le membre reprend progressivement ses dimensions normales. Le treizième jour, la boiterie a disparu et quatre jours plus tard, le 14 mai, la bête est montée, la boiterie ne reparaît plus.

V. — Deux mois après la guérison de cette dernière boiterie, la même jument se met à boiter de l'autre épaule, c'est-à-dire à droite. On injecte 20 centimètres cubes de la même solution, mais après l'avoir filtrée à trois reprises différentes. Le même engorgement se produit et cette fois il ne se forme pas d'abcès. Dix jours après l'opération la jument, qui a été maintenue immobile, ne boite plus ; le seizième jour elle est montée et la guérison persiste.

VI. — La jument *Fermière* est présentée à la visite du 4 septembre pour une boiterie de l'épaule gauche, qui est surtout caractérisée par un léger mouvement d'abduction du membre pendant la marche. Le 5 septembre, on fait une injection de 20 centimètres cubes d'une solution de sel marin, mais filtrée avec du papier buvard au lieu de papier Joseph. Les jours suivants il y a un engorgement très considérable de la région de l'épaule, beaucoup de douleur et de la fièvre. Le quatrième jour, il se montre un petit abcès au niveau de la pointe de l'épaule et on fait une ponction qui donne écoulement à un pus bien lié. L'engorgement disparaît ensuite peu à peu, la boiterie diminue et le vingt-neuvième jour l'animal reprend son service et ne redevient plus indisponible.

VII. — La jument de selle *Emulsion* entre à l'infirmerie le 3 février 1883, pour une boiterie du membre antérieur droit, dont le siège ne peut pas être déterminé au début. Après un certain temps d'observation, on est amené à diagnostiquer une synovite de la gaîne coracoïdienne et un séton ordinaire assez long est appliqué à l'épaule vers le 8 avril.

Ce traitement n'ayant pas amené la guérison, on essaie un mois après, dans les premiers jours de mai, les injections hypodermiques d'eau salée saturée à froid. Cinq piqûres sont faites autour de la pointe de l'épaule et l'on injecte dans chacune le contenu d'une seringue Pravaz d'un centimètre cube. Pendant les jours suivants il survient un engorgement chaud, très douloureux, qui se dissipe ensuite sans donner lieu à la formation d'abcès. Vingt jours après l'injection, la boiterie a beaucoup diminué et semblait en voie de guérison. Le 24 mai, la jument est mise au vert, en liberté, dans une prairie avec d'autres chevaux. A la suite de l'exercice et des mouvements de gaieté auxquels elle se livre, la boiterie redevient très forte et la bête cesse de suivre le régime du vert. Le 16 juillet, la boiterie persistant, malgré une nouvelle période de repos, le feu en raies est appliqué à l'épaule, en prenant la pointe de cette région pour centre de la surface cautérisée ; une friction d'alcoolé de cantharides est faite quelques jours après. La boiterie finit par disparaître lentement vers la fin de septembre, en reparaissant à certains jours.

La jument sort de l'infirmerie le 23 octobre, ne boitant plus depuis au moins 15 jours et reste encore indisponible vers le 22 novembre. A cette époque, sa boiterie reparaît à la suite de la promenade et elle rentre à l'infirmerie ; un large vésicatoire est appliqué sur l'épaule. La boiterie disparaît de nouveau dans le courant de décembre et la bête sort guérie le 31 de ce mois ; elle reprend son service vers le 15 janvier et à la date du 7 févr er la guérison persiste.

Il est fort probable qu'à la suite du traitement par les injections, cette boiterie de l'épaule aurait disparu, si la malade avait été maintenue dans l'immobilité pendant un temps suffisant.

VIII. — La jument de selle *Félonie* est mise en traitement le 7 mai 1883, pour une boiterie du membre antérieur gauche, paraissant avoir son siège dans l'épaule et être due à une synovite de la gaîne coracoïdienne. Cinq injections de 1 centimètre cube de la solution saturée de sel marin, sont faites autour de la pointe de l'épaule au moyen de la seringue Pravaz. Il survient un engorgement chaud et une grande sensibilité de la région ; puis de petits abcès se forment au niveau des piqûres ; ces abcès ponctionnés à temps ne laissent pas de traces.

Une amélioration sensible se produit dans la boiterie après la disparition de l'engorgement et la guérison arrive promptement. Après être restée encore dix jours après sa guérison, elle sort de l'infirmerie le 31 mai et, depuis, la boiterie n'a plus reparu.

Nous avons également fait quelques tentatives de traitement de l'écart de l'épaule chez le cheval, au moyen d'injections sous-cutanées d'eau salée. Il suffira de rapporter ici un exemple tout récent et concluant.

Le 12 août dernier, nous sommes appelé chez M. le comte de Ch., propriétaire, habitant un château situé à quatre lieues de notre résidence, pour traiter une grosse jument percheronne, boiteuse depuis quelques jours déjà. Nous constatons qu'il n'y a pas de claudication au pas, mais qu'au trot l'animal boite manifestement du membre antérieur droit. Après un examen minutieux de tout le membre, nous concluons à l'existence d'un effort de l'épaule droite, survenu sans cause connue. Nous frictionnons la région malade avec le baume caustique de Gombault et prescrivons un repos absolu. Bien que l'effet révulsif fût prononcé, dix jours plus tard, la claudication était encore persistante au trot. Au lieu de recourir à des douches locales ou à l'application d'un séton le long de l'épaule, nous pratiquons tout autour de la pointe de celle-ci, quatre injections espacées régulièrement et distribuées aux quatre points cardinaux de la région malade ; une cinquième injection est faite au centre. Chacune de ces injections contient 3 grammes d'eau saturée de sel marin et préalablement filtrée. Les jours suivants la région de l'épaule médicamentée devint le siège d'un engorgement œdémateux chaud et très sensible à l'exploration. Les cinq piqûres devinrent le point de départ de cinq petits abcès qui évoluèrent rapidement ; au bout de sept jours, ils furent ouverts artificiellement avec un bistouri et fournirent un pus de bonne nature. La cicatrisation fut très prompte et l'œdème local se dissipa peu à peu. En même temps, la boiterie s'amenda. Continuation du repos à l'écurie. Enfin, dans les premiers jours de septembre, la boiterie étant jugée disparue, la jument reprend son service, mais modérément. Depuis cette époque, la boiterie ne s'est plus manifestée.

Notre confrère Besnard, de La Rochelle, nous signale la guérison d'une boiterie obtenue par le même mode de traitement. Il s'agit d'une jument normande, âgée de huit ans, très vigoureuse et faisant un service d'omnibus. Laissée à l'écurie pendant trois jours consécutifs (elle boitait d'une bleime) avec sa ration ordinaire de 12 litres d'avoine, la jument est remise au travail le 14 octobre 1884. Peu après sa sortie, l'animal se montre raide, tombe boiteux du membre postérieur droit, puis se montre paralytique. A la suite d'un traitement qui n'est pas indiqué, la jument guérit, mais reste boiteuse de la jambe droite de derrière. Devant l'inefficacité des révulsifs, notre confrère pensa aux injections hypodermique à effet local préconisées par le docteur Luton. Le point douloureux étant reconnu sur le trajet du sciatique, au sommet de la croupe, suivant une ligne perpendiculaire au sacrum et partant du sommet de la tubérosité ischiale externe, M. Besnard fait quatre piqûres autour dudit point et injecte dans le muscle fessier quatre fois le contenu d'une seringue Pravaz (5 grammes) chargée d'une solution saturée de chlorure de sodium.

Dès le lendemain, il se forma à l'endroit des injections une tuméfaction chaude et douloureuse au toucher. Il s'ensuivit une légère amélioration qui progressa chaque jour.

A partir du 23 novembre, la jument, qui auparavant ne marchait, pour ainsi dire, qu'à trois jambes, se promène librement et ne boite plus que tout bas. De nouvelles injections furent faites, lesquelles amenèrent, cette fois, la disparition de la boiterie et rendirent au travail un cheval qui, sans cela, fût resté estropié pour le reste de ses jours.

On voit, d'après ce qui précède, que le procédé thérapeutique en question est excellent, si bon même que nous le préférons de beaucoup à l'injection sous-cutanée d'essence de térébenthine, laquelle a l'inconvénient d'entraîner trop souvent des décollements considérables de la peau et une indisponibilité prolongée.

Dans bien des cas, et cela a été surtout démontré par M. Luton (1), une simple injection sous-cutanée d'HO salée suffit pour guérir des névralgies douloureuses et graves ayant résisté à toute espèce de traitement.

C'est dans ce but que MM. Hahn et Recch (2) ont employé cette médication contre la boiterie rhumatismale; ces praticiens disent avoir obtenu d'aussi bons résultats qu'avec l'emploi de la morphine ou de la vératrine.

Nous avons guéri un cheval de gendarme atteint d'une boiterie intermittente de nature rhumatismale et qui avait résisté à une application révulsive, à des douches d'eau froide et au sétoa traditionnel le long de l'épaule, par une simple injection sous-dermique d'eau salée (15 grammes) faite à la pointe de l'épaule gauche. Malgré les traitements employés, cette boiterie était devenue chronique et s'était tellement aggravée que le sujet avait été mis dans l'impossibilité de continuer son service.

Il en a été de même à l'égard d'une boiterie rhumatismale dont était affecté un chien de chasse, appartenant à M. le comte de S. M..., et qui avait résisté à plusieurs autres modes de traitement. (Voir VÉRATRINE.)

En voyant des résultats thérapeutiques aussi étranges que curieux, l'on est naturellement conduit à se demander si, en pareil cas, c'est le médicament narcotique ou excitant qui agit, ou bien si c'est la réaction locale, engendrée par l'introduction sous la peau d'une petite quantité d'eau salée, qui joue le principal rôle?

Un praticien américain, M. White (3), dit avoir guéri une grosse hernie ombilicale, touchant presque le sol, sur deux porcelets, âgés d'environ deux mois, en injectant, à chacun des quatre points cardinaux de l'exomphale, 2 grammes d'une solution concentrée de chlorure de sodium. Il s'ensuivit une tuméfaction notable et une guérison complète au bout de trois semaines.

M. Molcombe (4) essaya, chez un poulain affecté d'une hernie abdominale, des injections sous-cutanées d'eau salée, mais sans aucun succès.

M. P. Cagny (5) a essayé la même médication contre une hernie ombili-

---

(1) Traité des injections sous-cutanées à effet local, 1875, p. 60.

(2) Subcutane injectionen gegen rheumatisches Hinken, in Zundel's Jahresberich über den Gesundheitszustand des Hansthiere. *In Elsass-Lothringen*, Strassburg 1881, p. 58.

(3) *American Veterinary Review*, octobre 1883.

(4) Jahresbericht uber die Leistungen auf dem Gebiete der Veterinär medicin von Dᵉ Ellenberger und Dʳ Schütz, 1882, p. 95.

(5) *Bulletin de la Soc. centr. de méd. vét.*, 1883, p. 446.

cale congéniale, dont était atteinte une jeune pouliche de race pur sang anglais et d'une grande valeur. Il fit de chaque côté de l'anneau herniaire une injection de 5 grammes d'eau saturée de sel marin. Il se produisit un engorgement notable qui fit complètement rentrer l'intestin hernié, au point qu'on pouvait croire l'accident guéri. Mais après la résorption de l'œdème local, arrivée au bout d'une dizaine de jours, la hernie reparut avec ses dimensions primitives.

M. Ory, vétérinaire à Feurs, a obtenu la guérison radicale d'une hernie ombilicale sur une pouliche âgée de près de deux ans, à l'aide d'injections sous-cutanées d'une solution filtrée et saturée de sel marin. Dans un autre cas, le même essai thérapeutique fut nul (1).

Pareil résultat s'obtient avec la pommade de bichromate de potasse, quand celle-ci est composée de façon à ne produire qu'une inflammation locale ($0^{gr}.50$ de sel pour 25 grammes d'axonge), à la place d'une escharification circonscrite (1 à 2 grammes de sel potassique pour la même quantité de saindoux).

Strychnine.

Il faut préférer à la strychnine ses sels, à cause de son peu de solubilité par rapport à la grande solubilité de ses composés chimiques, dont les plus usités en médecine sont :

1° *Le sulfate de strychnine*, soluble dans 9 parties d'eau froide ;

2° *L'arséniate de strychnine*, peu soluble dans l'eau, mais soluble dans l'alcool ;

3° *L'azotate de strychnine*, soluble dans l'eau ($^1/_{50}$) ;

4° *Le chlorhydrate de strychnine*, qui se dissout dans 90 parties d'eau froide.

En somme, tous les sels de strychnine sont solubles dans l'eau et plus toxiques que l'alcaloïde pur. Parmi ses sels, le sulfate est le plus employé ; il est moins vénéneux que le nitrate et le chlorhydrate.

Principaux effets physiologiques. — A dose thérapeutique, la strychnine stimule la muqueuse de l'appareil gastro-intestinal, augmente les sécrétions de ses glandes annexes, facilite la digestion, exalte la sensibilité des organes des sens, concourt à réveiller la vitalité affaiblie, à redonner du ton aux organes et à exciter les forces plus ou moins déprimées des malades. Elle augmente l'excitation motrice que les centres nerveux exercent sur le sys-

---

(1) Voir le rapport de M. Paul Cagny sur le concours de thérapeutique de 1885. *In Bulletin de la Soc. cent. de méd. vét.*, 1886, p. 186.

tème musculaire de la vie animale, excite le système cérébro-spinal, modère l'action vaso-motrice et élève la pression sanguine dans les artères. La respiration et la circulation sont sensiblement accélérées ; la température se trouve notablement surélevée.

Le sulfate de strychnine, à la dose de 0^{gr}.05 dissous dans 8 grammes d'eau, injecté sous la peau de l'encolure d'un cheval percheron de taille moyenne et en grande partie usé par l'âge et le travail, a produit les symptômes suivants : rien de bien appréciable pendant un quart d'heure, puis difficulté de la marche, raideur de la région lombaire, contractions tétaniques localisées et de courte durée, dilatations des pupilles, dysurie. Tous ces signes ont disparu dans l'espace d'une heure.

Le jour suivant, ce même cheval, ayant 39 pulsations et 16 mouvements respiratoires à la minute, reçut une injection sous-cutanée de 10 centigrammes de sulfate de strychnine à l'épaule gauche. Voici les signes que nous avons observés : au bout de onze minutes, raideur de la région lombaire, augmentation de la sensibilité tactile ; phénomènes tétaniformes, d'abord localisés aux muscles des membres, puis s'étendant à ceux du tronc, de l'encolure, de la queue, des mâchoires et des oreilles ; exaltation de la sensibilité générale, car le moindre attouchement ou le plus petit bruit impressionne le sujet et provoque des attaques tétaniques ; contractions toniques et permanentes des muscles des membres ; trépignement des membres abdominaux ; salivation abondante ; 29 mouvements respiratoires par minute. Au bout d'une demi-heure : tétanisation générale ; toutes les parties du corps sont devenues rigides et inflexibles ; secousses convulsives ou accès tétaniques spontanés ; naseaux démesurément dilatés et fixes ; respiration dyspnéique et très accélérée, car nous comptons 51 mouvements par minute. La station quadrupédale est difficile, et l'animal paraît se laisser tomber sur le sol au plus léger bruit ; efforts pour uriner et pour fienter ; température à 39°7.

Tous ces symptômes commencent à diminuer au bout de cinquante minutes ; néanmoins tout bruit insolite produit encore des contractions spasmodiques des muscles, et, dans les moments de calme, ceux-ci sont le siège de crampes continuelles. Au bout de sept quarts d'heure, disparition complète de tous les signes alarmants ; le sujet mange avec appétit.

Deux jours après cette expérience, nous pratiquons au poitrail du même solipède une injection hypodermique (par deux piqûres successives) de 0^{gr}.20 de sulfate de strychnine dissous dans 15 grammes d'eau. Voici les divers symptômes que nous avons constatés : au bout de neuf minutes, physionomie anxieuse ; le moindre appel suffit pour effrayer et exaspérer l'animal ; tremblements musculaires ; en frappant légèrement avec un bâton sur la croupe, la jument paraît se laisser aller sur la litière. Au bout de vingt-cinq minutes, violent trismus; la tête est fortement étendue sur l'encolure; extension forcée du rachis; la queue est droite et relevée; les oreilles pointent fortement en avant; la bouche est entr'ouverte et laisse écouler une bave écumeuse; les masséters sont durs et le siège de nombreux mouvements fibrillaires; la bête tient les membres écartés et raides, ils ressemblent à des colonnes inflexibles; il existe un tétanos général et permanent; les yeux sont vivement injectés; la respiration est courte, tumultueuse et bruyante; le pouls bat très vite et se montre dur; la peau se couvre de sueur; l'asphyxie nous semble imminente, en raison de l'extrême tension des muscles respiratoires et de l'immobilisation des cercles cartilagineux des côtes; il y a abolition de la motricité des nerfs moteurs. Après trente minutes, rejet involontaire d'excréments; violentes secousses électriques et très rapprochées; enfin chute sur le sol, mouvements désordonnés, respiration lente (huit fois par minute), ralentissement des battements cardiaques; enfin mort, dans un état de rigidité générale, trente-sept minutes après l'injection.

Notons que la mort arrive toujours par asphyxie, arrêt du cœur et peut-être aussi par suite de modifications survenues dans les centres nerveux et d'épuisement nerveux, conséquence des accès intenses et répétés. La rigidité tétanique ne disparaît qu'avec le refroidissement du cadavre. Telle est la succession des signes qui caractérisent l'empoisonnement strychnique.

On peut facilement se rendre compte de l'extrême raideur générale que donne la tétanisation à toutes les parties du corps; il suffit d'injecter sous la peau d'un petit chien une dose toxique de strychnine; on voit alors que, pendant les accès, la rigidité est telle qu'on peut soulever l'animal tout d'une pièce en le tenant par un membre. On dirait que le corps est traversé par une barre de fer ou qu'il est en rigidité cadavérique.

La strychnine possède des propriétés antiputrides et antifermentescibles assez prononcées. Ainsi des matières organiques imprégnées d'un sel de strychnine résistent à la décomposition putride et à toute fermentation.

Effets locaux. — La strychnine et ses sels ne produisent aucun accident local quand les solutions sont bien faites, fraîches et pas trop concentrées. Sur les solutions vieillies, il se développe facilement des moisissures. Les sels de strychnine, en raison de l'absence d'accidents locaux, de la rapidité de leur absorption et de la promptitude de leurs effets, qui peuvent être gradués à volonté, méritent d'être employés souvent en injections hypodermiques, ont là un des meilleurs procédés d'administration.

Doses. — Les nombreuses recherches expérimentales faites avec l'azotate de strychnine par feu le professeur Feser (1), de Munich, sur les diverses espèces animales domestiques et quelques expériences faites par nous-même avec le sulfate de strychnine, nous permettent d'affirmer que les différents sels de strychnine, administrés hypodermiquement, déterminent des signes d'intoxication très souvent mortels, surtout quand les bestiaux sont usés par le travail ou affaiblis par la maladie :

1° Chez le cheval adulte, peu importe la taille, à la dose de 14 centigrammes; 20 à 25 centigrammes tuent infailliblement et rapidement n'importe quel solipède;

2° Chez le jeune poulain, à la dose de 2 centigrammes ;

3° Chez le bœuf adulte, à la dose de 15 centigrammes. Chez une vache pesant 292 kilogrammes et ayant reçu sous la peau 0^{gr}.09 de nitrate de strychnine, la mort survint quarante-deux minutes après l'injection du poison. Chez une autre vache, tuberculeuse à un haut degré et pesant 450 kilogrammes, l'injection sous-cutanée de 20 centigrammes de sulfate de strychnine entraîna la mort au bout de trente-huit minutes ;

4° Chez le jeune veau, à la dose de 3 centigrammes. Un veau âgé de six semaines et pesant 52 kilogrammes fut tué au bout de vingt et une minutes par l'injection sous-dermique de 36 milligrammes de nitrate de strychnine dissous dans 4 grammes d'eau (soit 0^{gr}.0007 par kilogramme de poids vif) ;

5° Chez la chèvre et le mouton, à la dose de 1 centigramme à 12 milligrammes. La mort arrive au bout de vingt-cinq minutes, et déjà après douze minutes si la dose injectée comporte 2 centigrammes ;

6° Chez le porc adulte, de taille moyenne et pesant 75 kilogrammes environ, à la dose de 5 centigrammes. Il faut de 0^{gr}.0006 à 0^{gr}.0007 par kilogramme de poids vivant pour tuer sûrement le porc. Avec une dose sous-cutanée de 0^{gr}.0004 par kilogramme de poids vivant, les individus de l'espèce porcine sont empoisonnés, mais récupèrent la santé au bout de deux à quatre heures ;

7° Chez le chien, de taille moyenne, à la dose de 3 à 4 milligrammes. A la dose de 5 milligrammes, la mort a lieu chez la plupart des félins dans l'espace de dix à cinquante minutes; cela dépend de la taille, du volume et conséquemment du poids de l'animal. Nous avons vu, dans nos expériences, l'injection hypodermique de 0^{gr}.001 de sulfate de strychnine foudroyer de forts chats et provoquer chez de petits chiens (havanais) de violentes con-

---

(1) Zur dosirung des Strychninnitrats bei subcutaner und interner anwendung. *In Archiw für Thierheilkunde*, 1880, S. 161 u. folg.

tractions tétaniques, lesquelles jetaient les sujets par terre et étaient accompagnées de signes très inquiétants.

Tabourin, en injectant sous la peau d'une vache 0^{gr}.20 de strychnine dans un décilitre d'eau, détermina sa mort au bout de vingt minutes; il constata : violentes convulsions, raideur des membres, incurvation de la colonne vertébrale, dyspnée, augmentation de la sensibilité de la peau, expulsion de matières alvines, station difficile, puis chute sur le sol.

D'après Hartwig (1), 0^{gr}.10 de strychnine introduits dans le tissu conjonctif d'un cheval déterminent une raideur générale et de fortes convulsions tétaniques; 0^{gr}.20 à 0^{gr}.25 tuent le solipède le plus gros. Le chien le plus fort (chien danois ou terre-neuve) succombe rapidement à la suite d'une injection de 0^{gr}.01 ; il suffit même de 2 milligrammes pour tuer souvent des chiens jeunes ou de petite stature.

En injectant à un cheval 0^{gr}.12 de nitrate de strychnine, Gerlach (2) vit apparaitre, déjà au bout de quinze minutes, des signes très alarmants : grande irritabilité, raideur, anxiété et une tétanisation générale après trois quarts d'heure. Pour combattre cet empoisonnement accidentel, il pratiqua de suite une injection sous-cutanée de sulfate d'atropine (0^{gr}.09), après quoi tous les symptômes d'intoxication s'amoindrirent peu à peu. Mais ce n'est que douze heures plus tard que tout danger fut disparu.

Le professeur Holzmann détermina, au bout de 15 minutes, la mort d'un poulain âgé de 8 mois, par l'injection de 0^{gr}.25 de nitrate de strychnine. Le même auteur a constaté que certains sujets présentent une grande résistance aux effets de ce médicament. Ainsi il injecta, vers 11 heures du matin, à une forte jument morveuse 0^{gr}.10 de nitrate de strychnine; à midi 14 minutes il n'existait encore aucun signe d'empoisonnement bien apparent. Immédiatement, nouvelle injection de 10 centigrammes de sel dissous dans de l'alcool; il n'existait encore aucun symptôme à midi 40 minutes. Troisième injection de 0^{gr}.05; tout se borna à un peu d'inquiétude. Enfin à 1 heure 13 minutes, quatrième injection de 10 centigrammes de sel strychnique; cette fois, vers 1 heure 18 minutes, l'animal tomba violemment sur le sol et expira aussitôt. — Un fort chien, auquel il injecta une solution strychnique conservée depuis deux mois et ayant acquis un reflet verdâtre, à la dose de 0^{gr}.016, succomba après 4 minutes. Un autre félin, qui avait reçu 0^{gr}.008 de la même solution, eut des accès tétaniques au bout de 15 minutes; il recouvra néanmoins la santé. Mais le lendemain, après avoir reçu une nouvelle injection de 0^{gr}.008, l'effet toxique se montra déjà après trois minutes et le sujet périt 9 minutes après l'injection.

---

(1) *Arzneimittellehre*, 1872, p. 346.
(2) *Allgemeine Therapie*.

Un chien de garde, ayant reçu sous la peau 0gr.005 de strychnine, manifesta les premiers signes de l'empoisonnement à la quatrième minute ; ayant reçu aussitôt une injection de 0gr.03 de sulfate d'atropine, il put entrer tout seul dans sa niche ; le jour suivant il se trouvait complètement remis.

Un pigeon périt dans l'espace de 90 secondes et au milieu de phénomènes tétaniformes, à la suite d'une injection de 0gr.004 de sulfate de strychnine.

Nous avons injecté, pendant plusieurs semaines consécutives, une dose de 0gr.001 de sulfate de strychnine à un chien de taille moyenne, sans avoir observé aucun effet bien appréciable.

Un chien de taille moyenne (16 kilos), auquel nous avions injecté 6 milligrammes de sulfate de strychnine, périt au bout de 11 minutes, tandis que chez une forte chienne, de race danoise (31 kilos) et affectée de dartres généralisées, chroniques et incurables, pareille dose n'occasionna des signes tétaniques qu'après 19 minutes.

Relativement à la posologie sous-cutanée des sels de strychnine, Feser est arrivé aux constatations suivantes, basées sur plus de 150 expériences :

1). On doit considérer comme dose médicamenteuse par la voie hypodermiques 0gr.0001 à 0gr.0002 par kilogramme de poids vif chez les grands et les moyens quadrupèdes (cheval, âne, bœuf, etc.).

2). La dose de 0gr.0003 par kilogr. de poids vivant doit être regardée comme toxique chez tous les animaux, excepté le porc. En général il ne faut approcher de cette dose qu'exceptionnellement et surtout ne jamais la dépasser.

3). Enfin la dose de 0gr.0004 par kilogr. de poids vif entraine infailliblement un empoisonnement mortel à bref délai. La mort a lieu généralement au bout de 20 à 30 minutes.

La dose médicinale est, d'après Gerlach, de 0gr.06 dans 4 grammes d'eau pour les espèces chevaline et bovine et de 1-2 milligr. pour le chien, suivant la taille.

Dans la dernière édition de son Traité de matière médicale, Tabourin indique les doses suivantes de sulfate de strychnine comme pouvant être injectées d'un seul coup et sans inconvénient sous la peau :

Grands animaux..........	6-12	centigrammes.
Moyens —	1-2	—
Petits —	1-3	milligrammes.

Ce sont là, à notre avis, des doses trop élevées et dangereuses.

Le professeur Levi, de Pise, recommande la solution suivante :

Sulfate de strychnine.................	0.25	
Alcool concentré....................	7.50	
HO distillée.......................	15	Mêlez.
Acide hydrochlorique..............	6 gouttes.	

De cette solution l'on injectera :

Au cheval.........	2 grammes
» bœuf...........	4 —
» porc...........	10 gouttes.
» chien.........	1-2 —

En résumé, voici la dose thérapeutique maxima à employer pour une seule injection d'un sel strychnique chez les diverses espèces animales :

Grands animaux........	3-8 centigrammes.
Moyens —	3-6 milligrammes.
Petits —	$^1/_2$-3 —

L'injection peut être répétée 2-3 fois dans l'espace de 12 heures.

Nous croyons devoir faire remarquer que le chien et le chat, étant d'une sensibilité excessive à l'action de la strychnine, même à dose physiologique, les injections hypodermiques de ce médicament ne doivent être utilisées qu'exceptionnellement chez les petits carnassiers.

La dose thérapeutique pour l'homme adulte est de 1 à 5 milligrammes et la dose mortelle minima est de 3 centigrammes.

Accumulation et élimination. — La propriété accumulative de la strychnine est généralement admise. Ce médicament est rapidement absorbé, surtout par la voie sous-cutanée, passe dans le sang, qui le transporte ensuite dans toutes les parties du corps. C'est dans les centres nerveux et les organes parenchymateux que ce poison tend à s'accumuler. Pour en avoir la preuve, il suffit d'analyser le cadavre d'un animal mort empoisonné par la strychnine; on trouve alors cet alcaloïde en abondance dans la substance grise de l'encéphale, dans la moelle épinière, dans le foie et la rate; le sang n'en contient plus que des traces insignifiantes.

La strychnine ne reste cependant pas dans l'économie; elle est éliminée par les urines et la salive; mais cette élimination est lente et n'est complète qu'au bout de 2-3 jours. Tout en admettant une certaine accoutumance par l'usage prolongé, il est certain que si on donne à une bête de petites doses d'un sel de strychnine souvent répétées, l'intensité des effets croît avec le nombre des doses; c'est ainsi qu'une première dose ne pourra produire aucun effet bien appréciable, tandis que la sixième dose sera toxique. Cela vient uniquement de ce que la strychnine séjourne assez longtemps dans l'économie, de ce qu'elle n'est que lentement éliminée. Aussi dans la pratique, ne doit-on débuter que par des doses faibles et ne les élever que progressivement, en ayant soin d'interrompre l'administration de la strychnine dès l'apparition de phénomènes d'empoisonnement, tels que raideur des muscles, convulsions ou secousses tétaniques.

Antogonisme. — Les effets des strychnés sur l'organisme animal sont évidemment le résultat d'une action spécifique exercée par ces agents sur le bulbe et la moelle épinière, excitation qui, par une action réflexe, produit des convulsions nervo-musculaires toniques ou contractives, d'abord limitées et rares, puis plus fréquentes et généralisées, c'est-à-dire un véritable tétanos artificiel, qui peut entraîner une mort rapide, foudroyante même, par suite de l'asphyxie résultant de l'immobilisation des muscles respiratoires et de l'épuisement paralytique des centres nerveux.

Il faut donc savoir combattre, le cas échéant, les phénomèmes toxiques que peut déterminer l'administration sous-cutanée de la strychnine, que ces derniers résultent, soit d'une dose trop forte, soit de doses successives trop précipitées, soit enfin d'une susceptibilité exagérée de l'économie à l'action tétanisante de la strychnine.

La thérapie de l'empoisonnement par la strychnine ou par ses sels peut comporter l'application de plusieurs moyens antidotiques.

On peut d'abord recourir à la respiration artificielle, laquelle, quand la dose injectée n'a pas été trop forte, permet non seulement d'entretenir la vie (Richter) (1), mais atténue aussi et suspend mêmes les spasmes convulsifs. Cela a été constaté par les expériences de Rosenthal et de Leube (2), qui ont vu des accès tétaniques réapparaître avec la suspension de la respiration artificielle. Seulement pour avoir des chances de sauver ainsi un animal, dont la vie se trouve menacée, il importe de continuer la respiration artificielle jusqu'à ce que le poison soit totalement éliminé par les voies urinaires.

Mais pour peu que les contractures soient généralisées, il est préférable de recourir de suite, soit à une injection intra-veineuse de chloral, soit à des injections sous-cutanées d'atropine. Ces deux médicaments ont la propriété de diminuer l'excitabilité réflexe que produit la strychnine sur l'axe bulbo-spinal et d'amoindrir aussi les fortes contractures produites par une dose mortelle de ce violent poison.

Le chloral a une action antidotique manifeste, ainsi que cela a été constaté par Rajewski, Bennet, Huxenamm, Vulpian et Oré. Cet agent, en arrêtant ou en supprimant les spasmes, même momentanément, peut être considéré comme le contre-poison de l'empoisonnement strychnique.

---

(1) *Zeitschrift fur rat. Med.*, XVIII, p. 76.
(2) *Archiw für anatomie und physiologie.*

Il nous suffira de citer à l'appui les deux expériences suivantes :

a). M. Vulpian (1) donne simultanément à un chien une dose ordinaire de chloral et une dose mortelle de strychnine ; l'animal, qui serait mort rapidement sans chloral, n'a pas de convulsions et respire librement ; mais à peine l'effet du chloral est-il dissipé, que la strychnine reprend ses droits et la mort les siens ; mais celle-ci ne survient que plusieurs heures après le terme normal.

b). M. Oré (2) a fait l'expérience inverse et constaté qu'en faisant ingérer à un chien la strychnine à dose mortelle et en administrant le chloral en quantité suffisante, avec persistance et par la voie directe et efficace de l'injection intra-veineuse, la lutte entre les deux agents se termine en faveur du chloral.

M. Kaufmann (3) admet aussi que le chloral est le meilleur antidote de la strychnine, car il a constaté que, si un animal empoisonné par ce dernier alcaloïde est maintenu pendant un temps suffisant sous l'influence hypnotique du chloral, l'action toxique de la strychnine disparaît progressivement avec l'élimination du poison, de sorte qu'au réveil complet l'animal se trouve guéri. Mais pour bien réussir il faut injecter rapidement une dose anesthésique de chloral dans la jugulaire de l'animal strychnisé ; les crises convulsives disparaissent aussitôt pour ne reparaître qu'avec le réveil du sujet ; une nouvelle injection la fait encore cesser et, à un nouveau réveil, les attaques tétaniques sont bien moins intenses et ne compromettent plus la vie du patient.

L'atropine est également un bon antidote des sels de strychnine ; nous en avons rapporté plusieurs exemples. Voir également l'article ATROPINE.

La morphine peut également rendre quelques services, quand il s'agit d'un empoisonnement par la strychnine, témoin l'expérience suivante :

Chez un lapin, pesant six livres, empoisonné intentionnellement par une injection sous-cutanée de 1 milligr. de sulfate de strychnine, l'intoxication fut dissipée par une injection hypodermique de 0^{gr}002 de morphine.

Emploi thérapeutique. — La strychnine, en vertu de l'action excito-motrice qu'elle exerce sur le centre nerveux spinal et la *medulla oblongata,* se trouve indiquée toutes les fois qu'il y a nécessité de stimuler l'énergie médullaire et conséquemment la myotilité. Elle rend notamment les plus grands services dans le traitement des névroses intéressant l'appareil locomoteur et les

---

(1) *Leçons sur le chloral.*
(2) *Des injections intra-veineuses de chloral,* Paris 1873.
(3) Kaufmann : *Précis de thérapeutique vétérinaire,* 1886, p. 482.

organes des sens. Son emploi se trouve recommandé dans les cas suivants : paralysies diverses, telles que l'hémiplégie, la paraplégie, la paralysie générale, la fièvre vitulaire, les paralysies localisées (paralysie d'un membre isolé, de la queue, des lèvres, des ailes du nez, du larynx, de l'oreille, de l'anus, de la vulve, de la verge, de la vessie, etc...) ; les paralysies par lésions musculaires, caractérisées par l'atrophie des muscles de la région affectée, enfin les crampes.

Parmi les autres maladies, dans le traitement desquelles la strychnine peut être avantageusement employée — toujours en raison de son action excitante sur les systèmes nerveux et musculaire — mentionnons : l'incontinence d'urine, la dysurie, le prolapsus rectal, l'ataxie locomotrice, le collapsus, les maladies typhoïdes, le part languissant (pour réveiller l'action expulsive de la matrice), les indigestions (pour combattre la paralysie des parois gastro-intestinales, etc.).

Nous allons maintenant citer quelques faits démontrant l'utilité de la strychnine, dans le traitement des diverses névroses :

Quittenbaum (1), chez un cheval souvent coliqué, diagnostiqua un rétrécissement de l'œsophage et obtint une rapide guérison par des injections sous-cutanées de strychnine, faites à la partie supérieure de l'encolure et de chaque côté l'œsophage. Il commença par $0^{gr}.06$ dans 8 grammes d'eau et cette dose fut journellement augmentée de $0^{gr}.01$ pendant 6 jours consécutifs de façon à ne pas dépasser $0^{gr}.12$ de sel dans 12 grammes d'eau. L'amélioration se déclara vers le sixième jour ; les injections furent supprimées le huitième et le neuvième jour le rétablissement fut complet.

Niebuhr (2) dit avoir essayé la médication strychnée sans succès contre une hémiplégie d'un cheval. — Il en fut de même d'un essai fait par Peters (3) contre un cas de cornage intense ($0^{gr}.06$ de sulfate de strychnine dans 4 grammes d'HO).

Par contre le vétérinaire de cercle Heil (4) a guéri un cheval affecté d'une paralysie du train postérieur, consécutive à un état typhoïde, à l'aide d'injections de strychnine sous la peau ($0^{gr}.06$ *pro dosi*).

Nous ne saurions oublier l'intéressante et curieuse observation de Ringk (5) qui, après avoir traité inutilement un cheval atteint de paraplégie par la médication usuelle, finit par recourir à l'emploi d'azotate de strychnine, injecté directement sous la peau. Il commença par la dose de $0^{gr}.10$ dans 12 grammes d'HO ; celle-ci, après avoir été administrée pendant 6 jours de suite, n'amena aucun changement dans l'état du malade. Quinze centi-

---

(1) *Thierarzt*, 1873, p. 235.

(2-3-4) *Thierarzt*, 1876, p. 207.

(5) *Mittheilungen aus der Thierärzt. Praxis, in preussichens. Staate*, 1870-71.

grammes furent dès lors injectés journellement ; au bout de huit jours il y eut une amélioration notable. Afin de hâter la guérison et se conformant au désir du propriétaire de l'animal, notre confrère injecta ensuite d'un seul coup $0^{gr}.20$ d'acaloïde. Déjà 5 minutes après l'injection, on constata une grande raideur des membres thoraciques. Présageant une intoxication, Ringk débrida largement le lieu de l'injection, dans l'espoir de pouvoir ainsi donner issue à une partie du liquide injecté. Mais il était déjà trop tard ; l'absorption du poison était faite, car au bout de quelques instants la respiration devint pénible ; le malade se mit à trembler des quatre membres et tomba sur le sol ; il y eut de violentes contractions tétaniques ; les battements du cœur étaient tumulteux ; le tégument cutané se couvrit d'une sueur abondante et froide ; enfin la mort arriva au bout d'une heure et demie. Ce fait vient donc à l'appui de ce que nous avons déjà dit, à savoir qu'il faut beaucoup de prudence avec la médication strychnique.

M. Steffen (1) a essayé avec succès les injections strychnées contre l'épilepsie du cheval. Il répétait les injections au début des accès, lesquels reconnaissaient pour prodromes un tremblement général et l'instabilité de la station quadrupédale. La solution employée fut : strychnine $0^{gr}.06$ et HO distillée 14 grammes. Les convulsions musculaires devinrent moins intenses et moins fréquentes : il y eut encore des accès le 13me, le 18me, le 31me et le 71me jour, puis la maladie disparut.

Allmann recommande la solution strychnine ($0^{gr}.07$ dans 9 grammes d'eau) contre le tétanos, soit seule, soit concurremment avec la cicutine. Mais les propriétés physiologiques de la strychnine, qui concourt à congestionner la moelle, ne nous invitent pas du tout à l'utiliser contre cette affection.

La strychnine est aussi un *excitant respirateur*, dont l'emploi se trouve indiqué contre la pousse, la bronchite chronique, le cornage, vu qu'elle régularise la respiration, rend l'hématose plus facile et rend moins apparent le soubresaut qui caractérise l'emphysème pulmonaire.

Nous avons obtenu une grande amélioration du cornage chronique dont était affecté un jeune cheval percheron, cornage devenu tellement intense que l'animal était devenu impropre à toute espèce de service. Cette maladie, qui s'était déclarée sans cause connue, était due sans doute, soit à une lésion des nerfs récurrents, soit à une paralysie musculaire du larynx. Après avoir essayé inutilement des fumigations émollientes, des frictions révulsives sur le bord intérieur de l'encolure, le régime arsenical, etc., et convaincu qu'il n'existait aucun obstacle permanent, susceptible de gêner la

---

(1) *Mittheilungen aus der Thierärz. Praxis in preussichen Staate*, 1868, p. 175.

circulation de l'air à travers les voies respiratoires, nous eûmes recours aux injections sous-cutanées de sulfate de strychnine, faites de chaque côté du larynx. Nous commençâmes par une dose quotidienne de 2 centigrammes, laquelle fut ensuite augmentée chaque jour de 0^{gr}.01, jusqu'à concurrence de 10 centigrammes, dose qui ne fut pas dépassée. Au bout de treize jours, le sujet put reprendre son service (charrois agricoles). Le cornage ne disparut pas complètement, mais l'animal put être utilisé sans le secours de la trachéotomie et c'est tout ce que le propriétaire demandait.

Les injections sous-cutanées de sulfate de strychnine nous ont permis aussi de triompher d'un amaigrissement prononcé des muscles fessiers de la cuisse gauche, chez une forte jument percheronne, émaciation locale survenue à la suite d'un effort de la hanche, que le fermier avait eu le tort de négliger pendant quelque temps. La boiterie fut guérie à l'aide d'une série d'injections sous-dermiques d'eau saturée de sel marin et l'atrophie musculaire par des injections de sulfate de strychnine (0^{gr}.05 dans 10 grammes d'eau), disposées en cinq piqûres tout autour de l'articulation coxo-fémorale. Ces injections, faites régulièrement chaque jour et pendant neuf jours consécutifs, amenèrent une guérison radicale, au point que la jument put être vendue quelques mois plus tard ; elle fut achetée par M. Flocard, vétérinaire à Genève, pour la somme de 1,025 francs et ne cesse pas depuis de faire un bon service.

Chez une vache, vêlée depuis deux mois et atteinte d'une paralysie fort tenace, consécutive à une indigestion du feuillet, nous ordonnâmes des injections sous-cutanées de sulfate de strychnine : 0^{gr}.50 dans 100 grammes d'HO distillée, solution dont on injectait chaque jour 4 grammes sous la peau de chaque épaule. Afin de permettre au cultivateur de faire lui-même les injections, nous pratiquâmes à la partie supérieure de chaque épaule une petite poche sous-cutanée, dans laquelle la solution médicamenteuse était introduite à l'aide d'une seringue à javart. Le rétablissement ne fut complet qu'au bout de trois semaines (1).

Essence de térébenthine.

Effets locaux. — L'essence de térébenthine, introduite sous la peau, agit sur les tissus qu'elle touche, à la façon d'un irritant local, en produisant un effet révulsif plus ou moins prononcé. On ne doit employer que l'essence rectifiée, parce que cette dernière est moins irritante que celle du commerce, laquelle contient beaucoup de matières résineuses.

---

(1) Voir notre Mémoire : *les exploits de l'empirisme en médecine vétérinaire*, adressé à la Société nationale d'agriculture de France, 1885.

Immédiatement après l'injection d'une petite quantité d'essence de térébenthine, l'animal accuse une douleur locale très cuisante ; il cherche à mordre la partie médicamenteuse, se tourmente, gratte le sol, se couche et se relève, etc... Ces signes varient naturellement d'intensité suivant l'espèce animale, le tempérament individuel, la dose de médicament injectée, etc...; leur durée est également variable : depuis une demi-heure jusqu'à deux heures environ. La souffrance devient ensuite plus sourde et s'accompagne, au bout d'une douzaine d'heures, d'un engorgement œdémateux, tendu, chaud, douloureux, qui progresse pendant 2 — 4 jours, de façon à envahir toute la région traitée, au point de rendre difficiles, impossibles même, les mouvements de la région malade. A partir de ce moment, les symptômes s'amendent et l'œdème tend à descendre vers les parties déclives. En même temps l'on constate, au point d'injection ou plutôt au milieu de l'engorgement, de la fluctuation, avec décollement plus ou moins considérable de la peau.

Si l'injection n'a été faite qu'en un seul point et si la dose d'essence ne dépasse pas 1 — 2 grammes, il est souvent inutile de s'occuper de la fluctuation, le liquide épanché dans la plaie sous-cutanée se résorbant totalement dans l'espace d'une quinzaine de jours. Mais si la dose d'essence dépasse 2 grammes, et surtout si plusieurs injections ont été faites dans la partie malade, il est indispensable vers le sixième jour de ponctionner l'abcès ou le kyste avec le bistouri.

Le liquide qui s'écoule par l'ouverture varie suivant les animaux ; tantôt c'est du pus blanc ou un peu jaunâtre, épais et huileux et renfermant généralement des lambeaux de tissu cellulaire mortifié ; tantôt aussi — et c'est le cas le plus fréquent — il est constitué par une sérosité plus ou moins fortement sanguinolente, renfermant souvent des débris de tissus désorganisés et des caillots de sang plus ou moins gros. Il se forme ensuite une suppuration de bonne nature.

Dans un cas comme dans l'autre, c'est-à-dire qu'il y ait nécessité ou non de ponctionner, la plaie sous-cutanée, bien que parfois fort étendue, guérit facilement et assez vite. Des soins de propreté suffisent généralement. Au bout de 20 — 25 jours toute trace de traitement a disparu. Voilà ce que nous avons constaté sur le cheval.

D'après M. Chassaing (1), qui le premier a songé à recourir à ce mode de traitement, les phénomènes consécutifs à l'injection sont à peu près les mêmes chez les bovidés, sauf peut-être l'engorgement, qui est plus diffus et la fièvre de réaction, quelquefois plus prononcée. De plus on n'est pas obligé de

---

(1) Voir Rapport de M. Nocard. *In Bulletin de la Société centrale de médecine vétérinaire*, 1884, pages 270 et suivantes.

ponctionner pour donner écoulement au pus, lequel se résorbe toujours et sans qu'il reste la moindre trace de l'opération. Seulement il faut injecter deux ou trois fois plus d'essence que chez le cheval pour produire le même effet.

A notre avis, au lieu d'attendre la résorption graduelle de la collection kysteuse engendrée par l'injection sous-dermique d'essence de térébenthine rectifiée, il y a toujours indication d'ouvrir au pus une issue par laquelle il puisse s'échapper au dehors. La guérison s'obtient toujours plus rapidement.

On peut multiplier à volonté les injections, les espacer plus ou moins, si l'on veut étendre la révulsion et provoquer un engorgement plus étendu et plus volumineux. Si les injections sont disposées en cercle, toute la région ainsi médicamenteuse devient le siège d'un vaste kyste, lequel la déforme entièrement.

Emploi thérapeutique, — L'emploi de l'essence de térébenthine ne convient pas en injections hypodermiques, si l'on se propose de produire un effet général, car les effets locaux empêchent en grande partie l'absorption du médicament. Il faut alors administrer celui-ci par les voies gastrique ou rectale, conformément aux indications données par MM. Demarquay, Ducrocq, Palat, Hartenstein et Nocard, qui disent en avoir obtenu de bons succès dans le traitement du tétanos, mais à la condition de donner l'essence à haute dose (50 à 100 grammes), soit délayée dans de l'huile d'olive, soit battue avec quelques blancs d'œuf et mêlée à de la décoction de graine de lin. L'essence agit, en ce cas, en provoquant une forte diaphorèse et une sudation abondante.

M. Chassaing (1) dit qu'il s'est toujours très bien trouvé des injections sous-cutanées d'essence de térébenthine dans le traitement, chez les solipèdes et les bovidés, des boiteries de l'épaule et de la hanche, surtout des boiteries chroniques. Suivant l'ancienneté du mal, il emploie de 4 — 8 grammes d'essence, suivant l'espèce animale en quatre piqûres rayonnant autour du siège de la souffrance, de façon à former un carré ayant à peu près 10 à 15 centimètres de côté et de 15 à 20 de diagonale. Pour atténuer l'intensité des phénomènes locaux produits par l'injection d'essence pure, notre confrère la mélange avec moitié de son poids d'alcool à 90 degrés. Nous ne concevons pas l'utilité de ce mélange, qui jouit de propriétés irritantes aussi marquées que l'essence de térébenthine pure (Voir alcool). Pour modifier les qualités irritantes de ce produit, il vaut bien mieux y ajouter une quantité égale d'huile d'olive ; il faut fortement agiter avant de s'en servir. Notre confrère

---

(1) Note communiquée.

dit avoir obtenu dix guérisons sur douze cas de boiteries anciennes ainsi traitées et ayant résisté à d'autres médicamentations ; sur l'espèce bovine, il a eu six réussites sur huit.

Nous avons expérimenté cette méthode de révulsion et nous devons avouer que nous n'avons pas été enchanté des résultats immédiats obtenus. Citons quelques faits :

1° Pouliche, âgée de 18 mois, appartenant au fermier L... et atteinte au membre antérieur droit d'un écart, datant d'une douzaine de jours. Le cultivateur, pensant que cette claudication allait s'en aller comme elle était venue, n'y avait point fait attention tout d'abord. Mais au bout de quelque temps, en voyant la boiterie sans cesse augmenter, notre client se décida à venir nous chercher.

Nous pratiquons quatre injections sous-cutanées, chacune de 1 gramme, disposées tout autour de l'articulation scapulo-humérale. Il se forma les jours suivants un engorgement énorme, disproportionné même, lequel donna lieu à un vaste abcès. La ponction de celui-ci, faite le huitième jour et vers l'endroit le plus déclive de la fluctuation, laissa écouler plusieurs litres de liquide séreux, d'aspect sanguinolent et contenant de gros caillots de sang extravasé Nous extrayons également plusieurs lambeaux de tissu cellulaire mortifié. Soins de propreté, lavages quotidiens avec de l'eau tiède, pression méthodique et légère sur toute l'étendue du décollement sous-dermique, afin de faire écouler les produits sanieux. Guérison de la plaie sous-cutanée au bout de vingt-six jours. A ce moment la boiterie persiste encore au trot et ne disparaît que six semaines plus tard (septembre 1884). L'animal est resté indisponible pendant au moins deux mois et demi.

A notre avis, l'on ne saurait maintenant pas préciser ce qui, dans le cas actuel, a procuré la guérison de la boiterie ; est-ce l'introduction sous-cutanée d'essence, le temps ou le hasard ? Le lecteur jugera.

Notons aussi que ces sortes d'injections ont produit ici une tuméfaction et une fluctuation considérables et étendues, déformant entièrement la région de l'épaule droite, la rendant disgracieuse à la vue et immobilisant momentanément les mouvements du membre correspondant, ce qui du reste est une condition de succès.

2° Poulain mâle, âgé de quatre mois, affecté depuis une quinzaine de jours d'une boiterie de l'épaule gauche, consécutive à une chute faite en voulant franchir la clôture d'un champ. Injection sous-cutanée vers la pointe de l'épaule de 2 grammes d'essence de térébenthine mêlée à un poids égal d'alcool concentré. Nous avons soin de pratiquer ensuite sur la partie médicamentée un massage, afin de répandre le liquide injecté sur une plus grande surface. Les jours suivants, nous constatons la formation d'un phlegmon comme précédemment, mais moins volumineux. Nous ponctionnons celui-ci le onzième jour seulement après l'injection et il donne issue à une collection modérée d'une espèce de sérum brunâtre ; pas de caillots sanguins. Après la disparition des traces de l'injection irritante, ce qui eut lieu vingt-deux jours après le début du traitement, la boiterie n'avait point encore disparu, ni au trot, ni même au pas. Nous prescrivons des douches d'eau fraîche sur l'épaule gauche, deux ou trois fois par jour et chaque fois pendant près d'une demi-heure. Huit jours plus tard, notre client vient nous annoncer tout joyeux qu'il n'existe plus de boiterie. Le poulain, vendu à l'âge de quelques semaines et pour la somme de 835 francs, à M. Poivré, grand nourricier du département de l'Orne, fut livré deux semaines après à son acheteur et nous avons su depuis que la claudication n'a jamais reparu (juillet 1884).

3° Jument demi-sang, âgée de 13 ans, sous poil gris pommelé, appartenant à M. B..., loueur de voitures et atteinte d'un effort très grave de la hanche droite. Cete bête est boiteuse depuis deux mois environ et a été traitée d'abord par une application révulsive faite avec un feu liquide, puis à l'aide d'un séton à rouelle appliqué au niveau de l'articulation coxo-fémorale, enfin avec de fines pointes de feu disposées sur la surface de la région qui est le siège de l'entorse. Ces divers traitements ont entraîné une amélioration évidente de la boiterie, car cette jument qui primitivement ne marchait qu'à trois jambes, n'était plus guère gênée au pas, mais le trot était impossible, car à cette allure la boiterie devenait intense et la locomotion impossible. Il existe une certaine émaciation des muscles fessiers, preuve de l'existence d'ue lésion profonde et persistante, mettant obstacle au libre jeu des régions supérieures du membre malade. Au mois d'avril 1884, nous essayons contre cette boiterie rebelle un dernier traitement ; à cet effet nous injectons tout autour de l'articulation endolorie 6 grammes d'essence de térébenthine par trois piqûres. Il se forma un fort œdème, qui ne tarda pas à se transformer en abcès ; la ponction de celui-ci donna écoulement à une certaine quantité de liquide de couleur lie de vin. Soins de propreté et repos à l'écurie. Trois semaines après, alors que la plaie sous-cutanée se trouva complètement cicatrisée, la jument boitait comme auparavant. Sur notre conseil, elle fut ensuite laissée en liberté dans un champ pendant un mois environ. La claudication persistant toujours, le propriétaire se débarrassa du sujet pour un petit prix.

Ce fait, qui doit être considéré comme un insuccès, prouve clairement que les injections sous-cutanées d'essence de térébenthine ne sont pas infaillibles et échouent comme tous les autres procédés de traitement.

Mentionnons qu'au mois d'août 1883 cette jument avait déjà souffert d'un effort de la hanche gauche, ayant entraîné une boiterie très forte qui fut radicalement guérie dans l'espace de 14 jours par l'application *loeo dolenti* d'un séton à rouelle.

4° Il s'agit d'une grosse jument percheronne, âgée de cinq ans et appartenant à un épicier de notre ville. Le 12 octobre 1884, cette bête tomba subitement boiteuse au travail, par suite d'un faux pas sans doute. Après examen, nous constatons un effort de la hanche gauche, que nous traitons par une friction vésicante. Au bout d'une dizaine de jours, l'animal paraissant guéri de sa boiterie, reprend le collier et fait un rude service de camionnage. Le 9 novembre, un mois environ après le premier accident, nous sommes de nouveau appelé pour traiter une rechute de la même claudication. Mais cette fois, celle-ci est tellement prononcée et la douleur si vive, que la jument ne marche qu'à trois jambes et encore est-on obligé de la soutenir de chaque côté pour prévenir une chute sans cesse imminente. L'appui est impossible sur le membre souffrant, qui est fléchi et maintenu en l'air. L'exploration de la région, correspondant à l'articulation coxo-fémorale gauche, est fort douloureuse ; de plus, celle-ci est chaude et un peu empâtée. Nous essayons de combattre cette grave boiterie, au moyen de trois injections hypodermiques d'essence de térébenthine, chacune de un gramme et demi et disposées régulièrement autour du siège du mal. Les phénomènes consécutifs consistèrent en un engorgement prononcé de la région médicamentée, très sensible et bornant nécessairement les mouvements du membre boiteux. Comme dans les cas précédents, la phlogose locale donna lieu à la formation d'un abcès, peu volumineux cependant et dont la ponction laissa écouler un pus jaunâtre et huileux.

Et afin de prolonger plus longtemps la suppuration, nous passons à travers les parois de cet abcès une mèche de séton (15 novembre), laquelle resta en place jusqu'au 25 du même mois. Les traces de l'injection sous-dermique et du séton disparurent quelques jours plus tard. Pendant ce temps et sous l'influence du traitement employé, la boiterie s'était considérablement améliorée, car au commencement de décembre la jument marche librement; il n'y a plus de claudication au pas, mais celle-ci se manifeste encore un tout petit peu au trot; à cette allure l'animal boite tout bas du membre postérieur gauche. La région fessière gauche, en partie amaigrie par les souffrances locales endurées, est à peu près revenue à son état normal. Promenades modérées d'abord, puis l'animal reprend son service, mais moins pénible qu'auparavant.

Enfin, au mois de mars 1885, le propriétaire, voyant la boiterie toujours persister quoique légèrement et craignant qu'elle ne s'aggravât de nouveau sous l'influence d'un rude travail, se conforma à nos conseils et vendit sa jument un assez bon prix à un cultivateur. Depuis, la claudication n'a pas encore totalement disparu.

Ici encore les injections sous-cutanées d'essence de térébenthine n'ont pas amené la disparition de la boiterie, mais seulement une amélioration notable, permettant l'utilisation de l'animal à un service au pas. Nous croyons que pareil résultat aurait pu être atteint avec tout autre procédé thérapeutique : friction révulsive, sétons, cautérisation en raies ou en pointes, injections sous-dermiques avec une solution d'eau saturée de chlorure de sodium, etc.

5° Cheval hongre, de race anglo-normande, âgé de sept ans, appartenant à M. le comte de S.... et atteint d'un écart chronique de l'épaule gauche. Le cocher nous rapporte que depuis quelque temps déjà ce solipède boite insensiblement du membre antérieur gauche et que la boiterie s'est subitement aggravée. Nous voyons le sujet le 30 janvier de la présente année et constatons que le membre thoracique gauche fauche légèrement à l'allure du pas ; en même temps les mouvements de l'épaule correspondante sont bornés ; cette région est le siége d'une certaine raideur, parce que l'articulation de l'épaule se trouve en partie immobilisée par une cause de souffrance locale, consistant soit dans une synovite de la gaîne du coraco-radial, soit dans des lésions musculaires, soit enfin en une lésion plus ou moins grave du plexus brachial. La région de l'épaule gauche n'offre aucune trace de tuméfaction, ni de sensibilité bien accusée. Les signes indiqués plus haut deviennent plus manifestes quand on fait trotter le cheval ; la boiterie est assez intense et permanente.

Nous pratiquons autour de la pointe de l'épaule malade trois injections hypodermiques d'essence de térébenthine rectifiée, chacune de 1 gramme. Il se forma un œdème comme dans les cas précédents, puis un abcès, lequel fut ponctionné le sixième jour et donna écoulement à environ 800 grammes de sérosité rougeâtre. Soins de propreté, repos complet et frictions locales avec de la pommade camphrée.

Le 25 février la plaie sous-cutanée est à peu près guérie, mais la boiterie persiste au trot. Nous prescrivons des douches d'eau froide répétées et prolongées.

Le 11 mars, la boiterie persistant toujours, le propriétaire met le cheval dans une de ses fermes, où il est d'abord abandonné dans un champ, puis utilisé aux travaux agricoles. Enfin, vers le mois d'août dernier, nous constatons avec surprise que la boiterie a complètement disparu. Le cheval retourne dans les écuries du château et reprend son service, sans que la claudication réapparaisse (novembre 1885).

Ce fait prouve que rien n'est plus bizarre que le traitement des boiteries chez nos animaux domestiques. Le praticien agira toujours sagement, en ne pas se hâtant de porter un jugement sur le degré de gravité d'une boiterie et surtout de déclarer celle-ci incurable, quand même elle s'est joué des moyens de traitement mis en usage pour la vaincre. Le temps et une foule de circonstances, extérieures ou inhérentes à l'individu, peuvent, en effet, modifier le mal à la longue et en amener la guérison radicale. Ce n'est que dans certains cas, quand la lésion d'où procède la boiterie a pu être reconnue d'après des signes certains et surtout quand un long temps s'est écoulé depuis le jour de la première apparition de la claudication, qu'on peut admettre une cause tenace et rebelle et se prononcer en toute sûreté sur la gravité et l'incurabilité du mal. Nous avons soigné, il y a quelques années, un cheval âgé de cinq ans, appartenant au brigadier de gendarmerie de notre canton, lequel s'était fait en plein hiver un effort de l'épaule droite, à la suite d'une glissade sur le sol couvert de verglas. Le siége du mal fut inutilement traité par des applications vésicantes et dérivatives, par des douches, par deux sétons placés l'un en avant et l'autre en arrière de l'épaule, enfin par des injections sous-cutanées d'eau saturée de sel marin. La boiterie persista au pas, le trot était impossible et il se forma une émaciation prononcée des muscles de l'épaule et du bras. Au bout de quatre mois, ce cheval fut réformé, vendu et acheté par un loueur de voitures pour une centaine de francs. Ce dernier, à son tour, le fit soigner par son vétérinaire d'abord, puis par un empirique possédant un remède secret et infaillible contre les écarts, récents ou anciens ; mais tous les efforts tentés restèrent infructueux et l'animal alla finir sa vie dans un clos d'équarrissage. Cette boiterie incurable était due à une lésion du plexus brachial.

En somme, on voit, par les faits qui précèdent, que l'injection sous-cutanée d'essence de térébenthine ne donne pas des résultats curatifs immédiats aussi brillants que les annonçait notre honorable confrère de Pamiers. Du reste, les effets locaux et les délabrements qu'entraîne cette méthode de révulsion ne nous engagent pas à en conseiller l'emploi à nos confrères. Ceux-ci ont plus d'avantage, lorsqu'il s'agit d'un écart de l'épaule ou d'un effort de la hanche, de date récente, de recourir, séance tenante, soit à une bonne application vésicante, soit surtout aux injections hypodermiques d'eau saturée de sel marin, dont nous avons été à même de constater l'efficacité réelle contre plusieurs boiteries chroniques. Il faut aussi considérer qu'un traitement, qui rend un cheval boiteux trop longtemps indisponible, est, de toutes façons, dispendieux pour son propriétaire, car, outre les frais qu'il entraîne, il rend improductif le capital représenté par l'animal et concourt évidemment à retarder la guérison, sinon à la rendre incertaine. Il ne faut jamais oublier qu'en vétérinaire, il faut guérir complètement, le faire rapidement et à peu de frais.

M. Paul Cagny soutient que l'injection d'une petite quantité d'essence de térébenthine sous la peau ne doit jamais produire d'accidents locaux sérieux ; par ce moyen tout le monde peut obtenir une révulsion prompte, énergique, sans autres désordres qu'une inflammation œdémateuse locale qui, après sa résolution, ne laisse aucune trace. Voici, d'après ce praticien, les règles qu'il faut observer pour l'emploi convenable de ce médicament : employer l'essence de térébenthine rectifiée ; ne jamais faire d'injection sans avoir préalablement bien lavé la seringue et son aiguille avec de l'eau bouillante ; se contenter de pratiquer trois ou quatre injections espacées l'une de l'autre et disposées autour de la région malade ; obtenir un effet révulsif peu douloureux en ajoutant à l'essence, destinée à être injectée, quelques gouttes d'éther camphré. En procédant ainsi, M. Cagny a toujours obtenu, sans souffrance notable, un engorgement volumineux, sans formation d'abcès, sans décollement, sans élimination du tissu cellulaire et musculaire sous-cutanés. Le grand avantage des injections ainsi pratiquées est de pouvoir refaire, au bout d'une quinzaine de jours, une deuxième injection irritante, si l'effet de la première est resté insuffisante, sans pour cela tarer aucunement l'animal (1).

Notre confrère Poulverel, de Lesparre, a essayé les injections sous-cutanées d'essence de térébenthine rectifiée sur cinq chevaux boiteux, avec des succès variables, mais sans formation d'abcès (2).

L'emploi hypodermique de l'essence de térébenthine nous paraît mieux indiquée lors de pneumonie, de pleurésie, de péritonite aiguë, maladies dans lesquelles il s'agit de produire une révulsion plus ou moins étendue, rapide et énergique, afin de faire dériver plus sûrement l'inflammation du poumon, des plèvres ou du péritoine et de faire arrêter ainsi la maladie.

On injectera, chez les grands quadrupèdes, de 10 à 20 grammes d'essence, en plusieurs piqûres, sous chaque côté de la poitrine ou de l'abdomen.

Chez les moyens animaux, 5—6 piqûres de 1 gramme d'essence chacune et disposées en différents points sur le plancher inférieur de la cavité thoracique suffisent pour produire une inflammation artificielle et dérivative. Chez le chien il suffit de 50 centigrammes pour obtenir un fort abcès.

Les injections sous-cutanées d'essence de térébenthine sont surtout à re-

______

(1) Voir le rapport sur le concours de thérapeutique de 1885. *In Bulletin de la Société cent. de méd. vét.*, 1886, p. 196 et 209.
(2) Note communiquée.

commander dans le cas où les moyens dérivatifs usuels (sinapismes, application d'onguent vésicatoire, frictions irritantes, etc.), on n'obtient pas l'engorgement œdémateux propre à prévenir l'exsudation interne ou à arrêter au moins ses progrès.

M. Picheney, vétérinaire militaire, a employé avec succès les injections comme moyen révulsif dans les maladies de poitrine; les abcès consécutifs sont l'exception (1).

Valdivine.

C'est le principe actif du *simalba valdivia,* arbre originaire de la Colombie; il est très peu soluble dans l'eau ($^1/_{600}$), soluble dans l'alcool à 70° ($^1/_{60}$), moins soluble dans l'alcool absolu ($^1/_{190}$).

MM. Bestrepo et Nocard (d'Alfort) ont étudié expérimentalement l'action toxique, physiologique et thérapeutique de la valdivine; celle-ci jouit de propriétés narcotiques et toxiques très prononcées, puisqu'elle produit la mort chez les lapins à la dose de 2—4 milligrammes, suivant la taille. Les effets toxiques sont très lents à se montrer; ils consistent en une surélévation de la température, des battements tumultueux du cœur et des vomissements chez le chien.

Solution à employer :

Valdivine................ 1 centigramme
HO disti.lée .... 10 grammes

Chaque gramme de cette solution contient $0^{gr}.001$ d'alcaloïde.

M. Dujardin-Beaumetz a expérimenté, au Jardin des Plantes, la valdivine contre la morsure des serpents vénimeux; les résultats ont été négatifs.

M. Nocard a constaté qu'à la dose de 4—8 milligrammes par jour, injectée en plusieurs fois à des lapins et à des chiens enragés, on supprimait les accès rabiques, mais sans pour cela guérir en rien les sujets affectés de cette terrible maladie.

Valérianate d'atropine (Calmant).

Nous avons eu l'occasion tout récemment d'essayer ce médicament sur une jument percheronne, âgée de cinq ans, taille $1^m.56$ et atteinte d'une affection que certains praticiens désignent sous le nom de convulsions cloniques ou de chorée du diaphragme. Nous avons observé chez cette bête, achetée tout récemment, des espèces de convulsions intéressant tous les muscles du côté

---

(3) Note communiquée.

gauche du tronc, depuis le flanc jusqu'à l'épaule, et isochrones avec les battements du cœur. Il nous a semblé que chaque convulsion ébranlait tout le corps par de violents chocs que nous entendions à distance ; cependant l'auscultation de la région précordiale ne nous a rien décelé d'irrégulier dans le rhythme de cet organe. Nous souvenant que M. Doumayren (1), vétérinaire à Arpajon, avait essayé avec succès le valérianate d'atropine, donné à l'intérieur, contre cette maladie de nature purement nerveuse, nous avons injecté en trois fois, dans la même journée (à 7 heures du matin, à 2 et 9 heures du soir), la solution suivante :

> Valériane d'atropine..............   2 centigrammes.
> HO distillée.....................   9 grammes.

Le lendemain matin la maladie avait disparu comme par enchantement, au grand étonnement du propriétaire, heureux de voir sa jument si vite guérie. La névrose n'a pas reparu depuis.

Vératrine.

Syn. : *Veratrinum — Veratrin —* $C^{37} H^{53} Az O^{11}$.

La vératrine, à l'état amorphe, se présente dans le commerce sous la forme d'une poudre blanche ou blanc-grisâtre, d'un aspect cristallin, à l'examen microscopique, d'un goût extrêmement âcre, d'une saveur cireuse et brûlante, insoluble dans l'eau froide, soluble en toutes proportions dans l'alcool absolu et dans 10 parties d'alcool à 36 degrés. Tous ses sels sont solubles dans l'eau ; le plus employé est le sulfate de vératrine.

L'élimination se fait par les urines.

Principaux effets physiologiques. — Antipyrétique. — Les recherches de Faivre et Leblanc (2) ont démontré que l'ingestion de 3 grammes de vératrine pour le cheval et de $0^{gr}.15$ à $0^{gr}.20$ pour le chien entraîne la mort. L'introduction dans le rectum de 1 gramme de cet alcaloïde pour le cheval et de $0^{gr}.15$ pour le chien détermine une purgation prononcée. L'injection intra-veineuse de 50 centigrammes de vératrine, sous forme d'infusion, occasionne chez le cheval des signes de coliques et de la diarrhée ; il en est de même chez le chien avec une dose de 6 milligrammes de médicament. L'injection sous-cutanée d'une dose un peu élevée de vératrine ($0^{gr}.25$), provoque chez le cheval des nausées, des contractions des parois intestinales, purge cet animal et régularise la circulation.

---

(1) Voir *Recueil de méd. vét.* et *Bulletin de la Soc. cent. de méd. vét.*, 1884, p. 167.

(2) Annuaire de Bouchardat, 1855, p. 112.

A la suite de l'injection so   la peau d'un cheval de taille moyenne d'une solution contenant 0^{gr}.10 de vératrine, on constate ce qui suit : le lieu de l'injection devient généralement douloureux ; il y a des tremblements musculaires ; l'animal est inquiet, tourmenté, gratte le sol avec les pieds de devant ; il y a des signes de coliques : conjonctive un peu décolorée ; dilatation pupillaire, légère sudation, pouls lent et irrégulier ; battements du cœur forts et précipités, respiration plus accélérée, envies d'uriner, abaissement de la température. Ces symptômes peuvent avoir une durée d'un quart d'heure à deux heures, suivant les animaux ; puis, au bout de quelques heures, il y a expulsion de crottins, voire même de la diarrhée, quand la dose est un peu plus élevée (10 à 15 centigrammes). Après cela le cheval paraît plus gai, plus vigoureux et mange avec plus d'appétit.

Chez les carnivores, la salivation et le vomissement sont les deux phénomènes les plus fréquents (0^{gr}.005 à 0^{gr}.01).

En somme l'expérimentation a démontré que chez tous les animaux la vératrine augmente ou provoque les contractions péristaltiques des parois intestinales, active les sécrétions dont sa muqueuse est le siège et régularise la circulation générale, notamment lorsque celle-ci est troublée.

A dose élevée, la vératrine agit sur le cerveau et la moelle épinière et produit les mêmes effets que la strychnine. On constate alors de la raideur tétanique, de la dyspnée et des accidents d'asphyxie. L'injection sous-dermique de 1 centigramme suffit pour produire des phénomènes toxiques chez tous les petits animaux, l'homme compris. Le cheval et le mulet sont empoisonnés avec une dose supérieure à 0^{gr}.40. Le chien meurt avec 0^{gr}.2 à 0^{gr}.03, le chat et le lapin avec 4—5 milligrammes.

Effets locaux. — Glokke constata au lieu de l'injection (épaule), un fort engorgement qui, sous forme d'une nodosité, persista assez longtemps. Furstenberg fit la même remarque ; en outre la partie injectée devenait chaude, douloureuse et laissait échapper une sueur profuse (1). Chez un cheval, traité à l'École vétérinaire de Kasau (Russie), le lieu de l'injection enfla considérablement, mais cet œdème disparut sans laisser de traces. M. Vogel a d'abord employé la vératrine en solution alcoolique ; mais ayant observé la formation facile d'abcès, il emploie depuis la vératrine en solution dans la glycérine.

D'une manière générale, l'injection sous la peau d'une solution alcoolique de vératrine donne presque toujours lieu, à l'endroit de la piqûre, à une inflammation locale, suivie à son tour d'un abcès phlegmoneux, avec mortifi-

---

(1) *Thierarzt*, 1873, p. 76.

cation d'une partie du tissu conjonctif sous-cutané. En vue d'éviter plus sûrement ou du moins d'amoindrir les effets locaux de la vératrine, nous donnons le conseil de se servir, pour la voie hypodermique, d'une solution à parties égales, soit d'eau et de glycérine, soit d'alcool et d'eau distillée.

Sulfate ou nitrate de vératrine......	1 gramme.
Glycérine ou alcool...............	25 —
HO distillée.....................	25 —

Chaque gramme de cette solution contient 2 centigrammes de substance active.

Doses. — Peuvent être données d'emblée les doses suivantes de sulfate ou de nitrate de vératrine :

Grands animaux..................	$5^{gr}.05$—$0^{gr}.10$.
Moyens —	$0^{gr}.02$—$0^{gr}.03$.
Espèce canine..................	$0^{gr}.004$—$0^{gr}.01$.

Emploi thérapeutique. — La vératrine est indiquée contre les coliques, l'indigestion avec surcharge alimentaire, le vertige abdominal, les paralysies, le rhumatisme et certaines maladies nerveuses, comme le tétanos, l'épilepsie, la chorée, etc.

Boiterie rhumatismale. — La vératrine convient contre toutes les affections de nature rhumatismale : rhumatisme articulaire et musculaire, crampe, névralgie, arthrite ou synovite très douloureuse, fourbure.

Glokke (1) a employé avec succès les injections sous-cutanées de vératrine contre la boiterie rhumatismale chronique chez plusieurs chevaux; la dose employée fut $0^{gr}.10$ jusqu'à $0^{gr}.15$ par jour, dans 2 grammes d'alcool étendu d'autant d'eau.

Bræuer (2) dit avoir guéri un cheval affecté d'une boiterie rhumatismale de l'épaule avec une injection journalière de $0^{gr}.6$ de vératrine dissoute dans de l'eau; dès le quatrième jour la claudication avait disparu. Il a essayé aussi ce médicament chez un beau et fort chien, âgé de neuf mois, atteint de la maladie du jeune âge ; $0^{gr}.02$ de vératrine, dissoute dans un peu d'eau, furent injectés vers le bord supérieur du cou; au bout de dix minutes l'animal eut déjà des vomissements et le jour suivant il se montra vif et gai; la maladie se trouvait jugulée. A ce sujet, nous ferons observer que la solution recom-

---

(1) *Mittheilungen aus der thierärzt. Praxis im preucs. Staate*, 1871-72.
(2) *Thierarzt*, 1871.

mandée par ce praticien (0^{gr}.06 de vératrine dans 2 grammes d'eau), n'est pas du tout à conseiller, parce que la vératrine ne se dissout pas dans l'HO froide, ni même dans l'eau chaude ($^1/_{1000}$).

Peters (1) a obtenu d'excellents résultats de l'emploi de la vératrine contre toute espèce de boiterie rhumatismale, notamment contre la fourbure rhumatismale. La dose employée par ce praticien fut de 0^{gr}.10 dans 4 grammes d'eau-de-vie. Il se forma toujours une forte inflammation locale, qui persista souvent pendant quatre semaines sous forme d'un noyau induré. Dans quelques cas, l'engorgement se termina par voie de suppuration.

Hahn (2) conseille de faire une seule injection par jour et de commencer par 0^{gr}.05, en ayant soin d'augmenter progressivement la dose, jusqu'à concurrence de 50 centigrammes. Dans la plupart des cas, la guérison se produit avec la cinquième ou la sixième injection : quand on arrive une fois à 0^{gr}. 15—0^{gr}20 , on observe manifestement tous les effets physiologiques que nous avons indiqués plus haut.

Le vétérinaire de cercle Meder (3) a employé avantageusement la vératrine en injections sous-cutanées contre le rhumatisme du bœuf et la fourbure du cheval ; il utilisait habituellement 50 centigrammes de vératrine en 8 injections ; dans la plupart des cas la guérison arrivait dans l'espace de quatorze jours chez les vaches, bien que la maladie fût très intense.

M. Holzmann (4) s'est servi de la vératrine contre un rhumatisme articulaire chronique chez une vache (6 centigrammes *pro dosi* dans un mélange à parties égales d'eau-de-vie et de glycérine). La guérison eut lieu le huitième jour.

Avec quatre injections de 1 centigramme chacune, ce praticien a guéri un chien souffrant d'un vieux rhumatisme au membre postérieur droit. Même solution que précédemment. Pas d'inflammation locale.

Vogel (5) dit que la vératrine s'est montrée efficace dans le traitement des boiteries de l'épaule chez le cheval; la dose employée fut de 0^{gr}.05 — 0^{gr}.10 en commençant le traitement; il augmentait ensuite chaque jour la dose de 0^{gr}.01.

M. Stengel (6) a eu recours à des injections sous-dermiques de sulfate de

---

(1) *Thierarzt*, 1873.

(2) *Thierarzt*, 1875.

(3) *Thierarzt*, 1876.

(4) *Oesterreseichische monatschrift für Thierheilkunde*, von Koch, Wien, 5 *ter.* Jahrgang, n° 2 und folgende.

(5) *Arzneimittellehre*, p. 505.

(6) *Oesterreichische monatschrift für Thierheilkunde*, von Koch, 1880, S. 10, und 11

vératrine pour combattre les douleurs de nature rhumatismale, occasionnant une boîterie ambulatoire, surtout dans la région de l'épaule. Les injections furent faites dans divers endroits. Aussitôt après chaque injection, le cheval était bien enveloppé dans une couverture et tenu en main par un homme, afin de l'empêcher de se coucher. Quelques minutes après l'injection, l'endroit où celle-ci avait été faite se couvrait de sueur ; l'animal montrait des signes de coliques, d'ailleurs de courte durée. Ce praticien rapporte sept cas dans lesquels la vératrine a été employée. Il commençait d'abord par une injection de 0^{gr}.05 de vératrine, dissoute dans 3 grammes d'eau alcoolisée, en ayant soin d'augmenter progressivement la dose de 1-2 centigrammes, sans cependant dépasser la quantité de 0^{gr}.10 par jour. Sur les sept sujets ainsi traités, quatre furent radicalement guéris, un amélioré et enfin deux considérés comme incurables. Le tableau suivant indique le nombre de sujets traités, la quantité d'alcaloïde injectée, la durée de la médication et enfin le résultat de celle-ci :

1 cas	0^{gr}.23	5 jours.....	amélioré	⎫
1 »	0 13	3 »	non guéri	⎬ laissés en traitement
1 »	0 30	3 »	»	⎭ trop peu de temps.
1 »	0 34	4 »	guéri.	
1 »	0 24	3 »	»	
1 »	0 70	5 »	»	
1 »	0 70	6 »	»	

M. Stengel, en s'appuyant sur ses propres résultats, considère l'emploi hypodermique de la vératrine comme un excellent moyen thérapeutique contre les boiteries rhumatismales procédant de l'épaule.

M. Degive (1) a maintes fois essayé la vératrine, en solution concentrée, contre des boiteries chroniques supposées rhumatismales, avec un certain succès.

Nous allons mentionner ici quelques observations très intéressantes que nous avons recueillies dans notre pratique :

1). Cheval hongre, de race anglaise, sous poil bai-marron, âgé de 19 ans, taille 1^m.59, propre à l'attelage de luxe, appartenant à M. le comte de S... M.. et atteint d'une boiterie chronique du membre antérieur droit. Les commémoratifs fournis par le cocher constatent que la claudication s'est déclarée d'une façon insensible, au point d'empêcher subitement l'emploi de l'animal.

L'exploration du membre boiteux nous ayant démontré que le siège du

---

(1) Note communiquée.

mal est dans l'épaule, nous faisons, sur toute la surface correspondant à l'articulation scapulo-humérale, une friction vésicante avec le feu Renault additionné d'un peu de glycérine, laquelle produit un bon effet local. Repos à l'écurie. Mais la boiterie, au lieu de s'amender, ayant augmenté au trot, nous essayons une saignée à la veine de l'ars et ordonnons des douches d'eau froide sur toute la région de l'épaule, trois fois par jour et chaque fois pendant 25 minutes.

Au bout d'une quinzaine de jours pas d'amélioration encore. La boiterie est caractérisée par tous les symptômes de l'écart chronique ; au pas la boiterie est à peine appréciable, mais nous constatons une certaine raideur, une gêne dans le jeu de l'épaule droite ; le trot est d'abord difficile, puis devient impossible, le sujet marchant quasiment sur trois jambes ; l'appui se montre hésitant ; il n'existe pas de gonflement, ni de chaleur à la pointe de l'épaule et autour de cette région, mais une douleur sourde bien accusée, lors des mouvements de flexion et d'abduction du membre malade.

De quelle nature était donc cette boiterie si tenace et qui depuis environ un mois résistait à nos moyens de traitement? Était-ce un écart chronique, dû à une synovite de la gaine du coraco-radial ou à des lésions nerveuses, ou bien une névralgie, un rhumatisme musculaire scapulo-huméral? Nous ne pouvions certes pas le préciser. Quoi qu'il en soit, en voyant les médications précitées restées infructueuses et avant d'appliquer deux sétons demi-Gaullet le long de l'épaule, avant surtout de porter le pronostic : incurable, et de conseiller au propriétaire de se débarrasser de son animal pour un petit prix, l'idée nous vint d'essayer la médication hypodermique, laquelle a souvent donné aux praticiens des résultats inespérés. Le 21 mars 1882, nous pratiquons à la pointe de l'épaule une injection hypodermique de 6 centigrammes de vératrine dissoute dans de l'alcool ; c'était une injection expérimentale qui entraîna la formation d'un petit accès gangréneux, lequel suppura abondamment. Le 24 nous continuons nos injections, en ayant soin de remplacer la solution alcoolique par un mélange d'eau-de-vie faible et de glycérine ; il ne se produisit plus que des accidents locaux insignifiants. Ce jour-là nous injectons 0^{gr}.08 de sulfate de vératrine, le 25 neuf centigr., le 26 dix centigr., le 27 onze centigr., le 28 douze centig., le 29 treize centigr., le 30 quatorze centigr., le 31 quinze centigr., enfin le 1er avril 16 centigr., soit en tout un traitement de dix jours, pendant lesquels le cheval a reçu hypodermiquement 112 centigrammes d'alcaloïde. A cette époque et sous l'influence de ces injections, faites dans différents points de l'épaule droite, la boiterie avait sensiblement diminué au trot. Nous supprimons tout traitement et prescrivons un repos forcé pendant une huitaine de jours encore, après quoi fréquentes promenades au pas dans les allées sablées du parc du château. Le 14 avril, la boiterie a disparu complètement et, depuis cette époque, ce solipède fait son service de carrossier, franchissant au besoin ses sept kilomètres en 16 minutes, malgré ses 23 ans. Notre client a été fort heureux que son cheval se soit rétabli, d'autant plus qu'il faisait partie d'une paire de chevaux appareillés, qui ont toujours été dans la maison de fidèles et bons serviteurs.

2). Jument noire, de race anglo-normande, âgée de 9 ans, taille 1ᵐ.56, propre au service de la cavalerie, appartenant au gendarme P..., de notre ville, et affectée d'une boiterie intermittente à siège inconnu, mais procédant dans notre conviction de l'épaule gauche. C'était surtout une boiterie à chaud ; cependant à certains moments il n'y avait pas du tout de claudication, ni au pas, ni au trot et l'animal faisait alors un excellent service. C'était au mois de mai 1882. L'animal fut forcément déclaré indisponible et mis en traitement.

Après avoir épuisé contre cette boiterie les moyens habituellement employés : frictions révulsives, douches, deux sétons le long de l'épaule, nous nous décidons à recourir aux injections hypodermiques de vératrine, faites comme dans le cas précédent. Nous commençons par la dose de 5 centigr. le premier jour, puis 0ᵍʳ.10 le second, 0ᵍʳ.15 le troisième, 0ᵍʳ.20 le quatrième, 0ᵍʳ.25 le cinquième et 0ᵍʳ.30 le sixième jour.

Nous n'allons pas au delà. Toutes ces injections produisirent des inflammations locales, quelques-unes des abcès phlegmoneux. Déjà à la dose de 0ᵍʳ.15 la jument commençait à trembler de tout son corps, qui se couvrait ensuite d'une sueur abondante ; le pouls et la respiration étaient accélérés, les battements du cœur plus forts ; il y avait de fréquentes envies d'uriner. Ces symptômes avaient une durée de plus d'une heure.

Nous prescrivons le repos pendant quelques jours encore, puis de petites promenades. Enfin dans les premiers jours de juin la jument reprend son service et le continue sans jamais boiter jusqu'en juin 1883, époque vers laquelle la claudication reparaît comme auparavant. Nouveau traitement par a vératrine donnée en injections sous-cutanées comme précédemment. L'amélioration que cette médication produisit ne fut que momentanée, car elle ne dura cette fois que cinq semaines. Ennuyé de cette claudication et prévoyant on incurabilité, le gendarme demanda la réforme de sa bête, ce qui lui fut accordé. Elle fut vendue à V... au mois d'octobre 1883 par l'autorité militaire de V..., à un loueur de voitures de M..., chez lequel elle tomba morveuse quelque temps après.

La conclusion de cette observation est qu'on ne doit jamais demander au vétérinaire l'impossible ; on doit s'estimer fort heureux quand le médecin des bêtes rend utilisable, pour un temps plus ou moins long et par n'importe quel moyen thérapeutique, un cheval qui sans cela serait resté estropié et complètement invalide pour le reste de ses jours.

3). Il s'agit d'un chien basset, propre à la chasse, appartenant à un châtelain du Perche, et récemment acheté pour la somme de 130 francs. Au bout de deux mois, cet animal fut pris subitement d'une névralgie franchement rhumatismale, occasionnant une boiterie intense et se manifestant tantôt dans un membre thoracique, tantôt dans un membre abdominal, tantôt quittant un membre pour se reporter aussitôt dans celui du côté opposé, etc. Il n'existe pas de signes objectifs locaux. Le chien nous ayant été confié et laissé en traitement, nous pratiquons successivement à chaque membre des injections sous-dermiques de sulfate de vératrine, dissous dans parties égales d'eau et de glycérine, en commençant par la dose de 0^{gr}.002 et en augmentant celle-ci de 2 milligrammes chaque jour. Le traitement fut ensuite suspendu et le chien, entré dans notre infirmerie le 18 janvier 1884, en sortit le 25 du même mois, ne boitant plus du tout. Malgré notre défense, notre client fit presqu'aussitôt chasser son chien; celui-ci revenait tous les soirs très fatigué. Aussi la guérison ne fut que momentanée: la boiterie rhumatismale se montra de nouveau et tellement intense, que le chien ne pouvait presque plus marcher, même au pas. Nouvelles injections de vératrine comme précédemment; le résultat fut encore une guérison provisoire. Finalement, ce chien a été radicalement guéri avec une simple injection sous-cutanée d'eau salée (2 grammes), faite en même temps à la pointe de chaque épaule et à chaque cuisse. Ni les injections sous-cutanées de vératrine, ni celles d'eau salée n'ont entraîné d'abcès, mais seulement une douleur momentanée et une certaine inflammation locale. (Voir Sodium).

Coliques d'indigestion. — M. Camille Leblanc a fait, il y a déjà près de 30 ans, de concert avec le docteur Faivre, des expériences sur l'action physiologique de la vératrine; ils ont notamment constaté que, sous l'influence d'une dose un peu forte ou répétée, on trouvait, à l'autopsie des animaux d'expériences, ceux-ci complètement vidés. Ce médicament est donc indiqué contre les constipations opiniâtres et le vertige abdominal, mais à la dose de 10 à 20 centigrammes, selon la taille des grands quadrupèdes.

Nous avons essayé, comparativement, l'action de la vératrine avec celle de l'ésérine et nous avons trouvé qu'il y avait plus d'avantage à recourir à ce dernier produit, l'emploi sous-cutané de la vératrine n'entraînant des défécations qu'au bout de 10—20 heures. En tout cas, pour dissiper plus vite es signes de coliques chez les sujets ayant reçu une dose assez élevée de vératrine, il convient de promener ces derniers pendant quelque temps.

M. Paul Cagny, après avoir employé avec succès le sulfate d'ésérine contre obstruction du feuillet, a été amené à essayer la vératrine contre ce redouble état morbide, et cela en raison de la cherté du premier alcaloïde, lequel

coûte environ 14 francs le gramme, tandis que la même quantité de vératrine ne vaut que 75 centimes. Ce praticien cite un cas de guérison (1).

En nous appuyant sur nos propres essais, nous sommes convaincu que la
vératrine peut rendre de grands services au praticien, lors de tympanite,
d'indigestion de la panse et d'obstruction du feuillet, mais à la condition
d'être employée au début de ces maladies, quand les matières alimentaires
ne sont pas encore trop tassées et desséchées. Cette méthode de traitemen
nous paraît, du reste, fort rationnelle, même contre les coliques du cheval,
puisque la vératrine agit en augmentant les sécrétions des réservoirs gastro-
intestinaux, en provoquant les contractions des parois plus ou moins paralysées du canal intestinal, lesquelles sont chargées de chasser d'avant en
arrière les aliments ingérés, d'où rétablissement de la rumination, de la
sécrétion lactée, de la digestion plus ou moins arrêtée et partant guérison
du sujet malade.

Lors d'indigestion gazeuse ou de météorisme, l'injection sous-cutanée de
vératrine (5, 10 et même 15 centigrammes), faite après la ponction du rumen, rend la guérison plus sûre et plus rapide.

Maladies congestives. — Mais la vératrine exerce aussi une action contre-
stimulante, puisqu'elle provoque la sudation, diminue la fréquence du pouls
et le degré de la chaleur animale. C'est ainsi que son emploi est indiqué au
début des maladies fébriles, contre la gourme, l'angine (2), contractée à la
suite d'un refroidissement, l'anhématosie, la fourbure, la bronchite, au début
de la pneumonie, l'anasarque (3), etc...

M. Kovalewski (3) donne la relation de deux cas de fourbure, consécutive
à un régime substantiel et où les injections sous-cutanées de vératrine lui
ont donné de bons résultats. Il a commencé par 0^{gr}.06, puis augmentait graduellement la dose jusqu'à 25 centigrammes, et laissait un intervalle de
de 1 — 2 jours entre deux injections. La dissolution de l'alcaloïde était faite
dans deux grammes d'alcool.

Chez les animaux pris de chaleur ou surmenés, une saignée modérée suivie
de l'injection sous-cutanée d'une solution de vératrine suffit généralement pour amener une rapide guérison et la disparition des signes fébriles et
congestifs. D'après M. P. Cagny (4), ce traitement, mis en pratique dès le
début de la maladie, prévient non seulement une asphyxie rapide, mais

(1) *Bulletin de la Société centr. de méd. vét.*, 1883, p. 275 et suiv.

(2) P. Cagny, Injections sous-cutanées. *In Bulletin de la Société centrale de médecine vétérinaire*, 1880, page 313.

(3) *Ueber Futterehe. In Archive für veterinärmedicin*, 1883.

(4) *Bulletin de la Société centrale de médecine vétérinaire*, 1883, p. 334 et suiv.

la marche du mal, qui se trouve ainsi jugulé. Notre savant confrère se sert d'une solution au $^1/_{25}$ de poudre de vératrine dans l'alcool à 90 degrés, dont il injecte d'emblée de 4 — 6 grammes, c'est-à-dire depuis 16 jusqu'à 24 centigrammes d'alcaloïde. Nous avons trouvé cette solution beaucoup trop irritante. Une à deux injections suffisent généralement.

Il suffit d'injecter à un cheval très poussif 10 — 15 centigrammes d'une solution de vératrine, pour voir disparaître presque complètement, mais seulement momentanément, l'irrégularité du soubresaut dans les mouvements du flanc ; de plus, les quintes de toux se trouvent calmées pour quelques jours (1). C'est ce que nous avons constaté sur notre propre jument.

La vératrine s'est montrée inefficace contre le tétanos traumatique entre les mains de M. Giraud, vétérinaire militaire (2).

Mort apparente. — M. Paul Cagny recommande l'emploi de la vératrine, à la dose de 1 — 2 centigrammes, chez les animaux nouveaux-nés, pour hâter l'apparition des manifestations de la vie, lorsque celle-ci est près de s'éteindre, comme cela arrive souvent à la suite de parturitions laborieuses, nécessitant l'intervention de l'art obstétrical. Il en est de même lors de syncope, où il s'agit de relever rapidement la vitalité, afin de combattre une mort imminente.

Le Secrétaire des séances de la Société centrale de médecine vétérinaire conseille aussi les injections hypodermiques d'une solution de vératrine pour établir le diagnostic différentiel entre la mort apparente et la mort réelle ; dans le premier cas, la vie apparaît sous l'influence des injections médicamenteuses, tandis que celles-ci restent naturellement sans effet, si elles sont faites sur un cadavre (3).

Atonie musculaire. — M. Laurent, de Bar-le-Duc, nous a fait part d'une communication concernant les effets de la vératrine en injection sous-cutanée dans un cas d'atonie musculaire généralisée, consécutive à une mammite disparue subitement. Il s'agit d'une vache âgée de douze ans, qui est dans l'impossibilité de se lever ; il n'y a pas de paralysie, puisque toute la colonne vertébrale est sensible aux piqûres de bistouri ; la fièvre est assez intense. Le traitement a consisté en une saignée de trois litres, puis en une injection sous-dermique vers la base de l'oreille, de 20 grammes d'une solution de vératrine au $^1/_{100}$ (eau alcoolisée). Diète et boissons blanches. Toutes les deux heures granules de sulfate de strychnine et de digitaline. Le jour

---

(1) *Bulletin de la Société centrale de médecine vétérinaire*, 1883, page 313.

(2) *Annales de médecine vétérinaire*, publiées à Bruxelles, 1871, page 457.

3) *Bulletin de la Société centrale de médecine vétérinaire*, 1884, page 111.

suivant l'appétit et la rumination sont revenus ; la fiente est moins épaisse que la veille, la bête fait des efforts pour se relever, mais ceux-ci restent vains. Deux injections dans la journée, une le matin et l'autre le soir, chaque fois avec 20 grammes de la solution de la vératrine ; on continue les granules alcaloïdiques Chanteaud.

Le troisième jour, après quelques efforts et avec l'aide de quelques personnes, la vache peut se relever assez facilement ; elle était à peu près guérie. Le lait est revenu avec la préhension de nourriture, à raison de 12 litres par jour. La médication ayant été complexe, nous attribuons aux granules de strychnine et de digitaline une action stimulante sur le système nerveux et à la vératrine une action à la fois antithermique et purgative.

Bien que la plupart des médecins de l'homme ont dû renoncer à l'emploi en injections sous-cutanées, à cause de ses effets locaux irritants, la thérapeutique vétérinaire ne saurait abandonner ces sortes d'injections, dont l'utilité a été démontrée par l'exposé des faits qui précèdent. Du reste, la production d'effets locaux plus ou moins irritants, quand ils ne peuvent être empêchés, n'ont pas en vétérinaire la même importance qu'en médecine humaine.

Z

Zinc (CHLORURE DE) (Caustique).

Très soluble dans l'eau et dans l'alcool. Ce médicament, en raison de son action escharotique, n'est pas absorbé.

Son emploi est indiqué pour détruire, par voie de suppuration ou de gangrène locale, les diverses espèces de néoplasies. On l'emploie en solution dans l'eau distillée ($^1/_{20}$), dont on injecte un ou plusieurs grammes au sein de la tumeur, dans laquelle on provoque ainsi un travail inflammatoire plus ou moins intense (1 et 2).

---

(1) Docteur Luton, *Traité des injections à effet local*, pages 19 et 54.

(2) *Du chlorure de zinc et de son usage en injections interstitielles et intradermiques*, etc..., Paris, 1880.

G. GSELL.

72295 — PARIS. — Typographie de V⁺ RENOU et MAULDE, rue de Rivoli, 144.